贵州师范大学全国重点马克思主义学院建设经费资助出版

大学生生态文明教育的实现路径研究

孙一峰 著

中国言实出版社

图书在版编目（CIP）数据

大学生生态文明教育的实现路径研究 / 孙一峰著 .
-- 北京 : 中国言实出版社 , 2022.12
ISBN 978-7-5171-4349-9

Ⅰ . ①大… Ⅱ . ①孙… Ⅲ . ①大学生－生态文明－高等学校－教材 Ⅳ . ① X321.2

中国国家版本馆 CIP 数据核字 (2023) 第 003510 号

大学生生态文明教育的实现路径研究

责任编辑：李　岩　李　颖
责任校对：果凤双

出版发行：中国言实出版社
地　址：北京市朝阳区北苑路 180 号加利大厦 5 号楼 105 室
邮　编：100101
编辑部：北京市海淀区花园路 6 号院 B 座 6 层
邮　编：100088
电　话：010-64924853（总编室）　010-64924716（发行部）
网　址：www.zgyscbs.cn　电子邮箱：zgyscbs@263.net

经　销：新华书店
印　刷：三河市华晨印务有限公司
版　次：2023 年 6 月第 1 版　2023 年 6 月第 1 次印刷
规　格：710 毫米 ×1000 毫米　1/16　19 印张
字　数：327 千字

定　价：88.00 元
书　号：ISBN 978-7-5171-4349-9

前　言

生态文明建设是我国面临的重大任务之一，也是未来可持续发展的重要保障。大学生是未来社会建设的主力军，其生态文明素养和责任感直接关系到未来社会的可持续发展。因此，大学生生态文明教育的重要性不言而喻。

在经济社会不断发展的过程中，人与自然之间的矛盾日益加深，生态文明建设成为中国特色社会主义建设的重要组成部分，同时也是我国永续发展的根本大计，更是缓解人与自然矛盾的必经之路。新时代，大学生作为高素质人才与社会主义接班人，应当肩负起建设青山常在、绿水长流的美丽中国的重要使命。生态文明教育作为生态文明建设的精神引导，在高校思想政治教育过程中发挥着非常重要的作用。

本书系统地对大学生生态文明教育的实现路径进行了全面的分析与研究，具体表现在：

第一章主题为生态文明教育理论浅识，分别从认识生态文明、生态文明教育理论概述、生态文明教育思想溯源、生态文明教育发展历程、大学生与生态文明教育五方面进行论述。

第二章主题为意识先行：大学生生态文明意识养成，内容主要包括大学生生态文明意识养成相关论述、大学生生态文明意识养成的现实要求、大学生生态文明意识养成教育近况分析及策略。

第三章主题为观念协同：大学生生态文明观教育，内容包含生态文明观的丰富内涵、大学生生态文明观教育认识、大学生生态文明观教育取得成效及策略。

第四章主题为责任并行：大学生生态责任教育，主要包括大学生生态责任教育相关概念及理论，大学生生态责任教育构成、目标原则及意义，大学生生态责任教育近况分析及策略等内容。

第五章主题为文化支撑：大学生生态文化自觉培育，主要内容有大学生生态文化自觉培育基本概述、大学生生态文化自觉培育内容构成、大学生生态文化自觉培育实现策略。

第六章主题为机制保障：大学生生态文明教育机制构建，主要内容有生态文明教育机制构建的价值、大学生生态文明教育机制结构要素与功能、大学生生态文明教育机制构建策略。

第七章主题为路径探索：大学生生态文明教育路径，内容包括大学生生态文明教育概述、大学生生态文明教育的现实意义、大学生生态文明教育的实现路径。

第八章主题为大学生生态文明教育的多元融合，主要包括生态文明教育与校园文化建设融合、生态文明教育与思想政治教育融合、生态文明教育与优秀传统文化融合。

本书理论与实践相结合，具有较强的应用价值，可供从事相关工作的人员作为参考书使用。由于水平有限，本书还有待进一步完善。希望广大专家、同行、学者及其他读者不吝赐教，提出宝贵意见。同时，书中借鉴、吸收了国内外一些专家、同行的最新成果，在此一并表示诚挚的谢意。

目　录

第一章　生态文明教育理论浅识……001

第一节　认识生态文明……001
第二节　生态文明教育理论概述……013
第三节　生态文明教育思想溯源……017
第四节　生态文明教育发展历程……026
第五节　大学生与生态文明教育……042

第二章　意识先行：大学生生态文明意识养成……045

第一节　大学生生态文明意识养成相关论述……045
第二节　大学生生态文明意识养成的现实要求……052
第三节　大学生生态文明意识养成教育近况分析及策略……057

第三章　观念协同：大学生生态文明观教育……081

第一节　生态文明观的丰富内涵……081
第二节　大学生生态文明观教育认识……085
第三节　大学生生态文明观教育取得成效及策略……095

第四章　责任并行：大学生生态责任教育……120

第一节　大学生生态责任教育相关概念及理论……120
第二节　大学生生态责任教育构成、目标原则及意义……126
第三节　大学生生态责任教育近况分析及策略……132

第五章　文化支撑：大学生生态文化自觉培育……147

第一节　大学生生态文化自觉培育基本概述……147

第二节　大学生生态文化自觉培育内容构成……158

第三节　大学生生态文化自觉培育实现策略……176

第六章　机制保障：大学生生态文明教育机制构建……200

第一节　生态文明教育机制构建的价值……200

第二节　大学生生态文明教育机制结构要素与功能……201

第三节　大学生生态文明教育机制构建策略……206

第七章　路径探索：大学生生态文明教育路径……215

第一节　大学生生态文明教育概述……215

第二节　大学生生态文明教育的现实意义……229

第三节　大学生生态文明教育的实现路径……238

第八章　大学生生态文明教育的多元融合……252

第一节　生态文明教育与校园文化建设融合……252

第二节　生态文明教育与思想政治教育融合……273

第三节　生态文明教育与优秀传统文化融合……287

参考文献……294

第一章　生态文明教育理论浅识

第一节　认识生态文明

一、生态文明概念与构成

（一）生态文明概念

1. 生态与文明

（1）生态的含义

“生态”一词是生态系统的简称。“生态系统”一词首先是英国植物生态学家亚瑟·乔治·坦斯利（Sir Arthur George Tansley）于1935年完整提出的。其理念来源于植物学，又不同于植物学。坦斯利提出的生态系统，既包括植物，又包括动物，还包括河流、湖泊、湿地、冰川、森林、草原、土地、沙漠和冻土等，使人类对其所依赖的自然生态有了一个系统的、科学的、全新的认识。概括来说，生态是一个生物学概念，是指生物之间以及其与环境之间的相互关系与存在状态，即自然生态（图1–1为生态系统组成成分）。

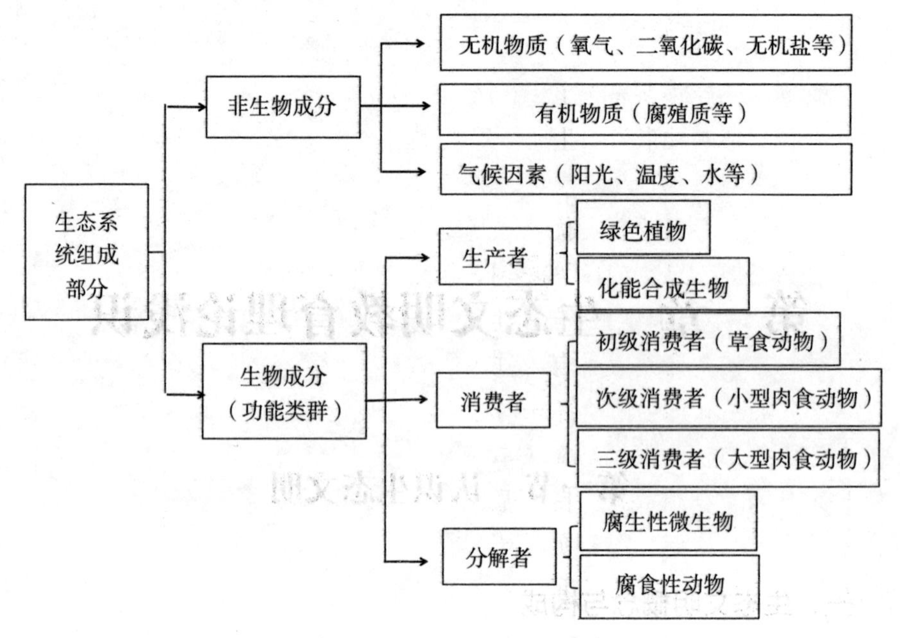

图 1–1 生态系统组成成分

1869 年，德国的海克尔（Haeckel）在《自然创造史》一书中最先提出“生态学（ecology）”一词。1895 年丹麦的瓦尔明（J.E.B.Warming）以德文发表《植物生态地理学为基础的植物分布学》,1909 年译成英文，书名为《植物生态学》。它是世界上第一部划时代的生态学著作，在世界上广为传播，至今已一个多世纪。如今，生态学已经渗透到各个领域，“生态”一词涉及的范畴也越来越广，人们常用生态来定义许多美好的事物，如健康的、美的、和谐的事物均可冠以生态修饰。当然，不同文化背景的人对生态的定义有所不同，多元的世界需要多元的文化，正如自然界的生态所追求的物种多样性一样，以此来维持生态系统的平衡发展。

（2）文明的含义

文明，在汉语中最早出自《周易》,《周易·贲卦·彖辞》说：“文明以止，人文也。”唐代孔颖达疏云:“文明，离也；以止，艮也。用此文明之道，裁止于人，是人之文德之教。”可见，我国古代学者对文明的解释是人文教化的道理与方法。文明是人类社会发展水平的一种概念，它既反映了人类战胜野蛮的过程，又反映了人类社会、政治、经济、文化的发展水平与整体状况，包括的内容和范围极其广泛，是一个大系统。

2. 生态文明的概念

当前，国内学术界和理论界对生态文明概念的表述还存在一定的争议。从生态文明的指向性来说，生态文明的概念主要表现为以下三种观点。

第一种观点认为，生态文明是指“人类在改造客观世界的同时，又主动保护客观世界，积极改善和优化人与自然的关系，建设良好的生态环境所取得的物质与精神成果的总和”[①]。树立符合自然生态法则的文化价值需求，体悟自然是人类生命的依托，自然生态的消亡必然导致人类生命系统的消亡，尊重生命、爱护生命是人类自身进步的需要，把对自然的爱护提升为一种不同于人类中心主义的宇宙情怀和内在精神信念。

第二种观点认为，生态文明是指“人类能够自觉地把一切社会经济活动都纳入地球与生物圈系统的良性循环运动。其本质要求是实现人与自然和人与人双重和谐的目标，进而实现社会、经济与自然的可持续发展和人的自由全面发展”[②]。它以尊重和维护生态环境为主旨，以可持续发展为根据，以未来人类的继续发展为着眼点，是人类社会与自然界和谐共处、良性互动的一种美好状态。

第三种观点认为，生态文明是指“把社会经济发展与资源环境协调起来，即建立人与自然相互协调发展的新文明”[③]。这里强调的是人类在改造客观世界的各种事件中，要以人类与生态环境的共存为价值取向，将实现自然生态平衡与实现人类自身经济目标相统一，最终实现生产发展、生活富裕、生态良好。

那么，生态文明具体指什么呢?

生态文明是人类文明的一个方面，是与物质文明、政治文明和精神文明相并列的人类文明的形式之一，即人类在处理与自然的相互关系时所达到的文明程度。生态文明的本质或者说中心思想是人与自然相和谐，强调人的自觉与自律，强调人与自然环境的相互依存、相互促进、共处共融。

生态文明作为一种可持续发展的文明，主要包括人类的可持续发展和自然的可持续发展，二者是和谐统一的。人类所有利用环境和生态的活动，如生产生活建设、资源能源开采等，都必须以可持续发展为根据，考虑到能源的不可再生性和环境的可承载量。

---

① 邱耕田．三个文明的协调推进：中国可持续发展的基础[J]．学术评论，1997（3）：3.

② 廖才茂．论生态文明的基本特征[J]．当代财经，2004（9）：5.

③ 李红卫．生态文明——人类文明发展的必由之路[J]．社会主义研究，2004（6）：3.

总而言之，生态文明是指人类在经济社会活动中，遵循自然规律，积极改善和优化人与自然的关系，而进一步的目标则是实现经济、社会、自然三者的和谐。生态文明社会的一个重要的标志就是和谐，这里的和谐不仅是针对人与人之间的关系而言，同时还针对人与自然、人与社会的关系而言；不仅涉及物质文明建设，同时还与精神文明建设紧密相连。由于涉及面较广，建设生态文明社会可以说是一项庞大的系统工程，而不是局部的小型项目。生态文明建立在工业文明的基础之上，但生态文明并不是对工业文明的完全复制，也不是对工业文明的完全否定，生态文明的建设目标就是实现生态公正，并在此基础上实现社会公正，力求实现上文所讲的“和谐”。生态文明的出发点是自然，是为了让人类重新重视自然与人的关系，从而维护生态平衡，实现人类的长远发展。

（二）生态文明构成

1. 生态文化

生态文化是生态文明建设的深层动力与智力根源。生态文明意味着人类思维方式与价值观念的重大转变，建设生态文明必须以生态文化为先导，建构以人与自然和谐发展理论为核心的生态文化，这是对人与自然关系以及对这种关系变化的深刻反思和理性升华。在价值观和伦理观上超越极端的“人类中心主义”观，重建人与自然共同构成统一整体的有机论自然观。从古代的“天人合一”的哲学命题中汲取智慧，使人们认识到人类对环境的关注是人类对自身生命的关爱，人是自然界的产物，更是自然界的一部分，不能完全凌驾于自然之上，否则会自食其果。这种思维方式和价值观念的改变能够培育人们的生态意识和生态道德。生态意识的提高与生态道德的形成将有助于人类生态行为的形成，直接对生态实践活动产生影响，从根本上推进生态文明建设。

2. 生态消费

生态消费是生态文明建设的公众基础。生态消费以维护生态环境平衡为前提，是在满足人的基本生存和发展需要的基础上的健康有益的消费模式。健康有益的消费模式要从环境损害型消费转向环境保护型消费，不要追求过分的物质享受，应该转向低碳化、生态化消费。注意日常生活中点点滴滴的生态行为，使消费生活生态化。健康有益的消费模式才能引导社会生产乃至整个社会经济走上一条正常的、可持续发展的轨道。

3. 生态制度

生态制度是生态文明建设的制度保障。生态文明需要政府加强生态环境保障制度的建设。因为对待涉及公众共同利益的诸如生态环境、资源保护、社会公正等问题，这些是不能交给市场的。政府要通过相应制度的建立来促进生态文明目标的实现。一方面要通过建立生态战略规划制度，着眼于长期而不是短期的发展，真正把人与自然的和谐与可持续发展纳入国民经济与宏观决策中来；另一方面要创建更加公平规范的生态制度，处理好不同利益群体之间的生态矛盾，同时确保生态制度得到较为普遍的遵守与执行。

有生态文化为先导与智力支持，再有生态消费、生态制度实践体现，必能实现生态文明建设的顺利进行并扬弃工业文明的弊端，成为高层次的文明形态。

二、生态文明特征及意义

（一）生态文明特征

1. 生态文明的整体性

生态文明是在现代工业文明基础上的整体转型。强调自然的重要地位，强调自然优先于人类生存，只有拥有一个良好的自然环境才能谈及人类的生存。这也是人类一切文明形态存在的必要前提，也就是说，离开了地球生态系统这个母系统，人类这个子系统的一切活动都是不存在的，只有母系统的发展才能带动子系统的发展；强调在大自然生物圈中各种事物是相互依存的，人类自身的利益与整个生态系统的利益息息相关。同时，生态系统的利益关系到整个生物圈和生态系统的稳定，如同多米诺骨牌效应一样，生态系统一旦出了问题，人类发展将受到不可避免的影响。因此，一定要坚持以大自然生物圈整体运行的宏观视野来全面审视人类社会的发展问题，以相互关联的利益体的整体主义思维来处理人与自然、人与其他物种的关系。经济社会发展既要立足于人类的需求，又要顾及自然资源、环境与生态的承载力。总之，就是要把人类的一切活动都放在自然界的大格局中去做整体的考量。

2. 生态文明产生的必然性

21 世纪是生态文明高度发展的世纪，是历史发展的必然趋势。首先，人类工业文明造成生态危机，从而危及人类的生存，而正是对这一危机的深刻反思产生了生态文明。其次，随着生产力的发展，特别是科学技术的进步，人类在各个方面能够更加充分地发挥主观能动性，为实现生态文明提供动力和发展的可能。最后，人类生态文明意识的提高和科学技术的不断发展，使生态文明不断向纵深化发展成为可能，并终将成为人类社会文明的主导。

3. 生态文明内容的综合性

生态文明涉及人与人、人与社会的和谐；不仅涉及人的生产方式的根本转变，还涉及人的生活方式的根本转变；不仅涉及人的行为方式的变革，还涉及人的价值观念的变革。因此，工业文明时代形成的是经济学和社会学、人文和自然科学各自为政及各自发展的形态。与此不同的是，生态文明时代要求生态学、经济学、伦理学、社会学和其他人文、自然科学的整体融合和发展。

4. 生态文明本质的循环性

在经济运行中，生态文明的本质特征是对地球生物圈物质循环运动过程的功能模拟。从生态学的角度看，一个完整健康的自然生态系统是在太阳和宇宙物质环境的作用下，通过生产者的创造，再经过消费者的消费，继而再由分解者进行最终的分解。这样的循环，整个生态系统不断更新、演替、再生。生态文明的经济运行就是按照自然生态系统的物质循环和能量流动规律来重构经济系统，使整个经济活动按照“资源——产品——再生资源”的循环模式不断向前发展，从而使得资源能够被重复使用，尽最大可能减少资源浪费、减少生态损失，最大限度地降低自然成本。

5. 生态文明时空的广泛性

首先，生态学把整个自然界当作一种社会的模型加以研究，研究的是一个互相依存的以及有着错综复杂联系的世界，是一个世界观的范畴。其次，当今的生态环境不断恶化，已经从区域性向全球性发展，从中等规模的破坏向大规模破坏发展，成为危及全球的严重问题。如酸雨、二氧化碳排放、温室效应、海洋水体富营养化、物种灭绝等，都是跨国公害，由此所引发的灾难也是全球性的，所以必须从全球的高度来加以重视和共同努力，才能见效。最后，我们已进入人类进化的全球性阶段，除了自己的祖国之外，地球更是我们赖以生存的环境。所以，保护地球家园是地球村上每一个居民的应尽义务和职责。生态环境不但涉及当代人的利益，而且还涉及后代人的利益，在时间上具有长远性，在时空上具有广泛性。

6. 生态文明发展的可持续性

生态文明是人类可持续发展的选择，其基本目标是使人类社会发展实现生态可持续性、经济可持续性和社会可持续性三个可持续性。其中，生态可持续性要达到地球生物圈可持续性，维护地球基本生态过程，保护生物多样性，维护地球支持生命的能力；经济可持续性是要从长远的观点看待发展，正确处理人与自然的关系、当前与长远的关系，自觉调整生产与消费方式，既要满足人类经济发展的需要又不对自然生态系统构成危害，既要满足当代人的需要又不对后代人满足其需要的能力构成危害；社会可持续性是文化价值和自然价值的公平分配原则的体现，既要实现当代人之间以及当代人与后代人之间的公平，又要实现地区之间、国家之间以及人与自然之间的公平。

7. 生态文明的知识性

虽然生态文明的经济发展需要一定的物质基础作为条件，但主要依靠的还是人类的聪明才智，在投入要素上更多地表现为智力开发、科学知识和技术进步。这一点恰好与依靠资金和资源、环境、生态的高投入、高消耗的其他文明时代相反。以往的文明时代主要靠蛮力来发展经济，而生态文明时代主要依靠的是知识，以知识技术为主导，因而也被称作知识经济时代。在这个时代，展现在人们眼前的是以前绝没有过的崭新面貌，各种新知识、新技术、新工艺、新材料、新模式层出不穷。在此背景下，不仅是技术层面进入一个崭新的时代，人们的思想观念发生了巨大的变化，生产方式和生活方式也迈进一个全新的时代。

（二）生态文明意义

生态文明是社会发展的一个理想情况，也是我国将要实现的一个发展目标。在社会主义现代化建设过程中，要始终坚持资源节约和环境保护的基本国策，将“建设资源节约型社会、环境友好型社会”作为我国发展经济的一个战略性目的来对待，这不仅关系到人民群众的生活质量，还关系到中华民族的生存发展。所以，生态文明的重大意义不言而喻。

1. 生态文明是人类文明发展的历史趋势

从古到今，原始文明、农业文明和工业文明三个阶段是人类文明发展的大致过程。后期由于工业文明与信息文明的不断发展，大大推动了生态文明的提出。工业文明时代摆在首要位置的是人类社会经济的发展，人们更为重视的是获取最多的经济价值，在追求企业利益最大化的同时往往以牺牲环境为代价。马克思说过一句话“人类转变的顶点就是生态危机”，意味着工业文明将会被一种新的生态文明所取代，意味着未来文明的主导范式就体现在生态文明方面。人类文明的发展史说明，人类文明的发展趋势必然是实现生态文明，建设中国特色社会主义生态文明是顺应文明发展趋势的理性选择。

2. 生态文明是推动现代化发展的必然要求

在开创中国特色社会主义事业新局面的过程中，逐渐认识到仅仅只有经济政治、精神文明的社会主义不能完全称之为社会主义，社会主义是一个要求全面发展的社会，这就决定了民主法制的健全、文化艺术的繁荣、社会的和谐稳定、生态环境的优美等的全面发展。在党的十七届四中全会上，生态文明建设被提升到一个从未有过的高度，被置于与经济建设、政治建设、文化建设、社会建设同等重要的位置，党和国家领导人提出了中国特色社会主义建设的“五位一体”格局，党的十八大报告正式将之确定下来。

建设生态文明不只是一句响亮的口号，更应该切实贯彻到现实生活中来。在法律制度、思想意识、生活方式和行为方式层面中，积极贯彻落实生态文明教育。世界经济的快速发展面临资源、能源和环境的巨大压力和挑战，转变经济增长方式需要在发展理念上展开一场变革。生态文明有利于人类解决经济发展和生态破坏的两难困境，短期内指引人类解决当前面临的一系列危机，长远则为人类可持续发展和繁荣提供新的价值导向。作为一种新的正在崛起的文明阶段，生态文明在人类历史发展进程中具有重大意义。

3. 生态文明为人类提供良好的社会生活环境

（1）生态文明创建和谐社会

中华文化博大精深，“天人合一”“与天地相似，故不违”“主客合一”“知周乎万物，而道济天下，故不过”等固有的生态和谐观为生态文明的发展提供了哲学基础与思想源泉。

生态文明以和谐为指向，突出了和谐意蕴。在现代社会发展中，工业文明在彰显人类智慧的同时，又使许多人异化为“单面人”，环境的破坏、人与自然的背离交织在一起，各种矛盾以不同的方式呈现出来。生态文明以和谐为指向，实现人与人和谐、人与自然和谐、人与社会和谐以及人自身的和谐，突出了和谐意蕴。

（2）生态文明促进社会文明和社会的全面进步

各种文明形态都离不开生态文明。如果说20世纪是工业文明的世纪，那么，21世纪应该可以说是生态文明的世纪。多年来，我国的生态平衡遭到破坏，甚至出现生态危机，改善并优化生态环境，建设生态文明，是当代社会发展的客观要求和必然趋势，“走生产发展、生活富裕、生态良好的文明发展的道路”是今后一项极其重要的任务。

4. 生态文明是实现可持续发展的基础

可持续发展是一个内涵丰富的概念，其所包含的发展时间既包括当代也包括后代，是人类世世代代的永续发展。可持续发展所包含的发展空间是谋求全球性经济和全人类的可持续发展。生态持续、经济持续和社会持续是可持续发展的应有内容，其中生态持续是基础，经济持续是条件，社会持续是目的，它们之间互相关联、不可分割。

生态文明是抛弃“人类中心主义”的文明形态，它不但蕴含着丰富的可持续发展的内涵，而且在可持续发展的过程中发挥着指导基础的作用。

（1）实现可持续发展需要以生态文明的哲学观和价值观为指导

生态文明哲学观的同一性占主导的原理及其价值观不但强调人与自然的和谐协调关系，而且强调这种关系的实现关键在于充分发挥人的主观能动性，是一种主动进取式的和谐而不是被动的顺从式的和谐，它把人类社会的发展与自然的发展统一在人的主观能动性之中。人类社会的发展离不开自然的发展，自然的发展同样离不开人类社会的发展，人类充分发挥自己的主观能动性，在自然生态系统的基础上发展社会生产力，推进人类社会的发展，又通过人类社会的发展（如先进的理念、先进的机制和先进的技术）推进自然生态系统的发展，这两者互相包含、相辅相成、互相促进，才是完整的可持续发展观。

（2）实现可持续发展需要以生态文明的整体性和长远性思想为指导

这种持续发展必须体现两个取向：一是以代际平等为主要内容的未来取

向，当代人的发展要对后代人的发展负责任，不要透支后代人赖以发展的生态环境资源，所以当代人在发展中要有对后代人负责的自律精神，要多为后代人的发展着想，留下足够的自然资源。此外，还要求当代人要为后代人创造一个更好的生态环境，把一个美丽的家园留给后代人，并一代接一代，一代比一代好。二是以代内平等为主要内容的整体取向。如果说代际平等是纵向负责的话，那代内平等就是横向负责。一个国家的发展要对邻国的甚至全世界的生态环境负责，比如二氧化碳的排放量不仅污染本国，而且污染邻国，甚至造成全球的温室效应，成为跨国公害。同样，一个地区的发展要对相邻地区以及全国的生态环境负责，比如流域上游的工业项目，必须以不污染流域的水体为前提，如果上游的工业项目会污染水体，会影响流域中下游人民的饮水卫生，而又没有采取有效的清洁生产技术措施的话，那就不能上马，这就是整体取向[①]。

（3）实现可持续发展需要以生态文明的伦理精神为指导

把推动社会发展的关键局限于科学技术方面是狭隘的科技至上主义表现。科学技术只是人们认识和改造自然的手段，人们在运用科学技术改善生态环境、加强物质建设的同时，更需要新的思想来指导人们的行动。生态文明伦理精神在树立人们的生态意识与生态道德、舍弃非生态化的生活方式、推进绿色消费方面发挥着重要作用。生态危机实际上是工业文明与生态系统之间的冲突，是人类道德危机严重性的表现。人类是自然界发展的产物，包括人的生产、生活在内，都离不开自然。可持续发展体现着自然资本、物质资本、人力资本的有机统一，其中，自然资本能否持续发展是可持续发展的物质基础和前提条件，离开了自然资本的持续发展，其他两个资本的发展都无从谈起。

三、生态文明的愿景展现

（一）人与自然的和谐生态

1. 节能减排的绿色生产

生态文明的建设，必须要以发展作为前提条件，人类的存在也不能离开发展，有了发展，才可以使人们日益提升的精神及物质需求得到满足。生态

① 陈士勇．新时期公民生态文明教育研究[M]．长沙：湖南师范大学出版社，2018：21.

文明建设要求以人类的需求为基点，通过生态文明理念作指导，旨在将影响人类社会发展和自然和谐稳定的破坏因素进行消除，从而构建和谐的生产生活方式以及协调的消费方式。如今，我国大力倡导在保护自然、维护生态和谐、坚持可持续发展道路的前提下求发展，并致力于在发展的过程中实现人与自然和谐共处、社会与生态环境稳定的目标。要想实现这一目标，就需要在发展过程中重视对自然环境的保护。同时还要重新构建经济发展模式，走可持续发展和生态文明道路；将科技发展、劳动力水平提升、创新水平的提高作为经济发展的重要动力，减少对资源和能源的依赖，致力于用最少的资源、最小的环境代价获取最大的效益。

2. 天人合一的绿色生活

绿色生活观念强调人与自然的和谐相处，要求我们养成绿色生活方式，从物质层面上说，就是适度消费，尽量减小环境代价。没有买卖就没有杀戮，没有买卖就没有破坏。要推行绿色消费，需要建立一个绿色消费的社会氛围，让消费者拥有绿色消费的认知。政府、媒体、社区等共同开展一些绿色消费活动，使绿色的消费观慢慢渗透到人们的内心，除了公民要培养绿色的消费行为以外，还要积极参与到环境治理活动中去，可以通过谈判、投票、参加相关会议、参与相关政策制定等方式，为新的管理理念与模式注入新的活力，使生态环境的治理效能得到一定的提升。

（二）人与社会的和谐共处

1. 生态宜居的生态城市

生态城市这一概念是在新时代背景下诞生的一个新的概念，是一个经济发展、社会进步、生态保护三者保持高度和谐，技术和自然达到充分融合，城乡环境清洁、优美、舒适，以使人的创造能力以及生产能力得到最大程度的提升。该系统除了强调保护自然环境对人具有积极的作用以外，更为重视对生态学、生态系统结构的借鉴，把环境和人看作有机的整体。在这一整体的内部隐藏着生态秩序，不仅有成长、发展、消亡，也有在同化与异化共同作用下的新陈代谢。

可以说，21 世纪是一个强调生态的世纪，也就是说在 21 世纪，人类社会将会由以往的工业社会慢慢向生态化社会转变。从某个层面上来说，以后的国际竞争更多的是生态环境上的竞争。对于一座城市来说，城市的生态环境优良，才会吸引更多人才的涌入以及资金的投入，才能促进该城市的发展，使城市更具竞争力。所以，生态城市的建设越来越被人们所重视，很多城市都开始将建设生态城市、绿色城市等作为建设目标，这是非常正确的做法，同时也是基于现实情况做出的正确选择。

2. 合作治理的绿色行政

绿色行政要求行政人员树立环境保护意识，同时在相关政策的制定上要提高自身的水平，将绿色的方针、政策以及计划作为管理的理念，推动有利于经济、社会和生态和谐发展的机制的建成。在现代社会里存在很多多样性、综合性的问题，只通过单一的行为来解决这类问题是不容易做到的，同时要想应用那些工具也无法做到，因为没有足够的知识储备和操作能力。对于复杂的公共问题的治理，政府必须发挥好自身的职责，起带头作用，将行政资源进行集合，使各个部门充分发挥自己的优势，在治理过程中使成本得到控制。不管是在制定政策方面还是在政策的具体实施上，都要将保护生态环境作为基点，不但要绿色行政，还要在此基础上积极进行绿色宣传，普及绿色生产，鼓励绿色参与，培养绿色智慧。

3. 尊重环境的生态法制

生态文明的保护少不了完善的生态法制体系，该体系要以保护环境、节约能源作为核心，通过对人类行为的规范，指引社会的发展道路，在确保生活富裕的同时走生态文明的发展道路。要想建立完善的生态文明法制体系，首先就要强调生态技术、法制的作用，将其作为重点内容。生态文明的建设要想顺利进行，人类就必须重新找寻对生态环境影响不大的发展模式，构建合理的产业结构和制度体系，慢慢形成对生态安全有利的运行机制，使人们的生产生活得到满足的同时又不会影响到以后的发展，使每一代人都能拥有同样的生态权利，实现代际公平。

（三）人与自我的和谐人格

对内协调和对外适应是和谐人格的集中表现。和谐人格者善于调节自己的心理，坦诚地看待外部世界和自我内心世界，能够愉快地接纳自我，承认现实，欣赏美好的事物，而且能够大度平静地生活和接受生活中的各种挑战。而和谐人格的形成将有助于个体人的行为和谐，并推己及人，有助于人际交往与活动的和谐，最终促进和谐社会形成和生态文明的建设与发展。心理上的和谐与健康能够为社会的和谐、稳定发展提供重要保证，否则就会对政策的信用、价值信仰等方面造成不良影响，继而损害政府的行政效能，对社会稳定造成威胁，从而严重阻碍社会进步。人们的心理是否是和谐健康的，会直接影响到和谐社会的构建。

第二节　生态文明教育理论概述

一、生态文明教育内涵

对生态文明教育内涵与外延的全面、深刻把握，有利于生态文明教育在实践中的有效实施。但是当前学术界对于生态文明教育的提法与界定并不一致，存在“生态教育”“生态文明教育”“生态文明观教育”和“生态道德教育”等表述。为了更全面地理解生态文明教育的内涵与外延，以下将简述以上几个概念的区别。

（一）生态教育

1988 年出版的《社会科学新辞典》中是这样解释“生态教育”这一词语的：主要指热爱自然和保护自然的教育。社会生态文明是离不开生态教育的，生态教育是其重要的一部分，对于培养全面发展的人也有着非常重要的意义，同时，要想对社会、自然两者间的关系进行协调，使它们和谐共处，还需要通过生态教育这一重要途径。之所以会进行生态教育，就是为了让所有人都可以树立人与自然和谐共处的发展理念，并且通过实际行动反映出来，要在认识自然的基础上做到尊重和善待自然，培养爱护身边环境的态度和行为习惯。曾有专家指出，生态教育就是教育主体要立足于人、自然以及所有生物共生共存的出发点，要让人类将经过长期的社会发展而形成的道德准则、规范延伸到大自然当中，要让教育客体明白，要想使人类得到长久的良好发展，就必须要热爱自然，慢慢养成节约资源、保护环境的思想态度，并将与之相对应的文明行为付诸实践。生态教育以揭示人类以自我为中心的价值理念为核心，然后使人类培养与自然和谐相处的生态价值观念。生态教育实质上提倡的就是让人类在自身道德观念的规范下，主动去促进自然与社会系统的和谐发展，从而使生态资源的使用情况得到控制，并实现永久的循环使用。教育客体要具备新的自然观、发展观的思想观念，然后通过不断地实践，利用科学的方法使人与自然之间形成和谐共处的关系，并采取一些系统且有效的手段和方法来阻止人类的一些过分行为。还有专家提出，生态教育是在生命教育的基础上进行的延伸，把“真”“善”“美”的自由发展推广到了整个大自然当中。

（二）生态文明教育

有关生态文明教育的概念并不是唯一的，用一两句话去概括显然是不客观的，在学术界里，很多专家与学者大多是从实践活动的角度对其进行的界定，还有部分学者则是从学科教学的层面进行了研究。比如，有学者就表示，生态文明教育是指在提高人们生态意识和文明素质的基础上，使之自觉遵守自然生态系统和社会生态系统原理，积极改善人与自然的关系、人与社会的关系以及代内、代际间的关系，根据发展的要求对受教育者进行有目的、有计划、有组织、有系统的社会活动，以促进受教育者自身的全面发展，为社会发展服务。有研究人员指出“生态文明教育是以科学发展观为指导，以人与人、人与社会、人与自然和谐共生为教育目标，面向全社会所进行的一切有目的有计划的教育实践”。此外，有学者从学科教学的角度认为“生态文明教育是以多学科交叉为特点，目的是激发教育对象的生态环保情感，让其明白人类和自然环境的和谐共存关系，提升其保护自然的行为能力，最终树立科学的环境价值观的一门教育科学”。

（三）生态文明观教育

学术界关于生态文明观教育的研究主要把高校的大学生当成教育客体，在界定这一概念的时候，主要也是针对他们提出来的。有专家表示，生态文明观教育的出发点是对人和自然之间的关系进行处理，以科学发展观作为主要的理论指导，使受教育者具备与生态文明相关的知识、观念以及态度，可以在实际的行为中对人、自然和社会间的关系进行合理的处理，使其慢慢养成爱护自然、维护生态的正确的行为习惯，最后使其成为全面发展的高素质人才。有些学者在对生态文明观的概念进行界定时，展现出了生态文明观教育所具备的含义，他们表示，生态文明观是人们在面对环境被污染、资源被滥用而引发的各种社会、经济等问题时产生的新的文明观，是人类对自己以往行为的一种深度反思，是通过对当前生态问题的反思而产生的科学认知。这种观念反映了人类对社会、自然本质的认识，是人类进行了理性思考后产生的多种观念的集合，是生态文明建设道路的明灯。它涉及很多领域的内容，如哲学观、价值观、发展观等等。其中，价值观是生态文明观的核心，认可生态和谐准则的指导意义，提倡将其作为基本的指导理念，来正确看待和处理人、自然、经济等各个方面的关系。基于以上说到的观点，然后开展合理的教育，这样的教育就是生态文明观教育。除此之外，还有专家认为，人与人、人与自然的和谐共处、持续发展和生态环境的协同进化也是生态文明观的重要内容。所以，生态文明观教育是一门综合性的教育，其目标就是让教育客体树立生态文明观、消费观、审美观等价值理念。

（四）生态道德教育

生态道德教育，是指教育主体以人与自然相互依存、和谐共生为基础的生态道德观，引导教育对象自觉形成保护自然、保护生态的生态道德观念、思想意识以及行为习惯。为了人类的长远利益，更好地利用自然，享受生活，受教育者必须改变以往的人生观、自然观以及发展观，通过不断地实践，使人与自然的关系更为协调，对于人类过度滥用自然的行为要严加打击。还有专家表示，生态道德教育就是以生态伦理学为基础，在其基础上转变成人类自行的行为选择，通过人类的道德自控能力来协调人与自然、人与物质的关系，从而使生态处于平衡状态，促进人、自然、社会三者之间和谐相处。还有些专家从道德活动的角度讲，他们表示，生态道德教育是一种新的道德教育，其基础是生态道德观，目的是指引人类从目前的生活水平和后人的生存发展的角度出发，自觉去爱护环境，培养良好的道德意识以及行为习惯。从本质上讲，就是要让受教育者主动去爱护环境，主动去维护生态的平衡，珍惜资源，以达到社会、自然可持续发展的目的。

综上所述，虽然上面的表述各不相同，各自都有自己的提法和侧重点，但是从它们的教育目的和教育宗旨来看，却是大同小异的，都是想要通过教育手段使社会个体的生态文明素质提高，树立良好的生态理念和道德意识。从整体上看，生态文明教育具有非常丰富的内涵，同时导向也十分明朗，如果将其作为广泛应用实践的一个概念是非常合理的，它具有一定的科学性和全面性。

结合专家们之前的一些相关研究结论来看，笔者表示，生态文明教育是基于人的身心发展规律，以及社会的发展需求以家庭、学校、社会等多种教育渠道、面向所有的社会个体而开展的一项社会实践活动，该活动的目标就是向人们传授生态文明知识，让人们树立生态文明理念，培养良好的行为习惯，最终成长为高素质的生态公民。生态文明教育有两层含义，广义上讲，这是一项面向所有公民开展的与生态、资源等相关的教育活动。狭义上讲，这是一门与生态文明相关的教育学科，开展的方式有多种，如学校可开设相关的课程，社区进行相关主题教育活动，等等。该教育的外延是非常广的，单从教育的内容来看，就涉及德育、智育、美育等多个方面。从教育的渠道看也可通过社会教育、学校教育等多种途径进行；而从教育形式来看，包括课堂教学、网络媒体、主体活动等多种形式，从教育载体来看，生态旅游资源、一些环保主题的艺术作品等都可以发挥很好的教育功能。

二、生态文明教育特点

（一）突出的公益性

我们都知道，教育具有公益性质，教育之所以会具有这样的特性，原因在于教育的基本属性，同时，我国在相关的法律中也对此进行了明确地规定，教育的公益性，就是说教育为人们带来的产品、服务是由人们共同享有的，而不只是单单属于某一个人或者某一个群体。受益人是整个国家、整个民族，是全社会，甚至是全人类。生态文明教育的公益属性更为突出，因为与其他类型的教育相比，这项教育更加具有公益性，它是想要通过提高教育对象的生态文明素质和实践能力，为“资源节约型”社会和“环境友好型”社会的创建提供人力资源和人才素质，从而有效促进“两型”社会的构建。清洁的空气、干净的水、健康的食物、优美的环境等公共资源是保障所有社会成员生产生活的基本条件。我们每一个人都生活在共同的生态系统中，因此，整个社会的发展状况会被每一个个体的状况而影响，每一个个体又势必会和社会要素发生紧密的关联，不管是直接的抑或是间接的。假如生态系统因为人为因素而遭受了破坏，生态系统就会带来很多的自然灾害，如暴雪天气、地震灾害、沙尘暴肆虐……生活在其中的任何人都难以独善其身。相反，如果每个人都能以环保的意识和节约的理念指导自己的日常行为，那么，绿色环保的社会公共环境将让所有社会成员受益。要想使这一目标早日实现，就要大力开展生态文明教育，使每一位社会公民不断提升生态文明素质，促进生态文明建设，这便体现了该教育的公益性特点。

（二）对象的全民性

生态文明教育不仅把国家的相关部门、社会组织当成教育的对象，社会中的所有公民都应该是教育对象。生态环境的保护当然离不开拥有相关知识和技术的专业性人才，但更少不了有着高素质和正确的生态意识的公民；生态文明教育是一项全民性的教育，要对社会中的所有公民普及这项教育，教育的对象具有全民性的特点，最终所呈现出来的生态环境的好坏都和生活在自然中的每一个人的思想意识、行为习惯等有着密切的联系，所以，要让社会中的所有个体自行关心、参与到生态文明建设中去，资源、环境等方面的问题才能从根本上得到解决。即便是国家干部、幼儿园的小孩、农村的妇女，都应该是教育的对象，只要是有人生活的地方，就要去开展生态文明教育，这样才能将社会个体的生态意识唤起，从而共同努力发现和解决生态环境中的难题。

（三）时间的长期性

生态文明教育并不是在短期内开展的教育，它具有长期性的特点，其长期性主要从两方面反映。一方面，从个人的角度来讲，该教育属于一项终身教育，面向的是全体公民，一个个体生命的每一阶段都会有它伴随左右，因此具有长期性。由于人在不同年龄段的认知水平是不一样的，所以，在不同的年龄段中，公民所接受的生态文明教育的内容也是不同的，这样是为了更好地符合个体身心发展的特点，从而使其更好地接受教育，同时也能更好地满足社会的现实需求。每个人的一生中在不同的阶段和社会、环境，都会产生不同种类、不同层次的关联。而且，生态文明教育的教育手段、内容等也会随着社会的发展、科学技术的进步发生很多的改变，这也是要求公民要接受终身教育的原因之一。从国家角度来讲，该教育由国家主导，是一项全民性质的系统化的伟大工程，目前在我国还处于起步阶段，因此，要想对这一教育进行完善，势必要经历一个非常漫长的过程。

第三节　生态文明教育思想溯源

一、中国古代生态智慧

我国在很早以前便产生了各种生态思想，古代先哲思考人与生态环境之间的关系，尤其是儒家和道家十分关注自然、热爱自然、尊重自然，提倡人与自然和谐共处。从一定意义上说，儒家和道家的生态文明观是建设生态文明的重要思想来源之一。

（一）中国古代生态思想的哲学基础

现代环境伦理学的一个重要课题就是对人与自然关系的探讨，这也是中国传统哲学的一个根本问题，也就是所谓的“天人之际”的问题。在我国的传统伦理中也涉及环境和谐观，它是在天人关系的基础上建立起来的，换句话说就是以人与自然两者间关系的认识为前提建立的。

对于天人关系的问题，我国古代的思想家们大多所持的观点是人由天、地所生。其中天和人的关系既统一，又有所区别。“天之生斯民也（出自《孟子·万章下》）”实际上肯定了人为天生的观点。《礼记·郊特牲》对此也有论述，“天地合，而后万物兴焉”。孔子也是这种思想观点的拥护者，子曰：“子欲无言。”子贡曰：“子如不言，则小人何述焉？”子曰：“天何言哉？四时行焉，百物生焉，天何言哉？”由此可以看出，孔子认为尽管在这世间，最高主宰是天，但天依然不会将自身的意志直接展现在人类面前，而是需要人类自行去观察，通过某些行为实践进行体会和理解。孟子在之后继承并发展了这一思想，形成了“知性则知天”，也就是说，天与性是相通的。

在天人关系上，孔子与孟子都提出了各自的思想，后人在其基础上对其进行了总结与融合，最终天人合一的说法便由此产生，同时，它也为以后的儒学发展提供了哲学依据，对于儒家的环境伦理观来说更具有重要意义。必须强调的是，“天人合一”要以天人有所区别作为基础前提，也就是说，“天人合一”是一种辩证思想。

荀子对天人关系有自己的理解，他反对天人感应说，认为“天人合一”的思想并不正确。荀子提出“明于天人之分，则可谓至人矣。”“至人”是最高的人格，最高的人格是懂得天人之分的。荀子还提出“天行有常，不为尧存，不为桀亡”的命题，由此可见，在荀子看来，自然界是有自身的客观发展规律的，而且这种规律和人类的旦夕祸福并不存在什么必然的联系。他提出“天有其时，地有其财，人有其治”，就是说天的职责就是掌管昼夜和四季变化，人不可以也不可能对这种规律进行人为干预；人的职责则是提高自身修养，修身治国。人存在于世间，并不可以单纯地依赖“天”生存，也不可以人为地干扰“天”的职责，不可以以自身的意志造成客观规律的转移，同时，人也具有自身特有的主观能动作用，生存在这个世界上就应该切实履行自己的职责。

道家认为自然是一个整体，人就是整体的组成部分。《老子》第二十五章中提到：“有物混成，先天地生。寂兮寥兮，独立而不改，周行而不殆，可以为天下母。……人法地，地法天，天法道，道法自然。”这一思想不仅是道家在环境伦理观方面的总的纲要，也是道家整个价值观的核心所在。老子提到的“天”就是自然界中的天，他对于天地万物的相关描述实质上就是在描述这个自然界，其中他所说的“天道”，其实就是天地万物在运行过程中展现的客观规律，恰恰由于道发挥了其自然本性，才使得天地万物能够基于自然本性而产生并发展。老子还提出过“四大”说，“四大”说指的就是“道大、天大、地大、人亦大”。按照道家的观点，人也属于宇宙一大，和天地一样都是宇宙一大，人是处于物之上的存在。但是对于“道、天、地、人”的梯级结构来说，人处于该阶梯的最底层。由此可以看出道家与儒家之间的显著差别，道家并不像儒家那样强调人的价值和能动性。道家有一个重要思想，即“法天贵真”，就是说宇宙的第一原理只有自然，人相较于宇宙十分渺小，并没有可比性。庄子提出，“吾在天地之间，犹小石小木之在大山也……孙子非汝有，是天地之委蜕也。”从这句话中我们可以看出，庄子的观点是不管是生命还是身体都并不属于人自己，人也无法对其进行主宰，人其实是一无所有的，人以及身体仅仅是产生于天地之间的附属产物。在《庄子》的《外篇》《杂篇》中有很多关于这一观点的论述。需要注意的是，道家并不是完全否认人的存在，否认人与自然环境的联系，只是认为人与宇宙相比极为渺小，崇尚人的自然状态。由此看出，道家的这种思想与儒家强调人的能动性、推崇人化自然的思想有很大差别。

（二）中国古代生态思想的基本内容

中国古代的儒家和道家先哲在一定程度上理解了人与自然的关系，知道了保护、开发和使用自然资源的重要性，他们以当时的社会状况以及环境状况总结出了当时所面临的环境问题，并且针对这些问题提出很多具体的保护手段和举措，使得当时的环境和谐观的内容变得更加丰富。

1. 中国古代关于山林资源的生态思想

我国在很早以前就已经制定了很多用于保护山林的具体制度。早在周朝时期，那时候的山林制度较为全面，中央设有天官家宰和地官大司徒，在这些机构中专门有负责山林管理和保护的官吏，如“山虞”“林衡”等。此外，还有森林保护的政策和法令，在《伐崇令》中明确规定：“毋伐树，有不如令者，死无赦。”在相关机关部门的管理下，周王朝的森林保护效果很好。以此为基础，先秦思想家提出了保护山林的主张。

在儒家看来，对于山林的保护，实质上是以确保山林资源能够永续利用为目标。孟子发现破坏山林资源可能为自然带来严重的不良生态后果，针对这一现象孟子提出了物养互相长消的法则。“牛山之木尝美矣，以其郊于大国也，斧斤伐之……故苟得其养，无物不长；苟失其养，无物不消。”儒家还发现对于鸟兽栖息来说，保护山林树木具有巨大价值，“山林者，鸟兽之居也”。为了给自然界中的鸟兽提供良好的生存条件，必须保证山林茂密、树木成荫，也就是所谓的“山树茂而禽兽归之”“树成荫而众鸟息焉”；如果我们不能做到这一点，就会导致“山林险则鸟兽去之”。虽然山林鸟兽之间的自然关系十分重要，但儒家更重视的是山林对于人类的价值，孟子提出“斧斤以时入山林，材木不可胜用也”。基于这种思想，儒家十分重视对山林的保护和合理利用，儒家先哲认为人们应该多识草木之名，还提出了“斧斤以时入山林”的山林保护对策，而这一切思想和实践都是为了实现林木的持续存在和永续利用。

儒家认为利用山林资源应该“斩材有期日”，意思就是在树木发芽的关键生长时期是不可以去砍伐它的。荀子在此基础上提出了“山林泽梁，以时禁发而不税”。“以时禁”是指春季和夏季不可以进行林木砍伐，只有这样才能保证林木的顺利成长。正因为如此，荀子明确提出：“草木荣华滋硕之时，则斧斤不入山林，不夭其生，不绝其长也……斩伐养长不失其时，故山林不童，而百姓有余材也。”秋季和冬季林木处于生长停滞期，在这个时期才可以开展采伐活动，“草木零落，然后入山林”就是指在秋冬季节进行林木采伐活动。

道家也十分重视对生态平衡的保护。老子曾提出“夫物芸芸，各复归于其根，归根曰静，静同复命。复命日常，知常曰明。不知常，妄作凶。”宇宙万物都有各自的客观规律，人们可以通过外力改变这些规律，但是如果这样做就会破坏自然平衡，进而造成“云气不待族而雨，草木不待黄而落，日月之光益以荒”的灾难性后果，严重时还会引起生态危机。这种思想与现代环境伦理学的观点可以说是异曲同工，不谋而合。

2. 中国古代关于动物资源的生态思想

早在夏商周时期，我国就已经有一些关于动物资源保护的禁令，这些禁令具有一定的法律意义。在我国周朝，对于动物资源的保护有了进一步发展。在《逸周书·文传解》中有明确记载：“川泽非时不入网罟，以成鱼鳖之长，不麛不卵，以成鸟兽之长”。《伐崇令》中对于动物资源保护的规定更为严格："毋动六畜。有不如令者，死无赦。"这些规定可以在很大程度上约束人们的行为，促进动物资源的保护。以此为基础，儒家也对动物资源的保护提出了自己的看法，例如，儒家主张"钓而不纲、弋不射宿"，该思想对于我国古代的动物资源保护来说具有重要意义。

按照儒家的观点，人类保护动物资源的出发点和落脚点是保护动物资源的持续存在和永续利用。动物资源对人具有"养"的价值，"至于犬马，皆能有养"。儒家一直强调动物的持续存在和延续发展，保证动物可以保持在一定数量上，只有数量得到保证，才可以使人们永续地利用动物资源。从生态学的角度进行分析，必须在严格遵循动物的季节演替节律的基础上进行资源利用，坚决反对在育、哺乳的阶段捕捞宰杀动物资源。"昆虫未蛰，不以火田""禽兽鱼鳖不中杀，不鬻于市"，采取有效的措施保护动物资源，而最关键的就在于严格遵循自然规律保护和利用动物资源。

3. 中国古代关于水资源的生态思想

儒家一直强调水资源的重要性，认为人离开了水源是无法存活下去的，人流之所以要保护水资源，最重要的原因也在于此。

儒家对于水资源有两个具体的主张。第一个主张为"往来井井"。这是说井是一种公用设施，所有的人都可以使用井来取水，作为公共设施，并不是可以被一个或者几个人所独霸的。因此，当井汲上水后，"井收勿幕，有孚无吉"，这是指井不可以封死，这样才可以使人们更好地取水，在此基础上人们才可以和睦相处、共同发展。第二个主张是"涣其群"。水资源是原本就存在于自然界中的，而并不属于某个个体，是人类所共有共享的，"涣其群，元吉。涣有丘，匪夷所思"，也就是说，只有保证人们共享水资源，才可以促进人与人、人与水之间形成和谐的关系，才可以形成吉兆；由于很多人共享水资源，很可能使曾经的小群体逐渐扩展为大的群体，这属于超出常规的现象，然而，我们不可否认的是，这样确实是具有可行性的。其实，儒家早就提出了资源的共享问题，这是非常重要的价值取向。儒家不赞成人类在资源上的相互掠夺，反对人类因为抢夺资源而发起各种战争，如果出现这种情况，应该将涉及案件的人员绳之以法，通过法律手段维护资源的共享性。

道家也十分重视水资源的保护，道家强调水资源对于人类生存的重要作用和意义，同时意识到水资源具有"大美而不言"的意义，指水可以激发人们热爱自然，进而热爱生活。道家一直认为自然是宏大的、善美的，人们想要扩展心胸和视野，就应该效法自然拥有的美好品格，以此为基础获得自身人生的幸福结局。道家一直追寻的就是自然美，他们提倡从自然中寻找美，在自然中获得精神慰藉，从而使人与自然在心灵、情感等深层面上进行交流，然后使人获得真正的“天乐”。

二、马克思主义生态文明思想

马克思主义的内容十分广泛，其中不乏一些关于生态文明的理论。马克思主义生态文明思想涉及范围十分广泛，内容丰富多样、深刻且具有前瞻性。开展生态文明教育工作，有必要了解马克思主义生态文明思想，以其作为理论基础和指导。

（一）关于人与自然和社会关系的生态认识论

1. 自在自然与人化自然的关系

马克思指出理解自然界不应该从直观和抽象的角度进行，而是应该站在实践的角度去理解。他提出“被抽象地理解的、自为的、被确定为与人分隔开来的自然界，对人来说也是无。”马克思从人与自然的历史性的实践关系角度理解提出了辩证自然观，以此为基础将传统自然观中的直观自然划分为两部分，即自在自然和人化自然。实际上现实的自然界并不是自在自然，而是通过人类的工业改造形成的“人类学的自然界”，也就是所谓的“人化自然”。马克思在其关于自然的思想中，始终将自然放在绝对优先的地位，他认为自在自然具有历史优先性，而人化自然则具有物质基础性。虽然马克思将人化自然作为其研究重点，但并没有忽略对自在自然的确认和理解，他承认自在自然及其优先性。同时，马克思还指出，随着人类社会的不断发展，自在自然逐渐向人化自然转化，强调人化自然对于人类的认识和实践具有十分重要的优先性以及基础性。此外，马克思提出的自然概念的一个显著特征是人类中心主义，他明确提出人类需要保护的自然是经过人类的工业改造形成的人化自然，而不是没有受到人类活动影响而存在的自在自然。

自在自然是指并没有被人类活动所影响的自然界，包括人类世界出现之前的自然界以及人类世界产生之后却没有产生作用的那部分自然界。人化自然是指经过人类实践活动进行改造的自然界，人化自然具有鲜明的人类主体意志烙印，而这才是人类社会生存的“周围世界”。第一，按照马克思主义生态哲学的观点，自在自然和人化自然之间具有密切的联系，但同时又存在根本区别，二者存在辩证统一关系。随着历史实践的推动，二者相互作用并在一定的历史条件下相互转化。第二，自然界正从自然进化转向自然人化。自然进化指的是自然界从无序向有序、从低序向高序进行演化的趋势和过程；自然人化是指一种人类实践活动，通过这些活动对自然产生深刻的影响和改变，但是这并没有从根本上消灭自然进化规律。第三，自然历史与人类社会历史之间进行的双向互动过程，实际上就是自然的历史转向历史的自然的趋势和过程。“自然的历史”可以从两个层次进行理解：一是指在人类社会产生之前，自然本身具有的历史发展过程；二是指在人类社会产生之后，自然的历史开始逐渐渗入社会历史的发展过程。第四，人与自然之间的关系是动态的，存在历史性的“变数”。在人类社会发展的每个阶段，人和自然的统一性都会根据人类生产活动的实际情况而变化和发展。按照当前的趋势来看，人与自然的关系将来会越来越密切和谐。

2. 人与自然的关系以及人与人的社会关系

按照马克思主义的历史观，人类社会生活的生产实际上就是自然关系和社会关系的统一实现。在人类生存的现实世界中，存在着两种最重要的关系，即人与人之间的社会关系和人与自然之间的生态关系，这两种关系之间存在密切联系，同时又相互制约。物质生产是人与自然关系的核心；生产关系是人与人关系的核心。现实世界中存在各种关系，不同的关系之间会产生各种矛盾、对立和冲突，而这进一步形成了现实世界中的各种基本问题。马克思自然观的优越性在于其不仅解释人与物之间的关系，同时还强调人与人之间的各种关系，马克思认为人与自然的关系实际上是人与人之间关系的反映，它代表的是不同关系表示的物质利益。

（1）人与人的关系、人与自然的关系是双重维度

对于同一人类实践活动来说，人与自然的关系以及人与人的关系是两个不同的维度，二者之间相互交织、互为中介。一方面，人与自然之间的生态关系是人与人之间社会关系的前提，在人们处理各种与自然关系的生产活动过程中，产生了各种人际交往活动，从而形成了人与人之间的社会关系。因此，由于人们处理人与自然关系的水平和程度之间存在差异，其人际交往关系也有所区别，这主要体现在交往关系的范围、形式和性质上。另一方面，人与人的社会关系是人与自然的生态关系的前提条件。因为，只有处于社会中，自然界才是人自己的合乎人性的存在的基础。一切生产都是个人在一定社会形式中并借这种社会形式而进行的对自然的占有。

（2）人类史与自然史相互制约

马克思主义历史观认为，人类史与自然史之间存在相互制约的关系。马克思提出，应该从两个方面对人类活动或人类历史进行考察，即人对自然的作用和人对人的作用。这两种作用之间具有一定联系。这是因为，人的社会关系会对人与自然之间的关系产生一定制约；人的生态关系会对人与人之间的关系产生一定制约。同时，由于人和自然之间的关系具有一定的狭隘性，这就导致人和人之间的关系具有一定的狭隘性；人和人之间的狭隘关系又制约了人与自然之间的狭隘关系。马克思对人与人的关系、人与自然的关系进行了大量的研究，他强调人对人来说是一种自然存在，自然对人来说则是一种人的存在，他强调“自然的历史”和“历史的自然”之间的同一性，并强调人对自然的关系在历史中的重要意义和作用，不应该单纯地认为自然界和历史之间仅仅存在对立关系。

3. 人与人的关系、人与自然的关系的作用和地位

在实践中，人与自然的关系、人与人的关系分别在不同的层面具有不同的地位、发挥不同的作用。在实践活动中，人与自然的关系处于显性层面，这种关系表现在认识论维度上，主要研究的问题是人类发现自然规律的方法以及运用这些规律改造自然的问题，具有显著的技术和感性特征，生态学对于人与人的社会关系来说具有重要的发生学的意义；人与人的关系处于隐性层面，其表现在本体论维度上，只有存在这种关系人们才可能开展各种各样的实践活动，这也是构成社会的基础条件，人与人之间的社会关系对于人的生态关系的展开方式、性质和前景等方面具有决定性作用。

4. 强调人与自然的统一

马克思和恩格斯始终强调人与自然在现实世界中实现和谐统一的重要性，也就是指实现人道主义和自然主义的统一。只有处于现实世界中，人类才可能将自然界作为其建立社会关系的重要纽带，人类个体才可能成为为别人的存在以及别人为他的存在，自然界才是人符合自身人性存在的基础，才是人类生存和发展的现实生活要素。只有处于现实社会的环境之中，人的自然存在才是与其人性存在相符合的，也只有这样人才是自然界中真正存在的人。由此可以看出，社会实际上就是人与自然实现本质统一的表现。

（二）人与自然和谐相处的生态理想论

1. 人与自然和谐相处的基本原则

（1）人的生存和发展受自然力制约

人是具有生命特征的自然存在物。首先，人不仅具有鲜活的生命力、自然力以及能动性，还可以通过才能、欲望等形式将这些东西呈现出来。其次，人有着自然性、感性、肉体性等多种特性，会受到外界环境的制约与限制。也就是说，人只有以现实的、感性的对象作为基础，才可以有效地表现自己的生命。人不论拥有多么强大的欲望和才能，都不可以超出自然规律的界限。

（2）人的历史是理解和利用自然规律的过程

人类社会发展的过程是人类理解和应用自然规律的过程，就当前的情况来说，人类对于自然规律的了解和应用还有很大空间。人类在实践过程中理解和学习自然规律，认识违背自然规律可能造成的各种后果。尤其是在自然科学飞速发展之后，人们越来越可能认识并控制那些至少是由我们最常见的生产行为所造成的较远的自然后果。但是相较于自然发展史，社会发展史存在一个显著的差别。推动自然界自我发展的力量是没有意识的、盲目的，在各种力量的相互作用中产生了一般规律。但是不可以用这个尺度来衡量人类的历史，甚至衡量现代最发达的民族的历史。因为在这种衡量标准下，提前预设的目标和最终呈现出来的结果往往是不一样的，甚至还存在很大的差异，这就是由于有些作用没有被提前预见，而这些作用恰恰又占有优势，计划中的力量比没能控制的力量要弱。

2. 人与自然、人与社会关系和谐的理想境界

马克思主义提倡人与自然界的和谐共处，反对自然与历史之间的对立关系，强调人与自然之间应该形成统一性。马克思主义人与自然界的和谐历史观的主要目的在于推动实现人与自然、人与自身的和解。这就要求必须转变人的社会关系和人的生态关系。按照马克思主义提出的思想观点，只有在人类社会的发展过程中实现人类与自然以及自身的和解，才可以正确处理人、社会与自然的关系，并以此为基础指出人类发展肩负“使自然界真正复活”以及“使人与自然的矛盾真正解决”的历史使命。

第四节　生态文明教育发展历程

我国的生态文明教育始于21世纪初，它是在我国的环境教育、可持续发展理念的基础上形成的。我们都知道，西方的这些相关的理念与思想兴起得比较早，也正是因为这样，在西方的一些国家中，很多公民都具有一定的环境保护意识，也正是因为思想意识的改变使其生态环境也得到了一定改善。而现在，我国在以往的基础上，提出应促进生态文明建设，加强生态文明教育，这是社会进步发展到现阶段的必然产物，必将为中华民族伟大复兴、为构建人类命运共同体提供坚实的思想基础。在这一章中，主要通过回顾中国环境教育、可持续发展教育走过的历程，探索中国生态文明教育的兴起，从时序上了解它们之间的联系。

一、中国环境教育的起步（1972–1983年）

（一）起步阶段环境教育标志性事件

1. 参加“联合国人类环境会议”——中国政府开展环境保护的决心

中国的环境教育几乎与全球性的环境教育运动同步开始。1972年6月5日，在斯德哥尔摩召开的“联合国人类环境会议”上通过了著名的《人类环境宣言》，其中有一个基本观点：“我们决定在世界各地的行动时，必须更加审慎地考虑它们对环境产生的后果……我们就可能使我们自己和我们的后代在一个比较符合人类需要和希望的环境中过着较好的生活[①]。”《宣言》提出的第19个原则强调：“考虑到社会的情况，对青年一代，包括成年人有必要进行环境教育，以便扩大环境保护方面启蒙的基础以及增强个人、企业和社会团体在他们进行的各种活动中保护和改善环境的责任感[②]。”

那一年，我国政府也派出了代表团参与了那次重要会议。这也体现了我国政府也关注到了环境问题，并且我国政府具有强烈的解决这些环境问题的积极性，要想解决这些问题，当然也要借鉴国际上的一些成功经验，这也是我国面对环境问题时必须要走的道路，它标志着我国走向了环境教育之路，也表明了我国愿意与全球环境教育一同成长和努力的决心。

① 黄润华，贾振邦．环境学基础教程[M]. 北京：高等教育出版社，1997：341.
② 张坤民，马中等．可持续发展论[M]. 北京：中国环境科学出版社，1997：475.

2. 全国第一次环境保护会议——统一认识

1973 年，中华人民共和国国务院委托国家计划委员会于 8 月 5 日至 20 日在北京举行了中国第一次环境保护会议，此次会议对中国环境教育产生了积极而深远的影响。会议制定了保护环境的政策性措施《关于保护和改善环境的若干规定》，其中提出了“大力开展环境保护的科学研究工作和宣传教育”的要求。

从这次会议的内容我们可以看出，政府开始正式向国民发起了保护环境的号召，同时也表明了中国政府解决环境问题的态度，也是对全世界做出的庄重承诺。之所以会召开这次会议，也得益于联合国环境会议的推动，这次会议的召开从一定程度上引起了国人对环境问题的重视。它不仅对于国人思想意识具有统一作用，同时对于我国实际问题的解决、工作的落实也有着一定的指导作用。这次会议具有重要意义，标志着我国环境事业的开端，为日后的环境教育打下了基础，同时也构建了基本的环境教育框架。

3. 形成以社会教育为主的环境教育

基于上述认识，中国环境教育在初期主要是由环境保护部门承担。当时，中国的环境保护事业主要是对环境污染、生态破坏问题进行披露，借以唤醒人们对环境问题的关注，同时提高环境保护意识。1980 年至 1981 年，在这两年里，国环办发出了保护环境的通知，通过宣传活动来提高人们的环境保护意识。自此在全国范围内组织了社会教育月活动，共组织了两次，活动内容主要是对环保的法规、政策以及科学知识等进行宣传，并通过相关部门和新闻、杂志、广播等媒体的合作，通过讲座、报告等多种形式进行宣传。那一时期，像这样通过社会教育的手段，以环境宣传教育的方式成为当时的主要形式。

4. 开展环境专业教育

在全国第一次环境保护会议后，国务院批准了《关于保护和改善环境的若干决定》，其中明确提出：“有关大专院校要设置环境保护的专业和课程，培养技术人才。”20 世纪 70 年代初，北京大学创设了环境专业，成为我国最早开展环境科学教学和研究的机构之一，标志着环境教育走进了中国的高等教育领域，走向了专业教育，同时开创了正规教育中开展与环境相关的专业教育的先河。1977 年，清华大学建立我国第一个环境工程专业，北京大学、北京师范大学在 1978 年招收了中国第一批环境保护专业研究生。北京大学于 1982 年成立了北京大学环境科学中心，负责组织和协调北京大学环境科学的教学和研究工作。在各类高等学校中设置环境教育概论课，已成为大家的共识。至 20 世纪 80 年代初，全国约有 30 多所高等院校设置了 20 多个环境保护方面的专业，培养的人才从专科到本科、硕士各个层次。

5. 建立了环境宣传教育的阵地

1974 年，北京创立了环境保护的相关报刊——《环境保护》。1978 年，广州也开始创刊，名为《环境》，有了这些刊物之后，与环境相关的科学知识也有了新的载体，对于环境保护工作的宣传也有了新的阵地，这不仅填补了我国在环境教育宣传上的空缺，也为环境教育工作提供了很大的便利。1980 年，我国成立了中国环境科学出版社，这是我国首个围绕环境进行专业图书出版的出版社。1984 年初，我国再次创立《中国环境报》，这是我国首个国家级的与环境相关的专业报，它在环境保护方面有着非常强的导向性以及权威性。

（二）起步阶段环境教育的特点

中国在这个阶段中为了环境开展的教育虽然在认识上处在浅层次，但取得的成就是有目共睹的。这也向全世界展示了中国为解决环境问题做出的真诚努力。总结中国环境教育在此期间的特点，主要有以下几点：

1. 政府的重视与支持

如果说国外环境教育的起步主要来自专家、学者的研究和民间团体的呼吁、实践，那么，中国的环境教育从一开始就得到了中国政府的重视和支持，或者说中国环境教育走的是自上而下的道路。

第一次全国环境保护会议之后，以中央为主导，到各个地区的相关部门，都开始陆续制定与环境保护相关的规章制度，并成立了很多相关的保护机构，环境治理能力大大提升。比如首先将污染严重的工厂作为管理目标，对矿区、江河等进行了治理，自此，环境科学的相关研究和教育事业也开始得到了蓬勃的发展。在此阶段中，中国各级政府在国家的统一部署下，逐步落实国家的方针、政策，启动各级、各领域的环境教育，迈出了环境教育的第一步。

2. 环境教育目的明确

中国的环境教育一方面受到国际环境教育的感染和影响，另一方面对国内日益严重的环境问题，需要找寻一条能唤醒国人环境意识的道路，因此，通过宣传和教育来实现这个目标就成了顺理成章的事。

3. 行政部门主导环境教育

由于我国特有的政治环境和行政管理体制，再加上中国环境教育的目的，环境教育一开始就是由行政部门主导和负责落实的。

1981 年 2 月，国务院在《关于国民经济调整时期加强环境保护工作的决定》中专门论述了环境保护、环境教育等问题，标志着环境教育工作被纳入国民经济建设中心工作中。

二、中国环境教育的奠基（1983-1992 年）

（一）奠基阶段环境教育的标志

1. 环境教育作为落实环境保护的重要措施

1983 年底，第二次全国环境保护会议召开，这次会议将环境保护确定为中国的一项基本国策。会议认为，要搞好环境保护，首先“要解决各级领导重视问题”，还要“发动群众对各类环境问题和环境保护工作进行监督”①。而“解决各级领导重视问题”的途径是加强教育，这表明旨在提高各级领导及群众环境意识的环境教育成为落实“环境保护”这一基本国策的重要战略措施。由此，标志着中国的环境教育步入了奠基阶段。

1991 年，李鹏在第七届全国人民代表大会第四次会议上所作的《关于国民经济和社会发展十年规划和第八个五年计划纲要的报告》中再一次强调了环境保护是我国的一项基本国策。他说：“今后 10 年和‘八五’期间，要加强环境保护的宣传、教育和环境科学技术的普及提高工作，增强全民族的环境意识。”这表明，中国政府已经意识到环境教育对于环境保护的重要性以及应扩大环境教育的受众面。

① 黄宇．中国环境教育的发展与方向[J]. 环境教育，2003，000（2）：8-16.

2. 在职教育进一步开展

为搞好环境保护工作，努力提高在职人员专业素质成为当时一项紧迫的任务。各级政府采取各项措施推动在职教育进一步开展，主要措施有：加强职业技术教育，以培训尚不具备专业知识的在职人员；建立干部培训基地，开展对各级干部环境保护的培训，以提高各级干部环境保护的意识（1985年，秦皇岛环境保护学校改建为秦皇岛环境干部管理学院）；强化学历教育，特别是环保战线上的领导干部，以提高管理和业务水平。

3. 国家环境教育的组织机构逐渐形成

为了贯彻环境保护这一基本国策，为了更好地开展环境教育，为积极推动环境教育的深入开展提供组织保证，国家环境教育组织机构逐渐形成。

我国在1988年成立了环境保护委员会，部分国家级的报社，如人民日报、新华社等，以及一些广播电视台等媒体都参加了这次会议，这些教育部和媒体的参与表明我国的环境保护工作开始向合作化、多样化的方向发展，为日后丰富的环境教育组织形式打下了一定的基础。成立于1984年的国家环境保护局设置了宣传教育司，负责加强全国环境教育的宏观指导，标志着国家环境教育的组织机构形成。

4. 国家环境保护法出台

1989年，《中华人民共和国环境保护法（修改草案）》在国务院和全国人大常委会审议通过，标志着我国环境保护法制化的时代到来。该法第五条针对环境教育指出“国家鼓励环境保护科学教育事业的发展，加强环境保护科学技术的研究与开发，提高环境保护科学技术水平，普及环境保护的科学知识”。至此，环境教育得到法律的支持。

5. 环境教育的地位得到提高

1989年，我国召开了第三次环境保护会议，在这次会议中，李鹏再一次对环境教育的教育对象以及教育目标进行了明确，他强调要大力开展环境保护宣传工作，使整个民族的环境保护意识得到加强，尤其是各级领导，必须要提升自身的环境意识。他还强调了环境保护是精神文明建设的一部分，要让人民群众具备环境保护的自觉性，把保护环境当成社会公德。由此可见，保护环境才能做好精神文明建设，环境教育有了越来越高的地位，为以后环境教育相关理论的形成打下了一定的基础，也表明我国的环境教育已处于发展阶段。

（二）奠基阶段环境教育的特点

1. 环境教育体系基本形成

在此阶段，我国环境教育展现出的格局是两种形式并存，一是宣传，二是教育。这里的前者说的是社会教育，“教育”指的是学校教育、专业教育、在职教育，两者结合起来共同形成中国环境教育的基本格局和体系。正因如此，在中国，环境教育、环境宣传、环境宣传教育被视为同义词，目的都是为了环境的教育，差别在于教育的形式和途径不同。

2. 环境教育对象进一步扩大

首先，越来越多的媒体参与到了环境宣传教育工作中，环境教育的受众人群不断扩大；其次，随着环境教育的内容进入幼儿园及中小学部分教材，进一步扩大环境教育的对象；再次，在 1990 年全国第一次环境宣传工作会议后，环境教育社会化得到普遍重视，并成为今后工作的一个指导思想。经过十几年的努力，中国环境教育的对象已呈现向全社会扩展的趋势。

3. 环境教育主题化

20 世纪 80 年代初，中国政府确定每年的 3 月 12 日为“中国植树节”，并成立全国绿化委员会。1984 年 4 月，为了配合第一个首都义务植树日，北京林学院（现在的北京林业大学）等多所高校师生在北京长安街沿线共同举办了第一届绿色咨询活动，号召市民行动起来关注人类生存环境。1985 年，国家环境保护局等单位在“世界环境日”（6 月 5 日）举办了各种形式的宣传活动，这次活动为开展环境主题教育活动打下了基础和积累了经验。之后，在世界环境日举办宣传活动成为常态。

三、中国环境教育的成长——走可持续发展教育（1992-2002年）

（一）走向可持续发展教育阶段的标志

1. 环境教育的地位和作用得到充分肯定

1992年，在首次全国环境教育工作会议上，时任国家环保局局长的曲格平在会议开幕式上发表了题为《走有中国特色的环境保护道路》的讲话。他提出："环境保护，教育为本。加强环境教育，提高人的环境意识，使其正确认识环境及环境问题，使人的行为与环境相和谐，是解决环境问题的一条根本途径。"在这次会议中，确立了我国环境教育的方针，即"环境保护，教育为本"，彰显了环境教育在我国的重要作用与地位，同时也可以看出，要想解决环境问题，必须通过环境教育这一根本途径。

1996年12月10日，《全国环境宣传教育行动纲要（1996年—2010年）》（以下简称《纲要》）颁布。《纲要》确立了我国未来15年环境保护的目标，并指出：为了实现这个目标，需要深入开展环境宣传教育，广泛动员公众参与。《纲要》的出台标志着我国环境教育迈上了更高的台阶，这大大提升了环境教育的地位与作用。环境教育的地位与作用还体现在《纲要》中："环境教育是提高全民族思想道德素质和科学文化素质（包括环境意识在内）的基本手段之一。"这表明中国政府把环境教育与素质教育结合起来，与社会主义的精神文明建设结合起来，与社会主义的文化建设结合起来，环境教育的地位与作用进一步提升，为中国环境教育的发展提供了强有力的理论基础。

2. 环境教育向可持续发展教育转变

（1）进一步强调了环境教育的重要性

《关于出席联合国环境与发展大会的情况及有关对策的报告》提出了我国环境与发展领域应采取的十条对策和措施，报告把"实行持续发展战略"作为第一项，其中的第八条是加强环境教育，不断提高全民族的环境意识，要求各级党政干部提高对环境与发展问题的综合决策能力。它是我国实施可持续发展战略的第一个专门性文件。

（2）明确了环境教育的性质和目的是可持续发展教育

1994年3月，中国政府颁布了世界上第一个国家级的"21世纪议程"——《中国21世纪议程——中国21世纪人口、环境与发展白皮书》（以下简称《中国21世纪议程》)。《中国21世纪议程》的第六章提出了在教育改革中"加强对受教育者的可持续发展思想的灌输，将可持续发展思想贯穿于从初等到高等的整个教育过程中；通过各种文化宣传和科学普及活动，对公众加强可持续发展的伦理道德教育，提高全民的文化科学水平和可持续发展意识"。由此可见，我国环境教育的性质已经改变，不是一味地为了环境的教育，而是转变为了"为了可持续发展的教育"，也可以将其作为环境教育的目标；对人们进行环境教育的目的不仅仅是让受教育者掌握保护环境的相关知识，而是让人们走向更宽广的促进可持续发展的道路上去，和国家的教育方针、人们的实际生活、社会的进步紧密结合。这标志着我国可持续发展环境教育的开端，也反映了我国的环境教育开始正式与国际上的环境教育接轨。

3. 环境教育体系向制度化、规范化、专业化发展

(1) 环境基础教育

环境保护知识正式进入中小学教学大纲。在1992年国家教委组织审查并通过的义务教育小学和初中各学科教学大纲中，将环境保护知识渗透到相关学科当中，并落实到1993年版的教材和教师参考书中。由此可见，我国政府已经注意到中小学的环境教育的重要性，开始以制度化的形式存在，也标志着环境教育在基础教育中有了越来越高的地位。

到了21世纪，我国的环境教育再次发展到了新高潮。2003年，教育部印发了有关中小学环境教育的纲要——《中小学环境教育专题教育大纲》，号召要在学科教育的基础上，以专题教育的形式对中小学生进行环境主题教育，同时对专题教育的教育内容和标准进行了规定，还给出了一些具体的建议，该纲要的印发对于中小学环境教育有着重要的指导意义。2003年11月，在之前基础上又再次颁发了教育指南——《中小学环境教育实施指南》，对环境教育的性质、目标、内容、方法等再次进行了明确的说明。该指南的颁发有着重要意义，标志着我国首次将可持续发展教育融入基础教育中，使之成为基础教育不可或缺的组成部分。至此，中小学环境教育的制度化、规范化更向前迈进了一步。

(2) 环境专业教育

为了对高校提出更高要求，《中国21世纪议程》建议：在高等学校普遍开设"发展与环境"课程，设立与可持续发展密切相关的研究生专业，如环境学等。《纲要》提出：高等院校的非环境专业要开设环境保护公共选修

课或必修课。高等院校环境专业要结合专业特点，把实施两个根本转变、实施可持续发展战略以及人口、资源、发展同环境的关系贯穿于整个教学过程之中。

（3）环境社会教育

1995 年，我国政府制定的《国民经济和社会发展“九五”计划和 2010 年远景目标纲要》把实施科教兴国和可持续发展战略作为中国未来发展的国家战略。为了贯彻《国民经济和社会发展“九五”计划和 2010 年远景目标纲要》，同年出台了《中国环境保护 21 世纪议程》，这个议程中阐述了环境宣传教育对“提高全民族环境保护认识，实现道德、文化、观念、知识、技能等方面的全面转变，树立可持续发展的新观念，自觉参与、共同承担保护环境、造福后代的责任与义务”的重要性和作用[①]。

从 2001 年开始，原国家环保总局联合中宣部、原国家广电总局共同开展环境警示教育活动，其目的就是要通过大张旗鼓的宣传，引起全体公民对环境问题的重视，加强公众监督。2003 年，在国务院印发的《中国 21 世纪初可持续发展行动纲要》中提出“利用大众传媒和网络广泛开展国民素质教育和科学普及。鼓励与支持社会组织和民间团体参与促进可持续发展的各项活动”。这个纲要与《中国环境保护 21 世纪议程》的颁布，标志着环境社会教育向规范化发展。

（二）走向可持续发展教育阶段的特点

1. 可持续发展教育对象普及化

中国可持续发展教育从最初环境教育对象以专业教育和干部教育为主，发展到面向全体公民，这个发展使可持续发展教育的功能和作用得到最大地发挥，也使得在中国形成了人人讲环保、人人爱护环境的良好氛围。

2. 可持续发展教育主体多样化

中国可持续发展教育主体可以分为政府组织和非政府组织。在环境教育起步阶段，环境教育是自上而下开展的，政府组织主要有环境保护部门和教育部门，起着指导和管理的主导作用。随着公众的环境意识越来越强，越来

① 国家环境保护局．中国环境保护21世纪议程[M]．北京：中国环境科学出版社，1995：244.

越多的公众直接参与到保护环境、改善环境中来，公众参与的积极性显著提高，自下而上的、来自民间和非政府的组织日益增多，起着推动的作用。人们用自己的实际行动宣传环境保护知识、环境法律法规知识、传播绿色的文化、倡导绿色文明，在参与活动中相互教育、自我教育，行使环境教育的权利、发挥环境教育的功能，可持续发展教育的主体群越来越多、越来越大，可持续发展教育主体呈现多样化。

3. 可持续发展教育模式立体化

可持续发展教育在经过环境教育各阶段实践的基础上，逐渐形成了不同的教育模式并相互交叉，呈现立体网络化。如果按照教育主体来划分，主要包括社会教育模式、学校教育模式。

社会教育模式主要以环境保护部门为主，是吸引公众参与的可持续发展教育。与环境教育起步阶段相比，社会教育模式更注重教育的系统化、长效化、大众化、科学化，主要途径和形式有环境警示教育、大型新闻宣传活动、环境纪念日活动等。环境警示教育是通过拍摄生态环境警示录的专题片，集中披露一些重大的环境问题，从而起到警示、监督的作用；大型新闻宣传活动是组织新闻媒体对环境保护及其环境保护执法检查情况进行集中采访和报道；环境纪念日活动是利用一些重要的环境纪念日开展宣传，激励公众踊跃参与。

学校教育模式是以教育部门为主，通过各种形式和方法在各级学校开展的可持续发展教育。它包括基础教育中的课程教学模式、综合实践活动模式和专业教育模式。课程教学模式又可分为多科教学（又叫渗透式）模式和单科教学模式；综合实践活动模式是结合学校的课外活动开展环境教育，以提高环境保护的能力；专业教育模式是旨在培养不同层次的专业人才的教育模式。

四、生态文明教育的发展——走向生态文明教育（2002 年至今）

（一）生态文明教育兴起阶段（2002–2012 年）

1. 生态文明教育兴起的标志

（1）确立建设生态文明社会战略方针

2002 年，在党的十六大报告中，把走上生态良好的文明发展道路列为全面建设小康社会的四大目标之一，即“可持续发展能力不断增强，生态环境得到改善，资源利用效率显著提高，促进人与自然的和谐，推动整个社会走上生产发展、生活富裕、生态良好的文明发展道路”。

2003年6月25日，中共中央、国务院出台的《中共中央国务院关于加快林业发展的决定》中规划了中国林业生态建设的目标，明确了中国迈向生态文明社会林业应做出的贡献，提出“要大力加强林业宣传教育工作，不断提高全民族的生态安全意识。中小学教育要强化相关内容，普及林业和生态知识。新闻媒体要将林业宣传纳入公益性宣传范围”，把生态意识教育作为生态文明教育的重要内容。

2005年，党的十六届五中全会提出了全面贯彻科学发展观，加快建设资源节约型环境友好型社会。第六次全国环境保护大会提出了加快实现“三个转变”，即价值观念的转变、生产方式的转变、消费方式的转变。同年，《国务院关于落实科学发展观加强环境保护的决定》中明确提出了要加强环境宣传教育，弘扬环境文化，倡导生态文明。这标志着国家对加强生态文明教育的重视。

2007年，在党的十七大报告中明确提出把建设生态文明作为我国未来发展的新目标，党的十七大报告为生态文明教育提出了明确的任务，就是通过宣传教育在全社会树立生态文明观念。

（2）开展围绕生态文明建设的环保主题宣传活动

“中华环保世纪行”环保宣传活动的主题由最初较侧重单纯的生态环境问题转向较侧重生态与可持续发展问题。如：2003年——推进林业建设，再造秀美山川；2004年——珍惜每一寸土地；2005年——让人民群众喝上干净的水；2006年——推进节约型社会建设；2007年——推动节能减排，促进人与自然和谐。特别是2006年和2007年，紧紧围绕转变生产方式、节约能源和资源开展活动。江苏省在2006年制定了《关于推进节约型社会建设的若干政策措施》，上海市则以宣传企业、社区节能、节水、节材，发展循环经济为切入点。2007年“中华环保世纪行”的主题是推动节能减排，促进人与自然和谐，全国各地政府和企业纷纷以转变经济发展模式、建设资源节约型和环境友好型的生态社会作为工作的重点；2008年环保宣传活动的主题是——节约资源，保护环境；2009年——让人民呼吸清新的空气；2010年——推动节能减排，发展绿色经济；2011年——保护环境，促进发展；2012年——科技支撑、依法治理、节约资源、高效利用。

（3）倡导绿色奥运

绿色奥运是北京奥运的三大理念之一，绿色奥运的核心和本质是构建人与自然和谐发展的生态文明。自申办2008年奥运会成功后，北京奥组委与北京市政府积极践行绿色奥运理念，把实现绿色奥运作为推进生态文明教育的一个重要途径。从奥运设施规划到奥运场馆建设，从环境治理到城乡美化，从鼓励公众绿色消费到生态城市建设，每一个环节都渗透着生态文明的理念，每一步都向着生态文明社会迈进，生态文明教育润物细无声般地在公众中展开，环保意识、生态文明意识在公众参与中得到强化。

2008年6月17日，国务院新闻办公室、国家林业局召开了“绿色承诺”新闻发布会，北京31个奥运比赛场馆、45个训练场馆，以及奥运道路连接线等160多项奥运绿化建设工程都已经进入收尾阶段，2001年北京申办奥运会时承诺的七项绿化指标均超额完成。

（4）建立以倡导生态文明为主题的教育基地

为了推动生态文明教育的发展，我国各个地区都纷纷以环境教育基地建设为基础，进一步投入到生态文明基地建设的工作中去。比如在北京有这样一个科技教育基地——南海子麋鹿苑博物馆，它最大的特点就是对生态道德进行普及，这里经常举办环保主题活动，而不仅只是保护麋鹿的研究场地。在苑中有着在世界上已经灭绝的动物的公墓，也有滥伐的主题雕塑，就连路边的指示牌也时刻提醒着人们要保护环境，爱护大自然。而苑前的地球迷宫、濒危动物挪亚方舟等更是让人们从中领略到了生态文明的内涵。再如广州市在这次建设中也取得了很好的成绩，当地的绿田野生态教育中心开展了环境监测与科学研究，并采取了一系列措施，如清洁能源岛、在中心区域开展环境示范工程等等，同时，还在生态区域开设了有机蔬菜种植、濒危植物保护等基地。在环境教育基地中，大力推崇节约型经济发展模式和循环经济发展模式，坚持科学发展观的发展原则，让每一位公民都投身于资源节约型社会、环境友好型社会的建设中去。

2008年6月，在“中国生态文明建设高层论坛”上，国家林业局、教育部、共青团中央决定授予广东省广州市帽峰山森林公园等十单位“国家生态文明教育基地”称号，为了使全国生态文明教育基地管理工作规范化、制度化，2009年三家单位又联合制定了《国家生态文明教育基地管理办法》。截至2014年，共有75个单位获得了“国家生态文明教育基地”称号，涉及“科技场馆类、教育科研类、环保设施类、自然生态类、工业企业类、农业示范类、社会民生类”等七大类单位，拓展了全国生态文明教育的途径。

（5）开展环境教育立法的实践

我国环境教育的立法除了在理论上进行了深入地讨论与探索以外，还切切实实地付诸实践，这为我们今后对于环境教育立法的完善起到了很大的积极作用。自 2008 年开始，我国多个环境保护相关部门如政策法规司、政府法制办在环境保护部宣传教育司等的大力支持下将环境教育纳入立法当中。据中国政府法制信息网 2010 年 4 月 6 日报道：2010 年 3 月，《宁夏回族自治区环境教育条例（草案）》初步形成。该《条例》的内容共二十条，明确了政府的主导地位，规定各级政府是环境教育的第一责任人以及工作职责；提出了环境教育的内容和途径；确定了环境教育是对全体公民的教育，但要分不同层次开展，重点教育的对象是国家机关、政党、社会团体、企事业单位、学校、城乡基层组织负责人，大、中、小学的在校学生等。此外，还提出了环境教育监督、奖惩机制等要求。《宁夏回族自治区环境教育条例（草案）》的制定对完善环境宣教法制建设、推动环境宣教工作具有积极意义，为环境教育法从地方性法规再到国家法这一立法途径做了有益的尝试。

2. 生态文明教育兴起的特点

（1）政治文明为生态文明教育提供保证

中国生态文明教育从一开始就与中国政府推进政治文明紧密结合在一起。中国政府在制定战略方针和政策时，从生态整体性出发，把国家、民族整体利益与根本利益、长远利益与局部、近期利益和大众的个人利益结合起来，把促进人与自然、人与人、人与社会关系的和谐作为政治文明的目标，使得生态文明教育从一开始就站在政治的高度，受到政府的高度重视。

反之，生态文明教育也肩负起促进政治文明的重担。政治文明为生态文明教育提供保证，具体表现在：政治文明为生态文明教育提供政治方向和理论基础，政府推进生态文明建设的自觉行动，为生态文明教育提供示范作用。

（2）生态文明教育理论研究逐渐展开

实际上，自从世界环境发展大会召开和《21 世纪中国议程》颁布之后，我国理论界的一些专家便投身于生态文明理论的研究中去，其中当然也包括对生态文明教育理论的研究。在那段时间里，大家把关注点都放在了生态文明的形成、含义、地位和作用、建设、价值观等的问题上，由此可见，生态文明教育从理论上看，研究程度还存在很多的不足之处，尤其是在生态文明教育、可持续发展教育、环境教育三者的区别和联系方面和生态文明教育的思想基础，以及生态文明教育的途径、评价体系，尤其是对具体实践中采用的模式和成果的总结等方面还需要更深一步的研究。

（二）生态文明教育发展阶段（2012年至今）

随着党中央出台的一系列生态文明建设的战略决策，生态文明教育的理论探索与实践也有了更大发展，生态文明教育进入发展阶段。

1. 生态文明教育发展阶段的标志

十八大以后，中国生态文明建设上升到国家发展战略，站在更高的起点，为生态文明教育提供了有力支撑，生态文明教育更加具有全面性、国际性。这个阶段的主要标志是：

（1）生态文明地位上升到战略高度

2012年，党的十八大报告首次把生态文明建设纳入中国特色社会主义事业"五位一体"总体布局，将生态文明建设全面融入经济建设、政治建设、社会建设、文化建设，从此，中国进入社会主义生态文明新时代。国家大力推进生态文明建设，不断完善相关政策和制度。2015年5月5日，《中共中央国务院关于加快推进生态文明建设的意见》发布，2015年9月11日，《生态文明体制改革总体方案》出台，增强了生态文明体制改革的系统性、整体性、协同性，为生态文明教育提供了强有力的政策支持。

2017年，党的十九大报告将坚持人与自然和谐共生作为新时代坚持和发展中国特色社会主义、实现新时代国家治理现代化的基本方略，体现了习近平生态文明思想，其中"绿水青山就是金山银山"的核心理念是新时代生态文明教育的重要理论基础。"坚定走生产发展、生活富裕、生态良好的文明发展道路，建设美丽中国，为人民创造良好生产生活环境，为全球生态安全作出贡献。"丰富了新时代生态文明教育的内容，拓展了视角，指明了开展国际交流与合作的发展方向。

（2）高校生态文明教育蓬勃发展

生态文明建设离不开人才的支撑，高校充分发挥高等教育的功能，积极探索在人才培养模式中融入生态文明教育的路径，取得了丰硕的成果，提出了"生态型人才"的理念，并致力于培养具有生态文明素养、全局视野、科技创新能力的专业化人才。大力发展生态环境专业，培养生态保护、环境治理、绿色发展、绿色科技急需的多层次、多规格的人才，在校园文化建设中融入生态文明教育的内容，通过丰富的校园文化形式，如大学生环保社团将生态文明理念植入大学生的生活中，引导大学生养成适度消费、节约能源等行为习惯，并向周边社区辐射。如江西环境工程职业学院不断完善课程体系，开设“生态必修课”——《现代林业概论》等林业类课程，并且开设《生态文明知与行》课程，将其作为新生的公共必修课，覆盖全校学生。依托生态文明教育研究中心、森林文化研究中心、绿色协会等公益组织，开展生态文明系列主题活动，帮助师生树立生态文明理念，宣传弘扬生态文化。

高校思想政治理论课是大学生思想政治教育的主阵地，各门课程中蕴含着丰富的生态文明教育资源，一些高校将生态文明教育融入思想政治理论课程中。如湖北大学在教授中国特色社会主义理论体系时，思政课老师紧密联系实际，阐述科学发展观理论，强化学生的生态道德和环境伦理责任，帮助大学生树立正确的生态观。同时，学校还开展专项教学，开发网络资源和精品课程，充分发挥高校思想政治理论课思想政治教育的重要阵地作用，为社会培养生态文明建设人才。

（3）“中华环保行”主题宣传活动更聚焦生态文明建设战略

党的十八大以来，“中华环保行”主题更聚焦、更具战略性，制定了以“大力推进生态文明，努力建设美丽中国”为主题的五年规划。2013 年以“治理大气污染，改善空气质量”“保护饮用水源地，保障饮用水安全”和“大力推进可再生能源产业健康发展”为专题和重点，关注与人们日常生活密切相关的生态环境问题，提高人民的获得感；2014 年宣传活动的重点是“节能减排，绿色发展”“综合治理，防控雾霾”，并着力推进重点行业和重点区域的大气污染防治工作。2017 年更是聚焦在“绿水青山就是金山银山”的生态文明发展理念上。党的二十大报告将“人与自然和谐共生的现代化”上升到“中国式现代化”的内涵之一，再次明确了新时代中国生态文明建设的战略任务，总基调是推动绿色发展，促进人与自然和谐共生。

（4）向乡村辐射，助力美丽乡村建设

党的十九大报告中提出：实施乡村振兴战略，要坚持农业、农村优先发展，加快推进农业、农村现代化。2018 年中央一号文件《中共中央国务院关于实施乡村振兴战略的意见》提出：乡村振兴，摆脱贫困是前提。实现精准脱贫，增强贫困群众获得感，不仅要实现农业强、农民富，还要实现农村美，加强农村突出环境问题综合治理，打造宜居的生态环境。如贵州省安顺市平坝区乐平镇塘约村是乡村振兴战略的典型，塘约村原属国家二类贫困村，但是村民不甘贫困，在村委会的集体带领下自力更生、艰苦奋斗，以“合作社”的方式在短短两年内从一个贫困村转变为小康村，由过去的“脏、乱、差”到现在的荷塘飘香、菜园蓬勃、民居亮丽、道路宽阔、安宁静逸、其乐融融，俨然一座现代的桃花源，村容村貌焕然一新，实现了乡村振兴。

2. 生态文明教育发展的特点

（1）理论基础更加夯实

加强生态文明教育，需要坚强的理论作为后盾和基础，以往中国传统生态思想是以马克思主义生态思想作为生态文明教育的理论基础，而习近平生态文明思想则进一步夯实了理论基础。习近平生态文明思想深刻揭示了人与自然之间的关系，强调“绿水青山就是金山银山”，要求我们坚决摒弃片面追求经济增长的发展模式，着力构建人与自然和谐共生的现代化生产方式。这一理念突破了传统发展观念的局限，提出了一种全新的发展思路，使我们的发展更加注重生态保护和可持续发展。习近平生态文明思想强调公民的生态文明素养和责任，要求我们在生态文明教育中培养公民具备绿色发展的观念和行为。这种观念和价值观的培养能够使公民自觉地关爱生态环境，为生态文明建设贡献力量。

（2）生态文明教育常态化、制度化

推进生态文明教育常态化、制度化建设，是各级环境保护部门、教育部门常抓不懈的努力方向。

2011 年和 2016 年，生态环境部、中央宣传部、中央文明办、教育部、共青团中央、全国妇联共同出台《全国环境宣传教育行动纲要（2011–2015 年）》和《全国环境宣传教育行动纲要（2016–2020 年）》，明确了环境保护部门在“十二五”和“十三五”期间环境宣传教育行动的目标、基本原则、行动任务和保障措施，强调依法开展环境宣传教育，主张建立环境宣传工作绩效评估体系。随后，各地制定了符合地方特色的行动计划，生态文明教育制度化建设稳步推进。

生态文明教育越来越得到高校的认同。江西环境工程职业学院制定了《生态文明教育总体规划》，设立了生态文明教育办公室，由办公室负责协调、整合学校各部门的资源和师资力量，构建生态文明教育教学课程体系，系统地传播生态文明理念知识，搭建各种资源和平台，为大学生生态文明实践提供支撑。

高校之间建立合作机制，携手共进。2018 年 5 月 26 日，由全国 150 多所高校组成的中国高校生态文明教育联盟成立大会暨生态文明教育研讨会在南开大学举行。联盟旨在以习近平生态文明思想化育人心、引导实践，构建高校生态文明教育体系，带动和引导全民生态文明教育，肩负起培育生态文明一代新人的新使命、新任务。未来，高校联盟将在生态文明教育体系、教学方法和执行途径等方面开展合作与交流、研究和探索，共享高校生态文明教育门户网站、师资、教材、课程等优质资源，搭建大学生生态文明实践创意平台。

第五节　大学生与生态文明教育

一、树立生态伦理观

生态伦理是人类处理自身及其周围的动植物、环境和大自然等生态环境的关系的一系列道德规范。一般而言，生态伦理是由于人与自然生态的活动中产生的伦理关系，以及对这些关系进行调节时的原则。对于生态系统稳定的维护与促进是人们的义务，同时也是生态伦理和价值的内涵所在。从宏观上讲，生态伦理是对人类以后生存影响最大的问题。当今环境问题、生态问题的出现，迫使人们不得不重新思考与定位人与自然的关系，进行人与自然关系的理性思考。

不管是在哪一个历史文明阶段，都存在具有时代特色的伦理观，然而，生态伦理却是一致存在的，只不过是在生态文明阶段，它才会更加引起人们的关注，不管在什么时候，生态文明始终和社会的文明形态有着脱离不开的关系。最早从先秦时期开始，我国的先辈就对人、自然这两者间的关系进行了深入地探索，从而产生了较为具体的生态伦理观。他们所提出的“天人合一”“仁民而爱物”，尊重自然规律，合理利用和保护自然资源等生态道德思想，对协调人与自然的关系起到了重要作用。如孟子认为“人皆有不忍人之心”（《孟子·公孙丑上》），所以才会有仁爱之心，才会“仁民而爱物”（《孟子·尽心上》），这种“性善论”即是其生态伦理思想产生的内在心理基础。《孟子·梁惠王上》记载了孟子理想中的儒家生态社会——“不违农时，谷不可胜食也。数罟不入洿池，鱼鳖不可胜食也。斧斤以时入山林，材木不可胜用也。谷与鱼鳖不可胜食，材木不可胜用，是使民养生丧死无憾也。”在这个理想社会里，农民与自然的关系是和谐的，粮食、鱼鳖和木材有节制而取，因此用之不尽。

现代生态伦理观念的提出则源于利奥波德（Aldo Leopold）和他的“大地伦理学”。奥尔多·利奥波德是现代美国发展环境伦理学的开创者之一，他的那本提出“大地伦理学”的小册子《沙乡年鉴》(1949年出版),被称为“现代环境主义运动的一本新圣经”。尽管当时他在叙述“大地伦理”思想的时候只用了比较少的文字,但是过了20年以后,这竟然成为点燃美国环境主义运动的火苗。利奥波德在对人们以前的生产生活方式进行了考察之后表示,如果人类在对生态活动的方式进行选择时仅仅以人类中心主义的思想为依据是错误的,这是由于这种思想将没有商业价值的地球成员忽视了,甚至是将它们排除在外,然而,正是由于这些成员的存在,才使得大地的生态系统变得完善。利奥波德认为大地上的山川、河流、花鸟、草木属于一个有机体,人也只是其中的一个部分。利奥波德写道:生物或大地自然界应当像人类一样拥有道德地位并享有道德权利,个人或人类应当对生物或大地自然界负有道德义务或责任。由此可见,在他的眼中,人类除了要对自己负责以外,还要对后代的生存环境负责,甚至要为生物圈负责。

二、坚守生态法治观

生态安全是国家安全的基础,是经济社会发展的重要保障。1978年以来,我国一方面在经济领域取得了举世瞩目的辉煌成就,另一方面,由此所导致的资源过度消耗和环境破坏却不断进行“惩罚”,我国不得不正视“达摩克利斯之剑”的事实。

生态法治观强调法律对生态建设行为的约束作用。应用严格的法律制度保护生态环境,加快建立有效约束开发行为和促进绿色发展、循环发展、低碳发展的生态文明法律制度。也就是说,要用法律的约束力和强制力正确引导和处理经济与生态环境保护之间的关系。这就要求首先完善政绩考核机制,将生态政绩纳入考核体系指标之中;其次要建立生态环境责任追查制度,针对违背生态规律而造成严重后果的事件要予以法律追责;最后,应该建立自愿有偿使用制度和生态补偿机制来管理生态建设。

三、创新生态经济观

在经济领域,生态与创新的关系大致有四种类型,即非生态导向的非创新、生态导向的非创新、非生态导向的创新、生态导向的创新。因为没有足够的生产力,所以我国在很长时间内所采用的发展模式都是非生态、非创新的发展模式,在这样的模式下,我国的发展基本上都来自大量投入劳动、土地、资本等生产要素,同时,这些生产要素基本上依赖于大自然,所以,它不够创新,也非生态。在今天的中国,约束经济与社会发展的最大因素就是自然资本，所以，真正的创新要从生态可持续发展上入手。以生态为导向，实现经济的可持续创新，其具体内容有经济创新、社会创新以及体制创新（也可以说是治理创新）。其中的经济创新就是要发展循环经济。发展循环经济主要有两个目的：第一，取代污染大、资源消耗多的经济发展方式。第二，取代单纯从末端治理的资源环境管理模式。循环经济的绩效判断需要考虑作为投入的自然消耗和作为产出的发展效果的比值。因此，生态导向的经济创新需要发展和传播资源生产率，例如，单位土地、单位能源或者单位排放的经济产出等观念，以推动经济过程的绿色转型。

四、弘扬生态文化观

文化是一个民族对所处的自然环境和社会环境的适应性体系。为适应生存的环境，人类在适应、使用、改造环境和被环境改造期间，由于二者的互动，人类开始形成了一些知识与经验，这些知识、经验就藏在该民族的宇宙观、生产与生活方式、风俗习惯等之中，也就形成了生态文化。

生态文化自古有之，从采集狩猎文化到农业、林业、城市绿化等都属于生态文化的范畴。但由于人与生态的矛盾尚未突出，而一直是融合于其他文化之中，未能成为一种独立的文化形态。工业文明所引发的生态危机，让人类对生态文化有了更多的关注与研究，从而促使生态文化得到了更大的发展，同时它作为现代文化基础，和其他文化共同组成了现代文化体系。对生态文化进行弘扬，推动着人类文明慢慢向生态文明演化，生态文化有着不可否认的地位，在可持续发展社会中具有主流文化的地位。

第二章　意识先行：大学生生态文明意识养成

第一节　大学生生态文明意识养成相关论述

一、生态文明意识教育的内容与原则

（一）生态文明意识教育的内容

1. 生态价值观教育

生态价值观是建立在人类和自然的利益关系基础上的价值取向，生态价值是“自然价值”，是一种自然系统功能，也是自然生态系统对于人所具有的“环境价值”。生态价值观教育强调的是人和社会都是自然系统的有机组成，人和自然更是不可分割的有机整体。人类是自然链中的其中一节，必须在维持生态平衡和生态圈良性循环的基础之上利用自然，否则自然链中的任何一节损坏，整个生态系统将全盘崩溃。而人与自然的共同发展、和谐共生，关键是要靠人来认知和实现。马克思在《〈黑格尔法哲学批判〉导言》中说，“理论一经群众掌握，也会变成物质力量”。大学生生态文明价值观教育的重点通常是培养大学生逐渐树立适应新时期生态文明建设要求的人生观、世界观、价值观，鼓励其构建符合新时期生态文明建设需求的知识素养、精神素养、创新能力、交际能力等，以科学的生态价值观奠定大学生的思想基础、指导大学生的言论和行动，塑造大学生的性格和气质，促进大学生的身心健康。生态价值观教育是大学生生态文明意识教育的基础和前提，

应该被作为重点内容对待。

2. 生态道德观教育

生态道德观是在一定的社会背景下，由于受到生态主义价值观的影响所产生的对一系列限制人类对待除自身以外的其他生物行为的思想规范的认识。生态文明观教育的宗旨是尊重和保护自然，坚持从人类社会可持续发展的角度出发，强调人的自觉自律。生态道德就是要把道德纳入人与自然的关系之中，弘扬生态道德观念，养成良好的“生态德行”。从思想政治教育的视角来看，生态道德实践、生态道德意识以及生态道德规范都属于生态道德观教育。培养大学生的生态道德意识是生态文明意识教育的一项基础性工程，是生态文明建设的精神依托和道德基础。没有生态道德意识的支撑，生态文明将成为一纸空谈。生态道德意识要求人类应当在发展生产力的同时，注重人类与自然界的和谐共处，保持自然与人的统一、平衡。生态道德意识教育的目的是使大学生能够学会用发展的眼光去看待人类文明的进程，辩证地看待人与自然的对立统一，正确认识人类在生态体系中的真实定位，客观公正地对待大自然中的万事万物，树立起和谐的生态道德意识。

生态道德规范是从道德的角度去规范人类关于生态活动的行为准则，意味着人们应以尊重的态度对待自然而非过去的设法征服，同时要求人们遵从自然规律、珍视生态环境，敬畏自然、爱护自然、自制自律，以更加文明和理智的态度对待生态环境。生态道德规范为大学生的生态文明意识教育指明了方向、框定了范围，是生态文明意识相关教育所要遵循的模本。

大学生所具有的生态道德素质是他们自身生态文明意识的集中体现，是在生态道德意识和生态道德规范作用下的道德实践，是一个思想与行为之间相互对接、相互转化的过程，是一个知行统一的过程。大学生生态文明素质的生成是一个系统工程，只有不断增强当代大学生的生态道德意识，才可以使他们的生态环境行为在一定程度上具有自律性，进而能够使生态环境得到更好的改善，使生态平衡得以维持，自觉履行其责任和义务。生态道德素质应该包括生态道德知识、生态道德情感、生态道德习惯以及生态道德能力，是衡量大学生综合素质高低的重要标志。

3. 生态发展观教育

生态发展观是人类在谋求自身发展的同时，保持生态的协调发展和人类与自然环境的和谐。我国幅员辽阔、人口众多，过去传统的发展模式更多关注的是物质财富的积累和经济的发展，很容易导致资源的过度开发和生态环境的污染破坏，这种以人的需求为本的发展观，打破了人与自然间的平衡，强调的是对自然的征服和控制。生态发展观追求的是生态环境的和谐与可持续发展，强调经济增长与资源环境的相协调，摒弃以剥夺和破坏自然的方式实现经济增长，通过可再生资源的投入和科学技术的进步，在生产、流通、消费的各个领域实现清洁发展、节能发展、安全发展、环保发展，以最少的能耗获得最大的效益，最终达到建设资源节约型、环境友好型社会的奋斗目标。对大学生进行生态发展观教育，有利于其正确对待、处理人与自然的关系，完成人与自然的协同发展、平衡发展和可持续发展。

4. 生态消费观教育

消费是人的基本需要，从人类出现开始就无时无刻不在进行着物质资料的消费。随着我国改革开放的不断深入与经济的迅猛发展，国民生活水平得到了前所未有的提高，而各种不健康的消费观念也逐渐侵入了人们的意识形态，甚至有些人将奢侈浪费等同于尊严地位，大学生身处此种氛围中也很容易被感染，其畸形的消费方式对社会和环境都会造成恶劣影响。对大学生进行生态消费观教育，就是要杜绝“过度消费”“超前消费”“一次性消费”等不良消费观，使大学生明白对物质的追求并不是人生的全部意义，要防止对资源的过度开采和浪费，以理性的态度对待消费，纠正攀比心理，讲求“绿色消费”，保持勤俭节约、艰苦奋斗的优良作风，提倡环境友好的消费方式，营造对社会健康发展有益的、生态的消费氛围，构建和谐的生态家园。

（二）生态文明意识教育的原则

1. 实践性原则

关于实践的理论是马克思主义中的重要思想，马克思曾指出，社会生活本质往往是通过一个又一个的具体实践得来的，实践是人类获取认知的途径与基础。因此，对大学生的生态文明意识的教育不能只是停留在书本和课堂上，大学生生态文明素质的提高终须通过实践活动体验得来。

（1）教育者的实践

教育者在生态文明意识教育中占据重要的地位，是教育的实施者，大学生生态文明意识教育是一项任重道远的事业，它对教育者的实践行动提出了很高的要求。教育者自身素养对教育的效果有着非常大的影响，设想一个教师自身的生态文明意识薄弱，对生态文明所知甚少，是根本无法对学生进行生态文明意识教育的。教育者应该不断夯实自身的理论基础，充实自身的知识储备，深入学习马克思列宁主义和中国特色社会主义理论，定期接受生态哲学基本知识及规律的培训，为以丰富的学识哺育学生做好准备。

在生态文明意识教育工作中最具有现实意义的课题就是实践。教学活动是教师的重要实践内容，体现了其自觉能动性。教师有责任提高自身的生态文明素养，检视自身的生态文明行为，以一种进取的姿态开展教学，在实践中开展教育，以实践来检验自己的学习成果，将生态文明意识教学做到“言传身教”，引导和帮助被教育者成长。

（2）教育对象的实践

大学生是生态文明意识教育中的教育对象，是教育活动中的重要角色，促使大学生拥有与时俱进的生态文明理念，并且能够积极践行生态文明理念成为目前生态文明意识教育的目的。

大学生在生态文明意识教育中的实践包括认识活动和物质活动两个环节，而成功的实践活动必须是将两者统一起来的。

要理解教育对象的实践活动，首先要明确实践是人们在实践思维的指导之下从事的一种通过实践活动使得客观能够反映主观，客观事物与主观认识相互联系，形成两者统一的人类活动过程。

大学生作为当前高校生态文明意识教育的教育对象，具有观点多样性、思想变化快、叛逆性强等特点，他们参与生态文明教育实践的积极性不高的根本原因在于其生态基本知识短缺。高校应以思想政治教育课堂作为生态文明意识教育的重心，运用互联网等各类全新的媒介，将生态文明的相关理论知识传授给当代大学生，用来指导大学生的实践，倡导生态文明行为。

2. 多样性原则

当前，高校生态文明意识教育工作面临知识更新速度快、信息来源广泛、学生个体意识强等现实状况，这就要求生态文明意识的相关教育应当具有多元化与个性化等特点。

大学生生态文明意识教育从目前来讲是依托于高校思想政治教育的课堂进行，然而课堂的覆盖面毕竟有限，不能深入到学生生活的方方面面，无法时刻对学生进行生态文明意识的灌输，教育者应利用网络、媒体、通信工具等对学生进行多渠道的教育。

高校思想政治教育作为大学生生态文明意识教育的“第一课堂”，其地位和作用毋庸置疑，然而其理论灌输的讲授方式对于新时期的大学生生态文明意识教育来讲略显枯燥，教育者应集思广益，开展多种形式的生态文明教学，走出课堂，走向校园，甚至走出校园，深入到学生中，举办效果更好、影响力更大的生态文明意识教育活动。

当代大学生个性鲜明、观点多样，高校生态文明意识教育的内容若只是围绕课本，是不能够满足和适应大学生的需求的，为了使学生吸收的教育内容营养丰富，教育者应拓展课堂内容和书本知识，以指定教材为核心，但不囿于指定教材，使教育内容多样化。

3. 持续性原则

生态文明意识培育需要通过持续的学习积累，无法在短时间内达成，只有经历长期坚持不懈的过程后才能实现自我蜕变。

生态文明意识教育在时间上具有持续性。时间为事物的存在定好了坐标，任何人都离不开时间刻度，生态文明意识的思想之剑用时间来打磨才能更具有战斗力。大学生生态文明意识教育应该利用学生的全部在校时间，从课堂到食堂，从操场到宿舍，以生态文明标语、生态文明事迹宣传栏等方式覆盖到学生在校生活的方方面面，形成全天候的持续教育。

生态文明意识教育对大学生来说不是一阵子的事，而是一辈子的事。高校应该将理想信念与生态文明意识教育结合起来，使大学生具有高尚的生态文明情操，在自我实现的过程中将生态文明意识贯彻终身。

生态文明意识教育并不是一时之热，而是大学生成长成才不可或缺的教育环节，是关乎国家命运与人类社会未来发展的重要环节，只有将生态文明意识教育长期坚持下去，才能不断地为祖国培养出具有生态文明素养的合格人才。教学是大学生生态文明意识教育的基础，但仅仅依靠长期的教学是不够的，要想取得更好的教育效果，还需要经常举办一系列与生态文明相关的活动，比如演出与生态文明内容相关的话剧、举办生态文明知识竞赛、进行生态文明知识宣讲、组织“熄灯一小时”等活动。长期举办生态文明教育活动能增加教育的趣味性和影响力，使教育效果不反弹。

二、大学生生态文明意识教育的必要性

（一）时代发展和社会建设对高校的现实要求

高校是社会的重要组成部分，其社会功能是为国家和社会培养人才，它

在很大程度上反映了社会的现实需求。由于我国长期以来偏重于经济发展和科技进步，高校教育的重点也落在了专业教育上。学生通过对专业课的学习，积累了较丰富的专业知识，也具备了较完善的专业技能。高校思想政治教育理论课的教学也通常将重点放在引导学生的政治观念、加强学生的法律常识和树立学生的人生观、世界观、价值观上，对学生思想品德的培养，更多关注的是人与人、人与社会的关系，使学生具备调整人与人之间关系的基本技能。正是由于关注点没有放在自然生态领域，导致高校忽视了大学生的生态文明意识教育，使得学生的专业素质和思想政治素质与社会需求相符，但是其生态文明观念却与生态文明建设的要求有着较大的差距。

高校应当充分利用其资源，对大学生开展生态文明意识教育，把对学生思想品德的培养由人际领域扩展到生态领域，从对人与人、人与社会关系的关注，扩大到对人与自然关系的关注，丰富高校思想政治教育的内容。高校对合格人才的培养必须兼顾思想素质与专业素质两个方面，而思想是行为的驱动器，高校对在校生实施生态文明意识方面的教育，可以帮助在校生正确树立生态文明意识，有利于学生对生态环保技术产生兴趣，不光在生活中从自我的习惯进行改进，还能在学习上结合本专业知识开发研究与生态相关的新科技，为我国现阶段生态文明建设提供智力支持。

（二）大学生素质提升和全面发展的重要途径

大学生是社会建设的储备人才，是民族振兴的希望。新时代，我们的共同目标是实现“中国梦”，这就对大学生提出了高标准和高要求。大学生的全面发展不仅关系其个人生涯，关系其家庭命运，还关系到祖国的发展和民族的进步。

生态文明不仅是指环境的状态，更是指人与自然间的和谐关系，这就对人的认识提出了要求，只有当人具备了正确的生态文明意识，才能够运用这一思想去指导自己的生态文明行为，才能构建人与自然间生态文明的和谐关系，才能营造出生态文明的社会环境，也才能很好地完成生态文明建设，在一步步的努力下逐渐实现“中国梦”。我们说，要想提高当代大学生的生态文明素质，需要在高校内对其进行全方位的生态文明意识教育。该项教育的本质是要求在校生尊重自然、善待自然，认识到对自然的索取不能无度无序，做到节约节制，保持自然的动态和静态平衡。对大学生生态文明意识培养过程本身就是对大学生责任感的提升，也是对大学生自身素质的提升，对于大学生来说是塑造，更是修炼。

生态文明能为人的全面发展提供更和谐的自然环境和更优良的物质条件，而人的全面发展能为生态文明的实现贡献精神动力和智力支持。大学生素质全面提升的过程也是生态文明建设逐渐实现的过程，培养大学生的生态文明意识是时代发展的客观要求，是我国生态文明建设的要求，同时也是提高当代大学生自身素质的要求与大学生未来发展的要求。

三、大学生生态文明意识教育价值体现

（一）体现着大学自身的理想与追求

国家和社会培养品德优良、知识完备的人才，是高校自出现以来一以贯之的使命。在我国经济迅速发展、进军生态文明建设的新时期，高校必须紧跟时代要求，秉承为国家和社会培养合格人才的宗旨，对大学生进行生态文明教育，使学生不仅掌握专业技术知识，还具备生态文明素质，这样做，不仅可以协调人与社会、人与人之间的关系，同时也可以促使人类与自然界和谐共处。通过生态文明意识教育，促使当代大学生既可以肩负起对同时代除自身以外的其他人与社会的责任，同时也要考虑到后代以及其他生命形式乃至整个自然界未来的发展，这就需要大学生树立起运用科学技术与自然界和谐共处并服务于自然界的理念，从而形成一种自觉的生态行为。这是高校对于生态文明建设的责任和贡献，也是高校自身的理想与追求。大学生既是高校的培养对象，也是高校的培养“成果”，大学生素质的高低进一步反映了高校教育的成败。对大学生开展生态文明意识教育，促使大学生具有珍惜自然资源、杜绝浪费的良好观念，以及爱护大自然的生态文明意识，发挥高校的教育优势和影响力，是高校自身价值的体现。

（二）体现着社会的期望与要求

高校的社会功能是培养大学生，其办学性质决定着其教育宗旨。在我国，要想做好生态文明建设工作，就需要各大高校通过思想政治教育对大学生进行生态文明意识的培养工作，做到紧跟时代发展步伐，以进步的全新的视角审视其原本的教育方法和教育内容，顺应时代发展需求，不断丰富思想政治教育课程内容。大学是各种文化理念宣传的主阵地，当代大学生又是先进思想与先进理念的践行者与传播者，因此，增强大学生的生态文明意识，形成以大学生为原点具有辐射性的影响，从而促进整个社会可持续性发展。马克思主义唯物史观认为，社会是由人组成的，是人的社会，而人是社会的

主体，社会中的人的素质的高低决定着整个社会文明的高度。社会希望能够借助大学对在校生进行的生态文明意识教育，培养出大批可以推进社会发展的并且具有优秀素质和健全人格的文明新人，培育其正确的生态价值观，使其能够从社会整体发展以及人的全面发展的角度对自身提出要求，规范约束自己的行为，从而养成良好的生态价值行为，为社会的生态文明建设和可持续发展贡献力量，满足社会的要求。

（三）体现着大学生完善自身的内在诉求

大学生的成长成才一直受到国家和社会的高度关注，而人与人、人与社会、人与自然、人与自我这几方面关系的和谐对于大学生的成长成才具有重要的意义和关键性的影响。一个对自然和生命缺乏敬畏之心、爱护之心的人，不可能对生活的意义和生命的意义有正确的理解，不可能拥有正确的世界观、价值观、人生观，这种状况很容易造成其心理的失衡和心智发展的不健康。生态文明意识教育通过引导大学生以正确的方式去看待和处理现实生活中的环境问题以及生态平衡问题，达到人与自然的和谐发展，使大学生得以实现全面的社会关系建构，提升其对社会的适应性，促成其全面发展[①]。

第二节　大学生生态文明意识养成的现实要求

一、满足解决当前环境问题的需要

（一）我国当前的环境问题日益严峻

我国生态环境问题包括大气污染问题、水环境污染问题、生物多样性破坏问题、水土流失问题、垃圾处理问题、旱灾和水灾问题、WTO与环境问题、土地荒漠化和沙灾问题、三峡库区的环境问题、持久性有机物污染问题等。我国人口众多，幅员辽阔，各类物产资源较为丰富，近些年，我国为了大力发展经济，充分利用大自然带来的馈赠，有时力度过大，造成了对自然环境的严重破坏，从而使得我们的生态系统受到了威胁。具体来说，由于工业废气的大量排放会影响空气质量，久而久之，对全球气候产生一定的不良影响。可以说，第二次工业革命使得人类进入了一个全新的时代，改变了传

① 左文东．新时期大学生生态文明意识教育研究[D]．兰州：兰州理工大学，2015.

统的生产方式，人类生活水平也在不断提高，无论是物质层面还是精神层面都得到了史无前例的提升，但是取得这些成就却要以牺牲我们珍贵的自然资源与自然环境为代价。目前，我们所生活的地球已经缺乏了自我修复能力，生态系统出现了严重的失衡，全球气温正在逐步攀升，使得人类生活的环境日益恶化，这些都是我们不得不面对并且亟待解决的问题。

（二）解决环境问题的重要性

一个好的生态环境对于人类的生存与发展至关重要。如果一味地为了追求生产发展而牺牲了我们人类赖以生存的自然环境，那么人类最终的生活与发展终会受到更为严重的影响，因此，我国一直提倡建设环境友好型、资源节约型的社会。如果生态环境遭受到严重破坏，那么人类最终所要面临的问题就不只是简单的生活质量高低的问题，而是严重的生存环境问题，它关乎着全人类的未来发展，因此必须予以重视。在发展生产力的同时，需要关注对自然环境的保护，并在此基础之上，不断提高人们的生活水平与丰富人民的精神文化生活，在正确的思想指导下，打造具有可持续发展的宜居城市成为人类未来发展的目标。因为恶劣的生态环境无法促使社会得到全方位的发展，并且导致实践成果也会受到相应的影响。可以说，人类发展经济的基础是做到人类与自然的和谐共处，包括人类与动物、人类与植物之间的关系都应该得到很好的处理，只有这样，人类社会才能不断实现精神层面的追求。生态环境的好坏直接影响着人类的生活质量，因此，我国将保护环境作为一项基本国策确立下来。

（三）大学生承担的环保责任

大学生作为当今社会建设的主力军，也在生态环境建设中充当着重要角色，高校学生不仅是社会上最优质的资源，同时也是国家未来发展的中流砥柱，对其培养尤为重要，因此，大学生的行为习惯与思维方式都对社会未来发展有着重要的意义与深远的影响，大学生究竟应当如何发挥出自身在社会建设中的积极推动作用，需要从以下三个方面着手：其一，将自身的奋斗目标与社会发展的目标保持一致，始终将环境保护作为自己所要肩负的重要使命，不仅要在日常生活中做到以身作则，更要选择那些与生态环保有关的职业与生活方式。其二，大学生作为社会发展中的中流砥柱，具有至关重要的作用，他们既是我国社会主义核心价值观的践行者，更在整个社会中扮演着带动与引领的重要角色，他们的一言一行可以影响整个社会，包括身边熟悉的人与只有一面之缘的陌生人，因此，作为大学生应当做好生态文明观念的传播者与践行者，使得整个社会逐渐成为一个文明社会。其三，不仅要成为绿色环保理念的宣传者，更要参与到生态文明建设中去，通过相关理论知识与社会实践，尽可能地发挥自身优势，为生态环境保护做出应有的贡献，尤其是在地球环境日益恶化的今天，大学生的参与更加具有划时代的意义。运用自身所学知识，研究自然环境发展规律，掌握其内在各因素之间的关系，通过各种创新思维与创新的生产方式，逐渐改善人类的生存环境，使人类的生存环境具有可持续发展的可能性。

二、满足生态文明建设对大学生生态意识的要求

2012 年 11 月，党的十八大从新的历史起点出发，做出“大力推进生态文明建设”的战略决策，报告中指出：建设生态文明，是关系到中华民族未来发展的长远大计，要正确处理人类与自然之间的关系，建设环境友好型与资源节约型社会是我国社会未来的发展方向与目标，绿色、循环、低碳与可持续发展已成为影响人类生存与发展的关键词。

党的十八届三中全会指出：建设生态文明，必须建立系统完整的生态文明制度体系，用制度保护生态环境。2015 年 5 月 5 日，《中共中央国务院关于加快推进生态文明建设的意见》发布。2015 年 10 月，增强生态文明建设首度被写入国家五年规划。党的十九大报告指出：人与自然是生命共同体，人类必须尊重自然、顺应自然、保护自然，我们要建设的现代化是人与自然和谐共生的现代化。2018 年 3 月 11 日，第十三届全国人民代表大会第一次会议通过的《宪法修正案》，将《宪法》第八十九条“国务院行使下列职权”中第六项“（六）领导和管理经济工作和城乡建设”修改为“（六）领导和管理经济工作和城乡建设、生态文明建设”。由此可见，党和政府极为重视我国的生态环境保护问题，并可以做到根据我国社会发展的具体情况随时调整生态文明建设的方针政策，从思想上正确引领社会发展。

中国建设社会主义事业离不开大学生群体，而生态文明建设又是社会主义事业的一个重要组成部分，因此，大学生在环境保护建设中充当着重要角色，他们有责任将该项工作做好，首先从理论学习入手，全方位地提高自身素质，让大学生具有严谨的思维能力与丰富的理论知识，然后再通过理论与实践相结合的学习方法，将其培养成为一名合格的社会主义生态文明建设的接班人。而作为高校应当通过丰富多彩的校园活动以及课堂教学活动，不断提高大学生的环保意识，从而使得大学生的整体素质与综合能力得到一定

地提高，社会各界也应当为大学生的健康发展提供丰富的资源，让他们能够在社会发展中不断地丰富自我，在社会生态文明建设中贡献出自己的一分力量，使我们伟大的中国梦可以早日实现。

三、实现高校思想政治教育中大学生生态意识培养目标的诉求

某一社会群体或社会通过一定的思想教育、道德观念的灌输，使群体内部的所有成员在意识观念与行为方面受到一定的影响，并逐渐形成一种符合社会发展需求的统一的、正向的有关思想品德的具体实践活动。大学生作为未来社会主义事业的建设者与接班人，肩负重要的历史使命，而生态文明建设又是社会主义事业的一个重要组成部分，因此，高校要充分发挥大学生思想政治教育的主渠道、主阵地、主战场的积极作用，结合目前社会发展的需求，全面提升大学生的环保意识，将培养具有一定的生态环保意识的现代化大学生作为教育目标。这样做的目的，一方面体现出大学思想政治教育工作的时代特性，另一方面也反映出高校在生态环保人才培养方面的重要意义与作用。

（一）思想政治教育学科与大学生生态意识培养的教育实效要求

思想政治教育与其他学科有所区别，具有独一无二的学科特色，主要表现在价值性、阶级性、综合性、实践性方面。价值性主要是指通过社会价值与个人价值将人的价值性体现出来，这种价值主要包括两个方面，即需求与利益，对于社会而言，主要体现在社会公共利益的实现与社会需求的满足方面，对于个人来说，就是个人价值与需求的满足与体现。 高校的思想政治教育强调个人价值与社会价值的双重价值体现，这就要求社会价值与个人价值应当保持一致，相互之间统一与融合。将生态意识教育融入现代的政治思想教育中，一方面源于现代化生态文明建设的需要，另一方面源于人与自然和谐共处的根本要求。阶级性需要通过我国的社会性质得以体现，由于我国是社会主义国家，广大的无产阶级是国家真正的主人，党和国家的一切政治决定都是以“为人民服务”为根本宗旨的，思想政治教育应当能够代表广大人民群众的根本利益，并与党和国家的方针、政策、内容等相一致。我们说，高校思想政治教育既是马克思主义基本理论与中国特色社会主义理论的主要宣传阵地，同时也是生态环保意识培养的主战场，它也从另外一个侧面反映出我国目前的生态文明建设的国家政策。综合性主要体现在思想政治教育与其他学科教育的相互融合方面，思想政治教育并非是一门相对独立的学

科，它需要与其他因素相互作用，从而产生一定的影响与效果，高素质人才不仅要在思想政治层面具备一定的高度，同时还要具备符合社会发展需求的环保意识，这样才能够称之为符合现代化社会以及未来社会发展需求的综合性高素质人才。实践性主要是指大学生在接受思想政治教育的同时，能够具有一定的社会实践能力，也就是说，在形成正确的价值观与人生观的基础之上，让这些思想与观念去指导大学生的各类社会实践行为，通过借助理性的思维方式去看待、理解与解决各种社会生活与工作方面的问题等，从而不断提高自身的社会实践能力与思考能力。由于高校思想政治教育是环保意识宣传的主战场、主渠道、主阵地，并发挥着至关重要的推动作用，社会各界对其工作给予厚望，希望高校能够真正培养出具有较高环保意识并且综合素质较强的人才，人们可以通过一定的社会实践活动，对高校人才培养的实际效果进行检验，尤其是大学生生态意识的培养是考核与衡量高校人才培养的重要参考依据。因此，高校的思想政治教育中是否融入了生态意识显得尤为重要。

（二）高校思想政治教育是大学生生态意识培养的主要阵地

高校培养人才注重解决问题的能力，并且在思想政治教育过程中，要进一步强化大学生的行为认同、理论认同、情感认同与责任认同。为了凸显出高校思想政治教育与时俱进的特性，应当进一步注重学生生态意识的培养，并借助丰富的社会实践、理论学习以及环境熏陶等途径为我国培养出一大批具有扎实理论基础以及具有现代化生态环保意识的社会主义事业的建设者与接班人。大学生思想政治教育应当注重其意识观念的培养，具体体现在对当代大学生使命感与责任感方面的培养，最大限度地发挥大学生的主人翁精神，树立远大理想，使得个人理想与国家命运联系起来，将大学时期培养出的生态环境保护的相关理论知识运用到具体的生态文明建设中去。

在培养内容领域，《教育法》中严格规定："国家在受教育者中进行爱国主义、集体主义、社会主义的教育，进行理想、道德、纪律、法制、国防和民族团结的教育"，上述内容均为思想政治教育的主要内容。但是，随着社会不断发展与进步，人类的需求也在随之发生着改变，包括生态意识的培养，它是继社会主义、爱国主义与集体主义之后加入的思想政治教育的新内容。生态意识的培养是时代发展需求下的产物，具有一定的时代特征，生态文明建设已经成为我国社会主义事业的重要内容，这就要求高校做到与时俱进，将生态文明意识的教学内容融入日常具体的教学实践活动中去，让学生们在理论学习中了解到我们人类赖以生存的自然环境目前的具体状态，以及严重威胁人类生存以及亟待解决的问题，便于大学生深刻认识到生态意识培养的重要性，从而更好地为人类社会发展与我国生态文明建设贡献一分力量。高校教师应当鼓励学生从事与环保相关的职业，最大限度地发挥出自己的主人翁精神，不断提升个人的爱国主义情怀，将个人命运与国家命运、人类命运联系起来，积极踊跃地投身到各种与环境保护相关的具体工作中去。当我们的生存环境发生变化时，个人需求与国家需求乃至人类需求的发展都会受到影响，因此，作为未来国家建设的栋梁之材，大学生需要具有高度的生态文明意识，并通过自己的实际行动来保护我们人类的共同家园。

第三节　大学生生态文明意识养成教育近况分析及策略

一、大学生生态文明意识养成教育近况

为了掌握大学生近期的生态意识养成教育的具体情况，笔者将采用问卷调查的方法，将样本范围确定下来，然后结合调查内容与被调查群体特点，设计出一系列具有较强逻辑性与针对性的问题，从而获取高校大学生生态意识养成教育的相关信息，并对其进行量化分析。

（一）调查设计及调查样本情况

1. 调查设计

该问卷总共设计有 20 个基本问题，其中有 3 个问题是关于样本的。该问卷的设计问题主要包括大学生理论知识的掌握情况、在校学习期间参与具体的生态文明活动的实际情况、离校期间的日常生态文明行为以及大学生在校接受生态文明意识养成教育的实际情况与具体建议。问卷总共发放 400 份，其中成功收回 383 份，有效率达到了 95.75%。这次的调查方式为网上问卷调查，与线下调查方式相比，效率更高，数据信息的收集更加便捷与安全。此外，本次问卷的调查对象集中在贵州省内的部分高校，具体包括博士研究生、硕士研究生、全日制的本科生与专科生。其中专科与本科学生是本次调查问卷的主要群体，由于研究生与博士生的认知水平相对较高，因此调查结果无法完全反映出真实的情况，而专科生的调查结果更容易反映出问题的真实情况。与此同时，问卷调查主要采用的是匿名方式，对被调查者的个

人信息予以保密。最后，本文将收集来的信息填入图表中进行量化分析，使得调查结果更加直观、清晰。

2. 样本的基本情况

通过表 2-1 能够看到本次调查样本的详细情况，本次样本调查总人数为 383 人，变量分别是年级、政治面貌与学生干部情况。我们在年级变量一栏中可以看出，全日制的专科生与本科生占此次调查人数的 83.03%，是本次调查的主要群体；硕士研究生有 64 人，占据此次调查人数的 16.71%；博士研究生仅有 1 人，占比为 0.26%。我们可以从政治面貌一栏中了解到，本地样本调查者中包含预备党员在内的党员人数共有 146 人，占本次调查人数的 38.12%；共青团员有 167 人，占本次调查人数的 43.6%；群众有 70 人，占本次调查人数的 18.28%。此外，在学生干部情况一栏中我们可以看出，其中有 159 人在大学担任某一职务，占本次调查人数的 41.51%，非学生干部人数有 224 人，占比为 58.49%。从整体来看，本次调查人数的比例较为合理，并且具有一定的典型性。

表 2-1　样本基本情况

变量	变量含义	人数	百分比（%）
年级	本、专科生	318	83.03
	硕士研究生	64	16.71
	博士研究生	1	0.26
政治面貌	党员（含预备党员）	146	38.12
	共青团员	167	43.6
	群众	70	18.28
学生干部情况	是	159	41.51
	否	224	58.49

（二）大学生生态文明意识养成教育成效

1. 大学生生态文明意识养成教育整体趋势向好

自然环境的日益恶化促使人类社会开始将关注点集中在生态环境方面，由于时代的进步与发展，人们获取信息的途径与渠道变得越来越丰富，大学生可以通过手机、电视、广播、网络等不同渠道了解到最新的关于生态环境方面的信息。本次调查问卷中有关生态基础知识的部分分别列出了空气质量、生物多样性以及全球气候变化等问题，其中对问题大体了解的被访者占比 50.79%，对问题非常了解的被访者占比 26.23% 有 7 名，将这两类人员数量相加占总受访者的 77.02%，人数高达一半以上。由此可见，高校对大学生进行生态文明意识的培养较为成功，大部分人对相关知识具备一定的认知与了解。

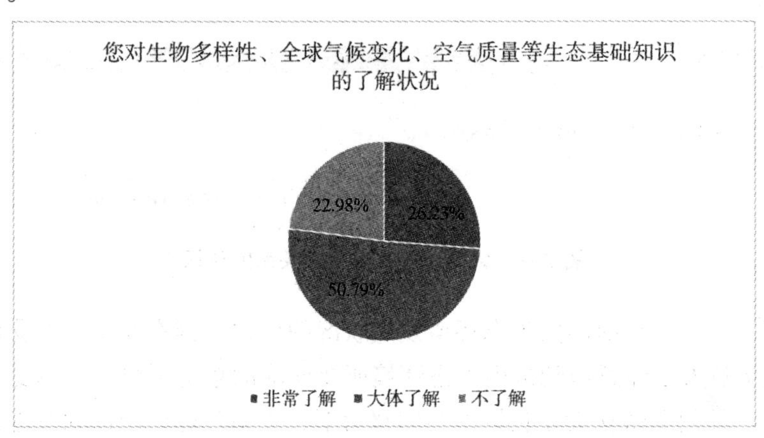

图 2–1 大学生对于生态基础知识的了解状况

在调查当代大学生对生态环保相关知识的掌握情况时，有针对性地设计了若干问题，用来检验他们对于相关知识的认知程度。具体体现在：

其一，大学生对人与自然关系的认识。通过调查问卷中第 1 题采集的数据信息可以看出，有 83.29% 的受访者认为人与自然应当和谐共处，人与自然之间是一种一荣俱荣、一损俱损的关系。还有 16.17% 的受访者认为，人类的生存离不开大自然，我们需要从自然界中获取各种资源。仅有 0.52% 的受访者认为人与自然是彼此互不相干的关系，并且互不影响。在本次调查问卷中还有一项是关于人能胜天、人类可以主宰自然的选项，当然该项是没有任何人对此做出选择的。由此可见，大学生通过马克思主义自然观的学习，能够更加客观地看待人类与自然界之间的微妙关系。

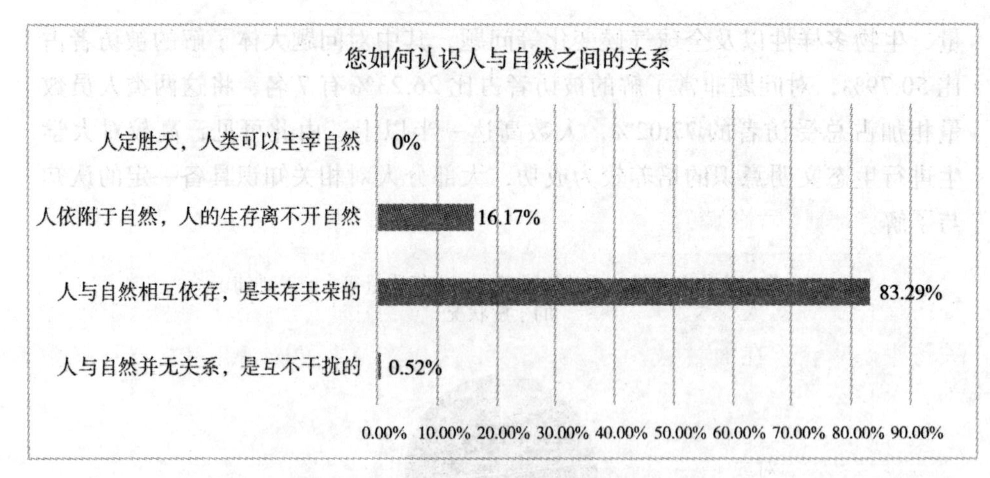

图 2–2　大学生对人与自然关系的认识

其二，对于目前国内生态环境发展状况的认识。调查发现，在受访者中有绝大多数人已经意识到国内生态环境所要面临的恶劣形势，占总受访者的69.19%，他们承认在大家长期的共同努力下，生态环境已经得到改善，但是情况仍然不容乐观。从调查问卷中看出，有 28.98% 的受访者还是抱着较为乐观的态度，他们认为生态环境还是整体向好的，还有 1.83% 的受访者认为存在的问题并没有想象中的那么严峻，可以忽略不计。同时，在该问题中还有一个选项为“不太清楚”，没有人进行选择。从该调查可以看出，我国大学生对于生态环境问题较为关注，并且绝大部分学生能够正确看待国内的生态环境。

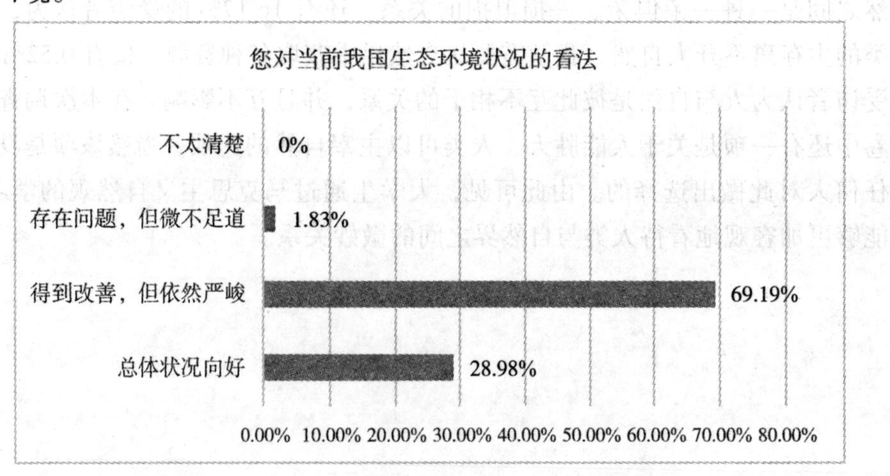

图 2–3　大学生对我国当前生态环境状况的看法

此外，大学生的生态文明意识与生态文明情感的养成状况可以通过当代大学生在面对较为严重的生态事件时的态度反映出来。本次问卷调查中的第 8 题就是此类情况的一种反映，听说目前国内的生态环境处于较为恶劣与严重的情况时，有 53.26% 的受访者会自然地流露出一种焦虑与紧张，还有 44.91% 的受访者在调查现场会表现出一种相对紧张的状态，随后便没有太过强烈的反应，还有 1.83% 的受访者对于诸如大气污染、水污染、土壤污染等情况并没有太大感受。以上问题调查反映出当代大学生在日常生活中较为关注生态问题，在面对生态问题时产生一种生态文明情感，并且具有一定的生态文明意识。

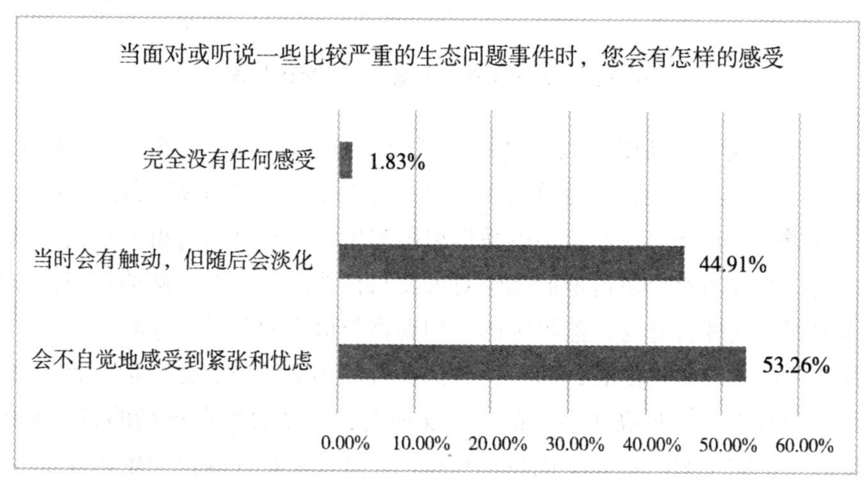

图 2-4　大学生对于生态事件的看法和反应

此次对当代大学生的生态文明行为进行了调查。调查问卷中有一道题是“在公共场合没有遇到垃圾桶时对手中垃圾的处理”，其中有 90.28% 的受访者表示会将垃圾带至有垃圾桶的地方将其扔掉，而有 9.4% 的受访者认为，他们会根据当时的情况决定是将垃圾随手扔掉，还是带至有垃圾桶的地方再扔掉，最后只有 0.52% 的受访者表示他们会选择随手扔掉。由此可见，当代大学生的生态文明意识已经基本养成，整体的生态文明素质有所提高。

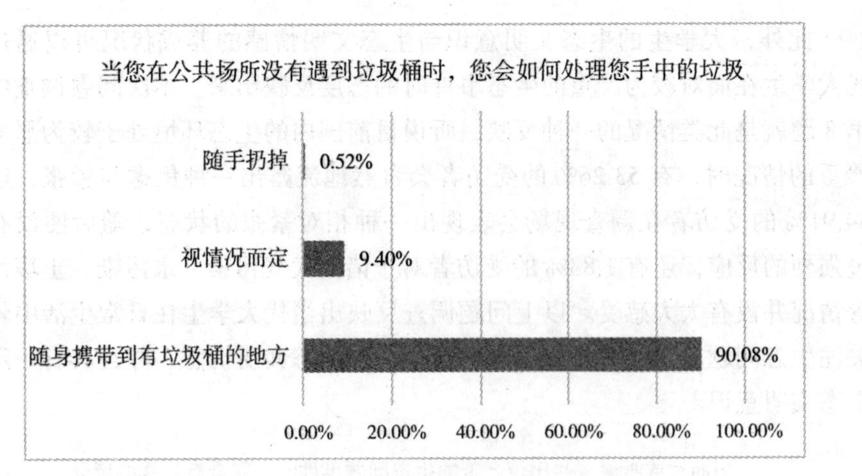

图 2-5　大学生在公共场所对垃圾的处理

如今的大学生所受的教育已经不同于以往，尤其是与 1978 年之前的教育相比，无论是在硬件设施还是教师队伍素质方面均有了很大程度的提高，他们所受的教育使得他们从小就懂得祖国与生命对于个人的重要意义。马克思主义自然观的教育使得他们能够对人类与自然的关系有正确的认识，并且能够很好地处理自身与自然界中的一切动物与植物的关系，并对大自然产生一种油然而生的敬畏之心，和一种对保护自然环境的使命感与责任感。这些都使他们具有了一种高于前人的生态文明意识。随着生存环境的日益恶劣，人们对于生态文明的关注度也越来越高，并且大家都在为保护生态环境而尽各自最大的努力。我们从以上的调查中发现，绝大多数的大学生可以在日常的生活与学习中不自觉地关注着各种生态问题，并做出一些生态文明行为，充分发挥其自身的主观能动性，与此同时也从侧面反映出当代大学生生态文明意识已经得到了整体提高。

2. 高校日益重视大学生生态文明意识养成教育

近些年，大学生生态文明意识养成教育在大学的重视程度越来越高，一些与教育相关的体系也在一点一点地完善，并在某些领域已经取得了令人欣喜的成绩。国内各大高校始终重视大学生生态文明意识的养成教育，虽然该项教育还没有设立为一门相对专业的教育学科，但是却足以看出高校对生态文明意识养成的重视程度。大学通过开展一系列丰富多彩的活动使得学生们掌握到一些生态文明方面的相关知识与观点。比如，课程培训、宣传讲座、生态安全实践活动等，这些都能够为日后建立专门的学科奠定一定的基础。

从此次调查问卷中，我们可以了解到被访者所在高校有关生态文明教育课程的开设情况。其中，有 13.32% 的受访者表示学校内有开设专门的生态文明课程，但是仅在公共课中有所设置。有 8.88% 的受访者表示学校内部的专业课中专门开设有与生态文明相关的课程。有 30.29% 的受访者表示学校开设有相关课程，仅作为选修课供学生自由选择。有 37.08% 的受访者表示学校有开设相关课程，但是并不固定。还有 10.44% 的受访者表示学校内部完全没有开设此类课程。由此可见，目前国内的各大高校已经开始陆续地开设或正在筹备开设相关内容的专业课程，也从侧面表明目前高校普遍对大学生的生态文明意识培养较为重视，并做出了相应的努力。

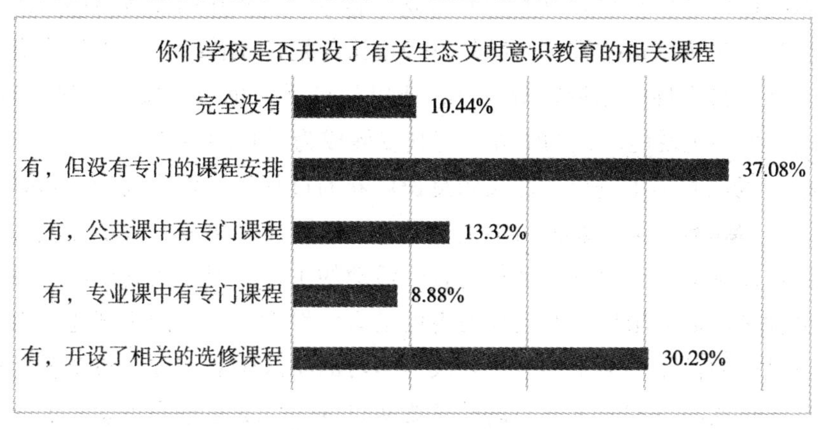

图 2-6　当前高校生态文明课程的开设状况

生态文明意识的养成教育越来越受到大学的重视，高校的生态文明课程目前已经取得了一定的进步，并且未来生态文明的相关课程将越来越趋于职业化与专业化。目前来说，高校大学生学习生态文明相关理论知识主要是通过大学内部开设的思想政治理论课程。大学教师将思想政治理论课程作为生态文明教育的载体，在课堂教学中不断丰富授课内容，拓展研究内容与方向，不断挖掘在校生的生态文明教育的课程资源，以全新的教学方法与理念，打造与众不同的教学情境，将生态文明养成教育的课程内容巧妙地融入思想政治理论课程中去，做到相辅相成，彼此互融。此外，一些教学理念较为先进的大学已经在积极地探索与尝试生态教育实践课程的建设，改变以往的教学模式，充分发挥学习者的主观能动性。最后，高校对学生社团组织的生态文明活动的支持体现出当代高校对大学生生态文明意识培养的重视程度。

二、大学生生态文明意识养成教育途径

（一）更新大学生生态文明意识养成教育理念

1. 主体性理念

现代教育体现的是一种主体性教育，强调在最大限度上认同与尊重个体的主体价值，促使个体的主观能动性能够充分发挥出来，促使以往客观的、外在的教育变为教育主体自发性的活动。因此，在大学教育中，应该清醒地认识到高校生是具有独立思考能力的成年群体，虽然在高校他们仍然需要被动地接受一些灌输式的教育，但是不可否认的是，现代社会越来越看重人才的独立性、自主性、创造性等特性，所以学校教育也应当做到与时代接轨，注重大学生的主观能动性的培养，将其发展成为教育的主体。

在对当代大学生进行生态文明意识培养的过程中，作为高校应当尊重每一位学生，要始终强调发挥大学生的学习主体作用。第一，大学在生态文明相关教育课堂上，要以学习者作为教学活动的主体，促使教学围绕学习者展开，也就是说最大限度地开发学习者的潜力，发挥其学习的主观能动性，让学习由以往的被动变为主动，使其成为学习的实践中心，并在整个教育过程中寻找到真实的自我。第二，高校需要从自身出发更新教育理念，倡导一种探究学习、成才教育、快乐教育、自主教育等相融合的主体性教育模式。第三，通过一种全新的教学模式最大限度地激发出学习者的学习热情与激情，尤其是在生态文明意识教育养成的课堂上。如此一来，不仅学习者的学习兴趣被充分调动起来了，同时还可以提高课堂的教学效率，更加有助于生态文明理念的践行与生态文明意识的养成。在整个生态文明学习的过程中，若是教师没有通过自己的教学活动培养出学习者的生态文明意识，那么这样的教育活动也就丧失了其原有的意义。理论学习虽然很重要，但是也要充分相信大学生作为独立思考个体的能力，主体性教育首先应该强调主体性的理念教育，促使他们在教学课堂上充分发挥其主动性，从而内化为自身的生态文明意识。

2. 系统性理念

大学生的生态文明意识养成教育，是一种相对复杂的教学实践活动，包括与生态教学相关的方方面面，尤其是需要国家层面的顶层设计，做好整体

性、系统性的规划。所谓系统是指，由若干要素通过一种特定的结构形式连接而成的某一具有功能性的有机整体。高校的系统化教育理念，主要是指注重将一切能够调动起来的因素融合在一起，最终使得教育目标得以实现。高校大学生有关生态文明意识的养成应当通过一种相对系统化的教学过程来实现：从社会合力视角来看，强调形成大学、学习者、社会团体与政府之间的联动；从教育内容来看，应当注重生态文明法制教育内容、生态文明伦理、生态文明常识的协调与整合；从教育方式来看，强调实践活动与理论教学的有机融合；从教育要素来看，强调各要素之间的相互配合与协调。高校系统性的教育，需要在详细分析系统内部各要素之间的关系与规律的前提下，推动整体能够得到有序且协调的发展。

如今高校的大学生生态文明意识的培养需要采取系统性的教育观念，构建出一种全方位、全程、全员的生态育人模式。其一，全方位育人，主要是强调高校生的生态文明意识的培养除了接受学校教育之外，还需要与社会、家庭形成某种合力，共同促进其发展。其二，全程育人，主要强调大学生生态文明意识培养的具体要求，应当被渗透至校园生活的方方面面，诸如校园环境、网络宣传、实践活动以及课堂等。其三，全员育人，这就需要大学生生态文明意识的养成教育不能仅仅依靠思想政治教育老师的教学活动，还需要其他大学工作人员，包括班主任、辅导员等人员的共同推进。大学生生态文明意识的培养从某种程度上来说可以提升大学校园的环境与氛围，同样也是未来社会乃至全人类需要具备的基本意识。大学生是未来国家建设的主力军，他们生态文明意识的建立为未来社会的可持续性发展奠定基础，因此生态文明意识的养成应该获得全社会的帮助与关注。只有将这种教育形成某种系统性的理念以及系统化的教育机制，才可以确保高校培养出来的人才是符合生态文明建设要求的高素质人才。

3. 多样化理念

当今社会的发展在各个领域都呈现出一种多样化，这些都来自人们思想来源的多元化与生活方式的多变性。高校应当将注意力更多地放在人才的培养方面，而并非仅仅热衷于人才的选择。那么，对于教育的要求也不仅仅局限于成绩的提高，更多强调的是个体的全面发展。大学生正处在青春期，对各种新鲜事物充满好奇心。大学生生态文明意识的培养也应当顺应时代发展的需求，结合大学生个体的鲜明特征，在传统生态文明意识培养的前提下，根据每一位学习者的不同特点，最大限度地发挥校园优势与每位教师的教学特点，并采取更加多元化的教育手段与更加灵活的教育方法，促进其未来的发展。

高校的生态文明意识培养应当强调教育手段与方法的多元化，最大限度地利用已经存在的多元化工具，呈现出多元化的教学课堂。诸如，组织师生生态文明交流会与生态文明实践活动、模拟生态情景等多种形式。多样化的理念强调符合教育实践的相对灵活的管理与教学模式，强调相对宽松的社会政策发挥，要营造和谐的教育舆论氛围，推动教育繁荣发展。第二，大学应当积极主动地进行多元化的探索，在管理与办学中主动创新，配合校园管理制度，实现真正意义上的多元化的生态文明教育。第三，满足学习者多元化的教育需求。社会不断发展，促使社会对人才标准的定义也在发生着变化。为了培养出更多能够满足社会需求的人才，高校也在做出努力，尽力调整课程安排与人才培养模式来适应这一变化。在多样化的教育理念的影响之下，国内各大高校都在尽可能地将各种因素考虑进去，发挥不同学科各自的优势，只有这样，才能使大学生生态文明意识教育达到最佳效果。

（二）丰富大学生生态文明意识养成教育内容

1. 生态文明常识教育

虽然目前大学生在积极地学习与掌握生态文明常识的理论知识，并且涉猎的范围比较广泛，但是其精确性始终达不到理想要求。生态文明常识的学习是一切相关学习的基础，是生态文明意识养成教育的最根本环节。大学在对高校学生进行相关内容的教育培养时，应当做好教学内容的筛选工作，选择正规渠道的权威教材作为高校教学的参考资料。对于大学生生态文明常识教育，应当满足以下几方面要求：其一，要求能够对人与自然关系有一个较为客观理性的认识。学习者应当明白人与自然之间是彼此依赖、相互依存的关系，人的各种行为应该顺应自然的发展规律，做到和谐共处，只有这样，才能实现人类社会的可持续发展。其二，需要对我国生态领域的基本国策与路线方针有所了解。对我国基本国策与路线方针的学习与了解是当代社会对大学生素质要求的一个重要部分，也是其未来在社会立足与发展的重要条件。其三，身为当代大学生应该清楚明白中国与世界的生态发展状况。大学生应当第一时间了解世界生态领域的最新动态与发展趋势，并且明白当下人类社会最关心以及亟待解决的生态问题，如何才能更好地应对与解决这些世界性的生态问题，这些对于大学生而言都是至关重要的内容，也是他们未来投身于生态文明建设的必要前提。其四，要树立起可持续发展意识。它需要正确认识人与自然的关系，并在此基础上弄明白可持续与发展之间的关系。两者不应当是彼此对立的，应当在发展中进行生态文明建设，促使发展实现可持续性。

此外，在对大学生进行生态文明常识教育的时候，应当强调其实效性。大学要促使高校学生生态文明常识的学习更加贴近生活、贴近实际，使大学生真正做到学有所用，才能帮助他们真正实现对所学知识的掌握与理解。同时，高校生作为生态文明建设的主要力量，就要求他们必须要掌握比普通人更多、更深的生态方面的相关理论知识。大学应该对高校生在生态文明常识的研究学习方面提出严格要求。常识知识的储备，是人形成观念意识与发展技能的基础。对于高校生可持续发展意识的树立与生态文明常识的掌握，是大学生全面发展的必要条件，是未来社会生态文明建设与发展的必要条件。

2. 生态文明伦理教育

我们将人与人之间相处的各类道德准则称为伦理，而放在生态领域则是指人与自然、人与人之间彼此关系与相处的原则。人与自然和谐相处的终极追求与最高境界是人们在生态保护中树立的高尚道德情操，是自然与人的心灵交融。只有习惯能够影响行动，只有信仰能够指引方向，只有树立起生态忧患意识，并且承担起生态文明的责任，只有采取一定的行动才可以将生态保护进行到底！

高校的生态文明伦理教育能够从如下几方面入手：其一，教育大学生热爱祖国的山山水水、一草一木，从这个角度出发，让大学生逐渐培养起爱护大自然，保护生态环境的意识，为其之后的环保行动奠定感情基础。其二，使得大学生改变以往对于生态问题一贯的冷漠态度，让他们能够正向面对如今的生态环境，并且在这个过程中产生诸如担忧之类的情绪，这些便是一种积极的生态文明情感，这些情感可以自然而然地激发大学生投身于保护生态环境行动中的热情，促使其带着这份热情去积极地解决我们所面临的生态环境问题。其三，培养大学生的生态文明责任感。促使大学生能够清醒地认识到自己同为“蓝色星球”的一员，有责任也有义务，为保护地球环境做出应有的努力。大学生与其他年龄段的受教育群体不同，他们已经具有一定的独立思考问题的能力，也是一群相对较为成熟的群体，对其生态文明教育的标准要求也相对较高，而不是仅仅停留在节约用水、垃圾分类等简单的问题方面，而是需要进一步研究与探索人与自然之间和谐共处的方式上。人与人之间是彼此平等的，没有高低贵贱之分，地球上的一切生灵都值得我们去爱护与保护，存在即合理，地球上的万事万物都有其存在的价值与意义，需要我们大家共同维护，使得地球生态能够始终保持在一个相对平衡的状态。生态文明伦理教育与其他伦理道德类似，要求大学生在生态文明领域具备一定的道德准则，约束自身的行为，培养其维护生态平衡的责任感，鼓励大学生积极行动起来保护我们赖以生存的地球家园。

3. 生态文明法制教育

大学生在高校生态文明法制教育领域的具体内容包括：其一，加强对我国生态文明相关法律法规的学习。这就要求高校学生要在学习与了解相关法律法规的前提下，将其当作自身底线的行为规范，并以此来指导我们在生活中的各种行为。这样的学习，不只限于理论知识的学习，更多的是学习一种法律意识与法律精神。其二，对国际生态公约的学习。生态环境问题关系到所有生活在地球上的个体，这是我们身为地球人所要面对的必然问题。大学生在熟悉国际公约的前提下，主动为人类命运共同体的建立做出努力，进而为解决全球生态困境贡献力量。其三，对具体的生态法律事件的学习。通过对某一生态事件的学习，让学习者对生态文明法律与法规的应用有一个较为直观与清晰的了解，真正做到巩固其生态文明法制精神与生态文明法制知识。

要想取得良好的生态文明法制教育效果，仅注重法制教育内容是不够的，仍然需要采取合理且有效的教育途径与方式。第一，是一种相对常态化的教育方式，即通过课堂讲授的方式，将相关内容传授给学习者。第二，学校可以不定期或者定期举办一些类似于生态文明法制演讲、生态文明法制辩论会以及模拟生态法庭等渠道，将最新的有关生态文明法制的内容宣传出去。第三，借助校园内的各类户外电子宣传屏以及一些设置在教学楼、住宿楼外部的宣传栏进行校内宣传，让此类内容在校园内随处可见，在潜移默化中影响着学习者。这些停留在纸质上或是电子宣传屏上的文字，如生态知识与法律法规，只有通过在校生在头脑中经过一系列的理解与加工之后，才能转化为在校生个体的意识。只有采取了适当的方式与途径将这些生态文明法制教育内容宣传出去，并被在校生所理解与接受，才能够逐渐影响到当代大学生的思想，培养他们的生态法制意识，进而不断完善其生态人格。

（三）完善大学生生态文明意识养成教育机制

通常来说，当代大学生生态文明意识的培养主要是通过大学教育得以实现的，大学教育的文化氛围、师资力量以及教育方式都会影响到大学生接受生态文明教育内容的程度。大学只有一直不断地丰富该教育机制，才可以适应社会发展需求，使大学生更加具备相关素质要求，并在生态文明建设中发挥出应用的作用，帮助大学生树立正确的生态文明意识。

1. 改进生态文明意识教育方式

身为大学生生态文明意识培养的主阵地，大学一方面需要注重思想政治理论课程中有关生态文明方面的知识传授，另一方面又要顺应时代发展变化，增设相关专业与选修课程，以适应广大在校生的需求。除了上述课程设置方面的改进之外，还应当注重课堂教学的模式以及方法，通过课堂学生的部分反馈，积极改进不适合的教学模式，不断激发出大学生学习生态文明理论知识的兴趣以及主观能动性，从而促进相关生态文明意识的培养与发展。如何对高校生态文明教育方式进行改进，笔者提出以下几点建议：

（1）加强生态文明理论知识在思想政治理论课中的体现

我国大学生接受生态文明教育的方式主要是通过思想政治理论课程得以实现。思想政治课程是一门必修课程，为了增强在校生的生态文明意识，需要在思想政治理论课程中不断丰富相关内容，使得该课程在生态文明教育方面发挥出应有的作用。故此，大学生生态文明意识养成教育需要通过思想政治理论课中的生态文明理论讲解得以完成。当然，我们也应当认识到，仅依靠思想政治课程上相关理论知识的讲授还不足以使在校生对相关知识进行深入的理解与掌握。

（2）营造生态文明情景，提升课堂质量

在开展大学生生态文明意识养成教育中，关于生态文明意识教育方式可以通过为学生营造生态文明情景来实现，既可以提升课堂质量，同时又能够让学生身临其境，进而产生共情。如，通过一些看得见、摸得着的实体物质，包括图片、影像资料、音乐等促使在校生形成一种情感共鸣，帮助其逐渐树立起正确的生态文明价值观。此外，教师还可以通过实例的讲解，让在校生有种设身处地的感受，促使他们能够真正意识到生态文明意识培养的重要性，从而激发出他们保护环境、保护大自然的使命感与责任感，它是培养大学生生态文明意识的重要渠道与途径。

（3）生态文明教育多学科间的相互联动

与生态文明相关的学科之间形成一种联动，促使这些学科都能够在彼此联动中得以发展。这种联动的关键作用就是促使在校生通过学习相关学科知识，明白彼此之间存在的共通性与差异性，通过这种跨学科的学习不断丰富在校生的理论知识，让他们在潜移默化中学会知识之间的融会贯通，同时也能使大学生的生态文明意识不断得到完善。

仅仅依靠教师在讲台上的相关知识的讲解不足以让大学生对生态文明的理论知识有一个较为深刻的理解与感悟，需要从一定程度上对其进行改进，便于激发学习者对于该领域学习的兴趣以及积极性与主动性，进而使在校生的生态文明意识得以养成。生态问题涉及的学科知识较为广泛，不是简简单单地通过一门学科的知识就可以让大学生对其有一个全方位的认识，它需要通过多种多样的活动开展与情景设立，以及多学科间的联动，帮助大学生形成较为立体与直观的认识与了解，在这个过程中，还能不断拓展大学生相关知识的储备，激发出在校生学习的积极性与主动性。通过教学，学生不仅提高了知识的运用能力，而且加深了对生态文明建设紧迫性的认识，避免了生态文明教育的空洞化[①]。只有在如此持续地改进当中，才可以促使大学生生态文明意识养成教育继续发展。

2. 提升教师队伍建设水平

大学教师在大学生生态文明意识养成中充当重要角色，他们既是生态文明理论知识的诠释者，同时也是大学生生态文明意识养成的培养者。大学教师的生态文明意识、专业水平以及教育理念对大学生的影响是较为直接的，因此，高校应当重视教师队伍的建设，尤其是在生态文明相关素质的培养方面要下大力度，他们在该领域的素质水平直接影响着大学生生态文明意识的培养。

首先，高校应强化教师队伍在生态文明建设方面的能力与水平的提升。第一，高校应当定期或者不定期地聘请一些在生态研究领域有威望的专家学者来校，进行一些与生态文明相关的课堂讲座或是技能培训等。内容主要围绕具体的应用技巧与相关的理论知识，在提高教师队伍的生态文明意识的同时，也在无形中提高了教师生态文明教学技能水平，从而更好地帮助大学生建立起正确的生态文明价值观。第二，通过组织教师到生态教育方面做得比

① 曾建明.《生活与哲学》中的生态文明教育[J]. 思想政治课教学，2013（11）：2.

较出色的学校观摩学习，学习对方的先进教学理念与教学方法，从而提高其自身在该领域的教学质量与水平。

其次，提高教师生态文明教育业务水平的方式之一是进行自主学习。第一，教师在业余时间应当充分进行相关理论知识的学习，如通过借阅或购买相关理论书籍、学术期刊等，掌握最新的生态文明领域的前沿思想与理论，以及各种法律法规的规定，全方位了解国内外关于该领域的最新研究成果，并进行一定的思考与总结。第二，积极参加各类与生态文明相关的专家讲座，知晓最新的理论知识与发展趋势，并对其进行反思与理解。第三，在平日里要积极地与相关专业教师进行业务方面的交流与学习，在互通有无的过程中了解自身存在的不足，使得个人的业务能力与水平得到不断提高。由于教师是生态文明意识的传播者与诠释者，因此，他们在这方面的水平直接影响着学生的学习程度，是不断提高校园生态文明建设以及学生生态文明意识养成的关键所在，也是校园生态文明机制得以完善的重要途径之一。

提高教师队伍建设水平，一方面需要依靠教师的努力，另一方面还需要高校层面的支持。师资力量的强弱直接影响着高校生态文明意识养成教育，无论是校方还是教师层面都应时刻保持与时俱进的精神，明白社会对于生态文明建设领域人才的具体需求，有针对性地对大学生进行培养，不断提升教师队伍的业务水平。

3. 构建生态文明校园环境

在大学生生态文明建设中，校园环境的好坏起到至关重要的作用。所谓校园环境，一方面涉及环境卫生、基础设施以及绿色设计，另一方面与校园氛围、教学理念等肉眼无法看到的精神层面建设有关。笔者对校园生态文明建设的环境构建提出以下几点建议：

其一，高校生态文明环境的建设。我国于 1998 年由清华大学提出的建设“绿色大学”的全新理念，从学科建设、科研项目以及校园建设等方面做出要求，在这样的背景之下，大学应当从校园规划、管理与建设方面入手，积极进行校园环境卫生与绿化设计方面的工作，使大学生可以在一个舒适、优美的校园环境中生活与学习。借助电子屏幕、广告牌、展示栏、警示牌等设备，通过各种易于学生接受以及相对幽默的宣传语进行生态文化宣传。

其二，高校内建立生态文明奖惩制度。根据校园生态文明建设的具体情况，不断完善该类奖惩制度明细，使其纳入综合素质的评价体系，通过生态文明行为榜样的树立与对不良生态文明行为的惩罚，使得生态文明的校园环境建设日益完善。

其三，大学校园生态网络文化建设。大学能够在微博账号、微信公众号、学校官网等新媒体平台设置与生态文明相关的文化专栏，将生态文明相关理论知识通过这些平台宣传与推广出去。与此同时，大学校园网中的论坛也可以开设相关专栏，可供教师与学生在此进行相关知识的探讨与交流。

“近朱者赤，近墨者黑”，环境氛围对于个体的影响是显而易见的，大学生生态文明意识的培养可以通过校园环境无形中的熏陶得以实现。通过这种方式对大学生进行生态文明教育，使其能够在相对舒适与放松的状态下学习到相关理论知识，并采用该理论去评价个体行为是否符合相关规范标准，在这个过程中使得大学生的生态文明情感得以升华，逐渐培养出大学生的生态文明意识。

（四）强化大学生生态文明意识养成教育实践

理论学习的目的是指导现实生活中的实践，也就是说理论得以实现的唯一途径是实践。如果仅从理论层面帮助大学生树立生态文明意识无法产生实际效果，需要通过一系列的实践活动加深他们对生态文明相关理论知识的理解与认识，并且在这一过程中逐渐培养起大学生的生态文明情感与使命感。

1. 开展形式多样的校园生态文明实践活动

大学生是生态文明意识养成教育的主体，大学生生态文明意识养成需要全程参与，其参与的方式多种多样，既存在理论层面的学习，也包括相关具体实践活动的组织与参与。大学生在一个个具体的生态文明组织活动中不断丰富自身的理论知识，同时也从一定程度上培养出大学生的生态文明意识。

其一，通常来说，大学内部的生态文明实践活动的组织者是学生社团与党团组织，并在具体的实践活动中充分发挥出这些组织的示范带头作用。具体体现为两个方面：一是大学的党团组织通过评选优秀集体与个人，树立校园生态文明建设榜样，让大学生从中学习到更多生态文明相关知识，纠正自身不良文明行为，促使其生态文明意识的养成。二是校园内的学生社团通过开展丰富多彩的校园活动，诸如生态文明论文征集、生态文明摄影作品展、生态文明知识竞赛等，让这些学习者在各种活动中增长生态文明的相关知识，并为国家生态领域的发展与建设提出有建设性的意见与建议。丰富多彩的校园生态文化实践活动，促使校园教育功能得以显现，大学生通过活动的组织与参与，既使得自身的生态文明意识得以增强，同时也充分发挥出其在生态教育中的主体地位与作用。

其二，鼓励校园大学生积极参与到各类生态文明的志愿者活动中去。所谓志愿者服务活动主要是指服务者在自愿的情况下参与有目的、有组织的与生态相关的各类活动，这也是一种常见的实践教育活动形式。大学也应当积极地与社会各类团体组织、企业与政府取得联系，共同为生态文明志愿服务平台的搭建而共同努力，借助社会力量培养大学生生态文明意识，与此同时，多方共同合作以校园为主，设计一套系统性的生态育人教育教学体系，针对不同的教育对象制定与之相匹配的教学标准，不断丰富教育实践活动的形式与内容，鼓励学生与教师多参与此类实践活动，借此机会能够了解到更多有关我国生态建设方面的最新情况。组织在校生定期参与一些国家生态建设项目的社会调研、产业化的科研项目，真正意义地实现校企联合育人的教育教学模式。在校生可以通过生态文明志愿服务平台找到更多的活动参与机会。与此同时，大学还可以采取一定的学分奖励制度，调动起大学生参与社会生态文明建设的积极性与主动性，并在这个过程中逐渐培养起他们对保护生态环境的责任感与使命感。通过这些具体的实践活动，一方面增加了他们开阔视野以及丰富生活经验的机会，另一方面，在具体的社会实践活动中，完善自身的生态理论知识，提高服务技能，并在各种服务活动中增强自身的服务精神与奉献精神。上述这些经历都从一定程度上积累了大量的经验，为大学生未来参与国家生态文明建设奠定基础。大学也要号召这些在校生发挥不怕吃苦的精神，积极地参与到生态文明志愿服务活动中去，为我国的生态文明建设贡献自己的一分力量。

生态文明意识一方面体现为一种精神产物，另一方面通过具体的实践活动使得生态文明意识发挥出应用的作用。大学生通过参与丰富多彩的生态文明实践活动，使得他们所学的生态理论知识得以巩固，同时在此过程中锻炼出大学生生态文明的实践能力，从某种意义上来说，更加有助于他们的生态文明意识发挥出其应有的效应。

2. 建立地方特色生态文明教育实践基地

如果单纯依靠在学校内部组织各类生态文明实践活动，无法真正做到与社会生态文明建设实现接轨，不能满足社会对该领域人才的需求培养。因此，作为生态文明意识养成教育的主阵地，高校应当积极地在周边地区进行调研，充分与当地政府与企业形成友好关系，建立起校企合作的生态文明实践教育基地，并开设相应的实践课程。

第一，大学应当积极地寻求社会各界的支持与赞助，充分利用当地丰富的地理资源，建立生态文明实践教育基地，为大学生生态文明意识养成教育贡献力量，使大学生可以在学习过程中获得更加直观的感受，并且在实践活动中激发生态文明情感。这样的实践教育方式，一方面可以巩固学生课堂所学的理论知识，另一方面，还能够使学生认识到自身存在的问题，并及时给予纠正。

第二，大学可以尝试与当地生态相关的企业与政府部门取得联系，通过政府、企业、学校等多方合作，共同建立生态文明实践教育基地。该实践教育基地的成立体现出一种校企协作办学的模式，该模式可以使学校的生态文明意识培养工作更具针对性，同时也可以更加满足社会对生态文明建设的人才需求。与此同时，大学还可以通过一些具有纪念意义的特殊节日举办一些与生态相关的大型活动，增强其在这方面的理论认知与体验感。可以说，此类实践教育基地的建成可以为我国生态文明建设培养大批高素质的应用型技术人才。除此之外，也带动了当地的生态文明建设，比如生态文明示范区域的打造等。

在各项生态文明实践活动中，一方面可以巩固学生所学的理论知识，加深他们对知识的理解，另一方面，通过具体的实践活动，促使他们对生态环境保护形成一种使命感与责任感，不断丰富大学生生态文明意识培养的教育内容与教育模式。

3. 组织寒暑假生态文明社会实践活动

通常来说，寒假与暑假是大学生放松休闲的好时机，同时也是大学生进行各类社会实践活动的高峰期。大学生参加生态文明社会实践活动的方式有两种：一种是自主参与社会实践活动方式；另一种是自愿参加由学校组织的各类社会实践活动。目前，学校组织的各类寒暑假实践活动主要包括有“三下乡”活动、社会服务以及社会调查等，与生态相关的社会实践活动相对较少，并且此类活动的参与者通常是学生干部，普通学生很少有机会参与该类实践活动。笔者在此为广大在校生提出两种寒暑假生态文明实践活动途径：

其一，大学在现有的寒暑假社会实践活动中不断扩大生态文明社会实践活动的参与人数与规模，将生态文明意识教育内容深入人心。此类做法相对而言不难实现，就是做到充分利用已有资源，这是一个相对不错的选择。

其二，除了上述的实践组织形式之外，大学还可以通过其他渠道另辟蹊径，抛开原有的资源与渠道，重新通过与生态相关部门建立友好关系，举办具有实际意义的寒暑假生态文明社会实践活动。比如，组织大学生开展社区生态文明知识宣讲活动，鼓励大学生利用寒暑假在自己的家乡开展实地考察并完成相应的科研报告，由高校组织大学生到污染严重的区域进行考察，到生态环境部门进行协助工作等。学校为了鼓励在校生踊跃参与此类活动，可以采取一定的学分奖励制度以及自愿制度等。

我们说，生态文明社会实践可以加深大学生对于该领域理论知识的理解与掌握，而寒暑假正好就是该领域社会实践的最佳时机。此类活动是否能够真正发挥应有的效用，一方面，取决于学校的有效组织，另一方面则取决于在校生参与活动的积极性与主动性。大学应当最大限度地利用好寒暑假期，通过大学与社会相关部门取得联系，获取更多的生态教育资源，借助形式多样的生态社会实践活动，让他们对生态文明教育产生较为全面与直观的认识，从一定程度上充分调动在校生参加生态文明实践活动的积极性，并在这个过程中激发出他们的生态文明情感，从而促成生态文明意识的养成，综合来看，它是最具社会价值、最接近社会真相的方式与途径。

（五）形成新时代生态文明意识养成教育新合力

1. 利用信息媒体加大宣传教育

现代科学技术发展迅猛，尤其是在信息领域，其影响范围波及生活领域的每个角落，在这样的时代背景之下，生态文明意识养成教育势必会受到一定影响。全新的传播路径与传播渠道，可以使生态文明意识的培养方式发生一定程度上的变化。如何正确引导大学生科学合理地使用新媒介进行相关内容的学习是当今时代需要面对的一个关键课题。

（1）充分利用新兴媒体的快捷与方便

全新传播媒介的出现与发展，让世界各国之间的信息共享变得越来越便捷。其传播的具体特征为传播速度快、传播范围广，在大学生群体中此类新媒体的运用极为普遍，他们通过运用这些传播媒介，可以在最短的时间内获取第一手的信息资源，对大学生生态文明意识的培养具有一定的积极影响，这种影响具体体现在两方面：一方面是该类媒介自身特征的体现；另一方面是由于这种新兴媒体在学生群体中的使用范围较大，易于信息的传播与接收。具体来说，通过视频短片的方式，将生态文明的相关理论知识呈现在大学生面前，既节省了信息传播时间，又可以通过生动形象的画面让学生在相对较短的时间内直观与立体地学习到相关知识，通过新兴媒体的内容传播从一定程度上激发出大学生生态文明情感，并对自己的生态文明行为进行反思与纠正，为将来投身我国的生态文明建设实践活动奠定良好的基础。

（2）注重发挥传统媒体不可替代的功能

通常而言，信息传播媒介一类属于新兴媒体，另一类属于包括报刊、广播在内的传统媒体。新兴媒体具有灵活性强、传播速度快、传播范围广等特点。而传统媒体则不同，与新兴媒体相比，其稳定性较强，同样的新闻报道，传统媒体的传播内容具有一定的深度与广度，信息传播速度相对较慢。一般情况下，传统媒体更适合传播国家政策类的信息，并且适合进行一些宣传教育类型的信息传播，此类信息更具有权威性与指导意义。大学生通过正规的宣传渠道获取正确的信息，不受自由媒体思想的影响，明白生态文明意识培养的意义所在。与坐在教室里进行学习的方式有所不同，学生可以通过各种信息媒介了解到各类时效性较强的信息，促使在校生能在第一时间获取最新的生态文明理论知识，无形中培养出大学生的生态文明意识。

总而言之，高校生态文明教育具有不可撼动的主体地位，是最为关键与基础的，要想使大学生生态文明意识的培养达到事半功倍的效果，正确的信息获取方式显得尤为重要。大学应该积极运用校园内的各种传播媒介，通过不同的传播方式积极地将生态文明知识宣传推广出去，发挥一定的舆论推动作用，促使当代大学生生态文明意识养成教育顺利开展。

2. 优化家庭生态文明教育环境

在每一位孩子的成长过程中，学校教育固然重要，但是不可忽视的是家庭教育是孩子成长过程中最为关键的一环。从孩子出生开始，父母都是孩子模仿的第一对象，父母的一言一行对孩子的影响毋庸置疑。因此，我们常说，父母是孩子的第一任教师，在孩子成长过程中发挥的作用虽然不像学校那样明显，但是正是这种不经意地或是潜移默化地影响，对孩子各种观念的形成起到至关重要的作用。所以，现代教育始终强调要为受教育群体营造良好的家庭氛围，给足孩子安全感与归属感，并让他们在一些家务劳动中培养出对事情的责任感，这些都是需要身为家长的我们要时刻注意的问题。总而言之，营造良好的家庭氛围，不断优化家庭生态文明教育环境，是大学生生态文明意识培养的关键所在，而家庭生态文明教育环境的优化需要依靠家长的言传身教得以实现。

首先，在家庭教育中应当意识到语言教育的重要性，通过一些正确的语言表达引导大学生的行为，尤其是生态文明行为的引导方面。例如，在家中，我们应该通过一些容易被孩子所接受的语言表达方式来传达一些重要思想与理念，包括提倡绿色出行，减少大气污染；保持室内环境卫生干净整洁；节约用水用电，尽量不要使用一次性的各种产品等。除此之外，在寒暑假时期，在进行家庭旅行的时候，家长要表达出对祖国山河的热爱之情，从而使孩子在这种耳濡目染中学会珍惜生命、爱护大自然。通过语言方式对孩子所进行的此类教育是培养学生生态文明意识的第一个重要环节。

其次，家长的以身作则实质上就是在家庭中要起到榜样的作用，为大学生树立良好的形象，大学生会在不知不觉中去模仿与学习。对家长而言，应当全面了解生态文明相关的理论知识，保持正确的生态价值观，在生活中处处学会勤俭节约，在如此影响之下，大学生的生态意识将会逐渐培养起来。家庭的一些生活习惯也会对大学生形成一定的影响，比如，家长与大学生经常关注一些有关生态文明的相关新闻报道、纪录片等，并且可以在观看后对其内容进行意见的交流与互动，从而在拓宽大学生视野的同时，也加深了大学生对生态文明理论知识与世界生态现状的理解与掌握。除此之外，在周末或者节假日，可以以家庭为单位参加一些与生态环保有关的公益活动，激发大学生的生态文明情感，促使其生态文明意识的培养。

3. 整合社会生态文明教育资源

高校时期的学习与生活是大学生由个体身份向社会人转变的过渡阶段，我们应该鼓励他们充分利用大学阶段多多参与各类社会活动，从而促使大学生能够对生态文明建设的重要性产生更加深刻的理解与认识。

学校应当积极与学校以外的社会资源取得联系，与政府相关部门、社会团体或是企业建立友好关系，合作建立各类生态文明实践教育基地，鼓励大学生积极参与各类生态文明公益活动或是志愿者服务，让他们在这个过程中逐渐体验到生态文明建设的重要性。除了上述方式之外，通过多方合作的方式，为大学生提供更多的社会实践性活动，让他们从中获得一定的体验感，从而逐渐培养他们在生态文明建设中的使命感与责任感。

强调文化产业对大学生生态文明意识养成的重要作用。我们可以借助一些音乐表演、话剧演出、美术展览、影视作品以及文学作品将生态文明意识展现出来，使大学生在接收这些艺术表现形式所传达出来的信息时，在无形中产生一种生态文明情感，进而更好地促进其生态文明意识的养成。

明确生态文明法制体系在大学生生态文明意识养成方面的保障作用。首先，强调生态文明立法的科学性与客观性，不断加大受众群体参与立法的力度，确保其立法的透明度等。其次，国家在生态文明建设中应当加大各类执法力度，使其执法体系得到进一步完善，真正做到科学执法、公平执法，既让公众维护环境的公共利益不会受到损害，同时也可以间接地推动我国的生态文明建设。再次，人民群众对于法律的自觉遵守与拥护直接影响着我国法律是否能够正常运行，因此，我国政府相关部门应该加强日常有关生态文明领域的法律法规的宣传与解读，促使这种意识观念深入人心。由于大学生群体也是社会重要的一部分，大学生群体不仅要接受学校生态文明的相关教育，同时也会在社会中受到一定熏陶。所以，要积极通过各种社会生态文明宣传教育平台，最大限度地发挥文化产业对大学生的生态文明行为产生的影响，不断增强生态文明执法力度，充分调动各类社会生态文明教育资源，帮助大学生建立起正确的生态价值观，通过各类实践活动激发出他们的生态文明情感，从而促使其树立生态文明意识。

（六）培养大学生生态文明意识的自我教育能力

1. 增强生态文明理念内化的自觉性

高校作为大学生汲取生态文明知识养分的关键平台，虽然大学生可以通过它学习到众多的生态文明理论知识，但是学习知识并不是最终目的，如何将这些所学知识进行内化才是重点。要想使这些知识形成一种内化，首先要让这些大学生具备一定的学习自主性，有了这种自主性与主动性之后，才能促使这种观念意识影响到学习者的行为。

大学生应当认真记录课堂上老师讲授的内容，尽量做到及时消化所学知识，并将这些知识与日常生活有机结合，从而形成一种对知识的全新理解，在此类生态文明理论知识的学习过程中，大学生会产生一定的生态文明情感，在这些情感的影响下，使之在不知不觉中形成一种对生态文明建设的使命感与责任感。大学生对此类理论知识的掌握是形成生态文明意识的前提，在理论知识的基础上最大限度地发挥学习者的主观能动性，有助于学生生态文明意识的形成。

在校大学生应当积极参与学校组织的各类与生态文明相关的活动，类似于各种知识讲座、生态文明知识竞赛等活动。此类活动参加得越多，越能丰富与完善自身的生态文明理论知识与观点，当与生态相关的知识经验足够丰富时，大学生所遇到的各类生态难题便会迎刃而解。在这里还要强调，学生主观能动性的发挥在生态文明意识形成中的重要作用。

除了上述文明所谈到的与生态相关的课堂学习与活动之外，大学生还可以借助各种各样的新兴媒体获取最新的生态文明方面的新闻资讯，以及最前沿的生态文明研究理论成果，在这过程中，大学生的生态文明理论知识可以得到进一步巩固，同时也激发出他们的生态文明情怀，为他们将来投身于我国的生态文明建设奠定良好的基础。

2. 加强生态文明行为实践的积极性

个体生态文明意识衡量的重要指标就是大学生生态文明行为的质量与数量。可以说，大学生生态文明行为是由他们所接受到的生态文明意识养成教育所决定的。所以，衡量大学生生态文明意识养成教育成功与否，知识理论的内化是一方面，但更重要的则是看大学生在生态文明行为方面的具体表现。当大学生能够积极主动地参与一些生态文明实践活动时，并且通过这些具体的实践活动可以做到生态行为的自我反思，则表明此类教育是相对成功的。

大学生在生态文明实践活动中应当积极发挥自身的主观能动性，尤其要经常参加一些生态文明志愿者服务活动以及由学校组织的各类生态文明知识竞赛等活动，通过这些具体的实践活动，一方面可以促使大学生将所学的生态理论知识得到巩固，同时还能不断地丰富与完善自身的相关知识与观点。除此之外，大学生还应当在日常生活中自觉遵守各类生态文明行为规范与准则，积极投身到生态文明建设中去，促进自身生态文明意识的培养。

大学生生态文明行为积极性的体现，其一是参与此类活动的积极性，其二是对于自身生态行为进行反思的积极性，以及对抗外界不良干扰的主动思考。大学生在日常生活中应当积极主动地反思自身的生态文明行为是否符合相关规范要求，如果不符合应当及时给予纠正。此外，大学生在面对各种危害环境的行为时，应当保持头脑清醒，不应因从众心理做出一些不利于生态环境保护的行为，如塑料袋的使用，我们在购物时或者装一些物品时，需要使用收纳袋，这时收纳袋材质的选择极为关键，如果选择绿色环保的纸质收纳袋，不会对环境产生负面影响，若是选择透明塑料袋，则会对生态环境产生一定的污染。因此，大学生应当理智思考，在危害生态环境的行为面前勇于说不，确保生态环境不会受到任何污染，将自己的生态文明意识通过一个个具体的生态文明实践活动彰显出来。

注重对大学生生态文明实践积极性的培养，从某种程度上说是增强其生态文明意志力的表现，更加有助于大学生践行生态文明理念，同时也促使大学生在日常生活中养成生态文明行为习惯，成为生态文明意识的宣传者与践行者。所以，要不断增强大学生生态文明行为实践的主动性，促使其主动参与到我国生态文明建设中去，并且贡献出自己的一分力量。

第三章　观念协同：大学生生态文明观教育

第一节　生态文明观的丰富内涵

一、人与自然和谐共生的科学自然观

人与自然相互依存、同甘共苦，只有二者和谐相处，才能得到长久发展。长时间以来，人类在开发和利用自然中的资源时都是无序的，就我国来说，在之前很长的时间里都没有意识到与自然和谐相处的重要意义，同时，由于我国是人口大国，因此能源的消耗也非常多，随着经济的快速发展，能源的消耗速度大大加快。比如煤炭资源，它对于我国来说是非常重要的能源，在我国所消耗的能源中占 60% 以上，相比于全球的平均水平，高出了将近 40%。开采煤炭资源不仅会破坏土地资源，同时大量使用煤炭也会对大气造成很大污染。这样的高能耗的产业结构势必会使环境问题越来越严重，从而对地下水造成很大污染。水是生命之源，人类若没有了干净的水资源，也就无法生存，这些问题都对人类的生活产生了很大的潜在性危害。另外，海洋生态恶化、水土资源流失等问题也无时无刻不威胁着人类的生存。人类必须尊重自然、顺应自然、保护自然，因为人与自然是生命共同体。只有与自然和谐共处，做事时遵循自然规律，才能防止被自然报复。

所谓尊重自然，就是要意识到自然运行是有规律可循的，人类在从自然中获取资源时，必须尊重这些规律，这些规律是无法改变的，人类不要试图去改变它，而是要想办法去利用它，这样才能让自然更好地造福于人类。比如海鲜味道很好，并且还有着丰富的营养价值，因此市场对其需求量是非常

大的，于是，很多渔民便加大了捕捞力度，在过度捕捞的情况下，使得很多海域都出现了没有鱼可捞的情况，对此，我国制定了相关的政策以改善这种情况，海鱼产卵繁衍通常都在夏季，于是在夏季设置了休渔期，时间长达三个月以上，这样，就能让海鱼有时间去繁殖。此外，还要对大自然心存敬畏，要顺应自然，坚持自然恢复为主，减少人为扰动。在对大自然进行开发和利用的时候，一定要因地制宜，这样才能使最终呈现的效果达到最佳。比如贵州地区能够发展农耕的土地非常少，大多为山地，但是那里的景色非常好，空气清新，环境怡人，所以，当地可以好好利用这一优势发展旅游业，这样一来，不仅能够对当地的环境起到保护作用，还会拉动当地的经济发展。保护自然可以分成两个方面：一是不破坏，也就是不破坏自然资源；二是修护，就是对遭到破坏的自然进行修复。截至 2016 年，国家级自然保护区 446 处，总面积 97 万平方公里；地方级自然保护区 2294 处，总面积 50 万平方公里。截至2019年6月，我国已有34处自然保护区加入了联合国“人与生物圈保护区网”。

二、绿水青山就是金山银山的绿色发展观

第一，既要金山银山，又要绿水青山。中华人民共和国成立七十多年特别是改革开放四十多年以来，我国的经济发展迅猛，已跃居全球第二。但是在发展经济和增强综合国力的同时，也要改善以往粗放的发展模式，不能只注重打造金山银山，而忽视了对绿水青山的保护，因此，我们要尽快改进发展方式，在保证绿水青山的基础上发展经济。

就算不要金山银山，也要保护好绿水青山。首先，要从领导层增强其环境保护的意识，明确各级领导的相关职责所在，要做到对主要问题进行亲自过问和部署。其次，认真执行环保第一审批权，如果发现有产业和部门存在浪费资源、破坏环境的情况，就要严加管制。再次，确保保护环境的相关政策能够顺利实施，并且还要尽快制定出相关的环保规则。最后，要加强环境监管能力的建设。要从人力、物力等多个方面支持环保事业的发展，各级部门要严格完成自己的监管职责，严守生态红线。

只有保证了绿水青山，才会有以后的金山银山。生态环境得到了好的发展，势必会为人类带来更多的福利。要想守住绿水青山，就要从观念、人们的生活方式以及产业发展模式上进行改变，让人们慢慢转变自己的观念，将环保节约当成一种习惯。待到国家有了完备的绿色发展体系以后，生态优势也会慢慢转变为经济优势，“绿叶子”就会变成“金叶子”。

三、良好的生态环境是最普惠的民生福祉的基本民生观

与民生相关的事都不是小事，生活环境如何对于人类的影响是非常大的，“环境就是民生，青山就是美丽，蓝天也是幸福。”随着经济的发展以及人们物质生活水平的不断提高，人们越来越追求绿色、自然的生活环境，都想在舒适健康的环境中生活。在物质生活匮乏的年代，人们觉得能吃上一顿饱饭就已经很幸福了，而到了精神匮乏的年代，人们更希望通过精神上的追求来填补自己空虚的内心。如果物质和精神上的需求都得到了满足，人们就会将更多的注意力转向自己所生存的自然环境，党的十九大报告中就曾指出改善生存环境也是人们对于美好生活的愿望之一。生态环境建设可以使人们的幸福感、安全感得到提升，对于人民群众来说，这是一件最实际、最惠民的福祉。

党的十九大报告还强调，我们在推进现代化建设以满足人民的物质精神美好生活需要的同时，必须供给生态产品以实现人民的优美生态需求。如今人们都对绿色产品更加喜爱，然而，绿色产品具有严格的生产标准，而且成本大，生产周期也比较长，因此价格会高一些，数量也是有限的，经常会出现供不应求的现象。对此，国家开始大力扶持绿色产业发展，鼓励生产更多的绿色产品，以满足人们的需求。同时，还要对种植农产品的农户加以引导和教育，这样不仅能促进生态文明建设，而且对于农民早日脱贫致富也能起到一定的促进作用，很好地诠释了以人为本的发展理念。

四、山水林田湖草沙是生命共同体的整体系统观

山、水、林、田、湖、草、沙是生命共同体。田是人的命脉，水是田的命脉，山是水的命脉，土是山的命脉，树是土的命脉。这个由自然界中的各种事物组成的整体要遵循单个的生存法则，它们的存在与运行都要遵循自然规律，河流不只是简单的水体流域，像水流经的山地、树木、田野等都是其中的一部分；森林主要由各种树木组成，在森林中生活着很多动物、微生物，它们和树木、土壤之间相互依存、相互制约，形成了一个生态系统；湿地是积水的地块，在这样的地块上长着很多植物，同时也生存着很多动物、微生物等，它们共同组成了一个统一的整体。不管是什么生态群体，都不可能像人类社会一样单独存在。

对于这样的相互影响和联系的生命共同体，要想对其进行很好的治理，就要运用系统的思维。像那种头疼了治头、脚疼了看脚的治理方式早应该舍

弃，要建立完善且系统的治理制度和治理评价体制，进行有效的综合治理。要想整治荒漠化，除了要从尘土、沙漠入手以外，还要去植树造林，避免风沙侵蚀。要想整治黄河，不但要控制其泥沙含量，改善水质，还要对沿岸的植被进行保护，对黄土高原的水土流失情况进行控制，还可以对河床加以修护。也就是说，在生态治理上一定是系统性的，河道的上游治理好了，势必会为下游带来好处，修复森林草地，对于荒漠化的治理也有着积极作用，退耕还林能够为动植物带来更好的生存空间。我们一定要意识到，生态文明建设这项工程是系统性的，而不是一蹴而就的，需要坚持走很长的一段路。

五、共谋全球生态文明建设之路的全球共赢观

人类只有一个地球，开展全球环境治理合作非常有必要。开展环境治理合作的原因主要有以下几点：首先，世界上各个国家在经济发展上存在着很大的差异，不同的国家在对自然的治理能力上也存在着很大的差异，而且这一客观问题是长期存在的，无法在短时间内解决。而且，全球治理涉及的是全人类的利益，因此更容易将每一个地球人的治理积极性调动起来。其次，全球治理能够惠及所有国家。治理的主体不再是国家，而是整个社会，每个人都参与到治理中，通过有效治理来获取利益。最后，通过全球环境治理可以加强各国间的交流和联系，这对于国与国之间的交流和学习有着很好的促进作用。全球治理在治理范围上不会局限于一个国家，而是扩展到多个国家，使国家之间相互学习，共同发展和进步。

环境治理涉及所有在地球上生存的人，和每一个人的利益息息相关，因此，共同的诉求也是合作治理的前提，必须为全人类的利益考虑，突破传统观念，树立整体意识。环境问题是由多种原因造成的，相关的人和事物都有涉及，因此集中考量是有一定难度的。因为环境问题产生的危害非常大，而且在时间上也是长期性的，如果不早日解决这些问题，以后想要消除这些危害的难度就会更大。因此，要想更好地治理环境问题，治理主体如各个主权国家、政府和非政府的组织等都要从观念上进行转变，克服文化、意识形态等方面的不同，从宏观、长远的角度看待全球环境治理问题，达成良好的合作关系，共同为解决环境问题贡献自己的力量。除此之外，一些在环境治理上能力强、经验足的国家要拿出自己的风范，主动为其他国家提供帮助或者指导，带动其他国家一起进步，抓住具体问题制定相关解决方案，实现合作共赢。

第二节　大学生生态文明观教育认识

一、大学生生态文明观教育概述

（一）生态文明观

1. 生态文明的内涵

“生态文明”这一名词，就是将“生态”一词的含义与“文明”一词的含义融合在了一起，然后产生的一个有着丰富内涵的概念。“生态”这个词语来自古希腊，原指家庭环境、房屋，也有自然生态的意思。海德格尔（Martin Heidegger）在 1866 年首次提出“生态学”，将其定义成研究生物和生物所处环境二者关系的科学。我们现在所说的生态，指的就是生物在特定自然环境中生存与发展的状态。这样的生存与发展是按照自身规律和自然规律而进行的。

2. 生态文明观的内涵

工业文明的发展虽然为人类带来了很多益处，但是，也造成了不少负面影响，其中最严重的问题就是环境问题和生态问题，人们意识到这些问题带来的严重后果之后，生态意识便开始觉醒，于是纷纷加入到了生态文明建设的行列当中。人类主观上对生态文明产生反应和客观上的提升相结合，最终形成了生态文明观，也就是说，生态文明观是人类对生态文明的基本观点以及总的看法。生态文明观内容非常丰富，如生态价值观、生态意识观、生态环境观等都是其中的重要内容。其中最核心的内容就是生态价值观，所以生态文明观的价值上的追求要以自然价值观为指导。自然价值包括内在和外在价值这两种，像物质、精神的各个方面都属于外在价值，它主要强调的是自然能够满足人类的生存、发展和消费等需求。而内在价值强调的是自然是独立于人而存在的，它可以满足生命及自然本身，具有维护生态系统运行和地球生命的价值。确立了生态文明观之后，能够帮助人们转变传统的旧的价值观，摒弃人类中心主义价值观，树立良好的自然生态价值观，意识到自然的重要价值，促进生态文明社会的发展。

（二）大学生生态文明观教育

要想解决人、自然、资源承载力这三者间的矛盾，实现经济、自然可持续发展，打造良好的和谐共处环境，最重要的一个任务就是让所有的社会成员都树立正确的生态意识，进而形成生态文明观。要想完成这一任务，可以通过教育这一途径，对于具备生态文明观人才的培养，教育的重要作用是不容忽视的。要利用好教育独特的社会功能，帮助人们形成生态价值观，提高生态素质，培养良好的生活方式。

大学生生态文明观与大学生的身心发展相结合，对大学生进行有组织、有计划、有目的的生态教育，最终将其培养成具有生态素养的人才。对于大学生生态文明观教育，主要可从三个方面来理解其含义：首先，以大学生为教育对象。大学生是祖国未来的希望，是中国特色社会主义建设的中坚力量，因此，对他们开展生态文明观教育的意义重大。其次，教育内容是特定的。它包括对生态的认知、意识、行为和道德，从多个方面对大学生进行教育。最后，教育目标明确。教育目标是使大学生生态文明素质得到全面提高，摒弃以往单一的培养“经济人”的目标，使其树立正确的生态观念，最终成为符合时代需求的新一代。

（三）大学生生态文明观教育内容

1. 生态知识教育

生态知识教育从生态综合知识的宣传科普角度出发，对受教育者进行生态科学知识教育和生态法律知识教育，能够帮助受教育者系统了解生态相关知识，从而科学认识和处理人与生态自然之间的关系。

（1）生态科学知识教育

生态科学知识教育就是进行生态学基本通识知识教育、生态科技教育和人与自然关系的发展史教育，使受教育者掌握基本的生态规律知识，力图通过教育使受教育者掌握科学完整的生态知识体系。开展生态文明观教育，不仅要让教育对象掌握相关的生态学知识，还要让其了解马克思主义为指导的生态思想，尤其是新时代背景下的生态文明建设理论。教育对象在学到了更多生态科学知识以后，就会慢慢地对生态问题产生更深刻的理解。

（2）生态法律知识教育

所谓生态法律知识教育，就是通过普及与生态环境相关的法律知识，提高人们的法律意识，从而自觉遵守相关法律，维护法律的权威，并且还可以拿起法律的武器维护自己的环境权。在生态文明建设中，党和政府对于生态的相关制度和法规的建立予以高度重视，同时，相关部门还要积极对公民进行相关的法制教育，使每一位公民不仅能做到守法，还知道怎么去用法，并明确自己的权利与义务，遵守国家的政策方针，对自己的行为进行约束，为自己的行为负责。

2. 生态意识培育

行为是在意识的指导下进行的。通过生态意识的培育，可以将人们的思想意识转化成行为表现出来，加强培育人们的生态意识，不仅有助于教育对象生态观念的形成，还能使其行为更加自律且自觉，人们积极践行生存环境保护的活动，自觉履行应尽的义务和责任，努力改善生态环境问题。

（1）生态危机意识培育

如今生态危机是全球性的问题，对此，各个国家都应对其予以高度重视，不管是政府人员、专家学者还是一个普普通通的公民，都应积极探索和探讨解决这一危机的对策。在生态文明观教育中，主要的问题导向就是解决生态危机，所以，必须增强人们的生态忧患意识，让人们清醒地意识到当前生态环境问题非常严重，继续控制和解决，才能使生态文明观教育更加有效。人们应该清醒认识保护生态环境、治理环境污染的紧迫性和艰巨性，清醒认识加强生态文明建设的重要性和必要性。从这两个清醒认识中我们可以看出，我国目前的生态问题已经十分严峻，所以，必须让公众高度重视起来，培育人们的生态危机意识。

（2）生态责任意识培育

人类从大自然中获取资源时，为了使自身的生存和发展得到更多的保障，进行了大量无节制的索取，而忽视了对大自然的保护。要想真正改善生态环境问题，就要让人们主动肩负起保护生态的责任，尊重自然、热爱自然，树立正确的生态理念，把生态治理、自然保护当成重要任务，改变以往的经济发展模式，推动生态文明建设，坚持可持续发展战略，实现人与自然的永续发展。

（3）生态审美意识培育

生态伦理学的观点是不管是生命还是自然界，都有其各自独特的价值，自然的价值和人的精神价值融合在一起后形成了生态美。具有生态审美的人在获得了精神享受和审美体验后，会产生一定的环境保护意识，然后想要通过对自然界的理性改造使人与自然相和谐，打造出和谐之美。所以，生态审美教育可以使教育对象愿意去观察自然，然后从内心真正欣赏和热爱自然，培养出一定的自然审美。生态环境不仅具有丰富的审美价值，还有丰富的精神价值，“山水”与“乡愁”这两个词语将人们带入到一个诗情画意的生态环境中。因此，必须以人们的生态审美作为出发点，增强人们的生态审美能力，自觉建设我们的精神家园。

3. 生态伦理养成

每一个人在内心中都会有一个价值判断，这就是道德，道德可以约束人的行为，所以，必须重视生态道德教育，重视生态伦理的培养，站在道德的角度，对人与自然二者间的伦理关系进行阐述，促使教育对象把道德规范应用到自然中去，要深刻意识到，在生态道德建设中，人处于主体地位，因此，必须要让教育对象认真履行相关的道德准则，并且慢慢养成这样的思维习惯，从思想和心理上真正做出改变。

（1）生态道德情感培育

生态道德情感是对于生态行为活动和道德准则的喜恶主观上所表现出来的态度，它会直接影响生态行为所产生的效果。生态道德情感的培育对于生态道德关怀非常重视。史怀泽曾表示，善是对生命的保存与促进，恶则是对生命的阻止与毁灭，要想使自己不再有偏见，就不要疏远其他的生命，而是要意识到人和其他的生命是息息相关的，这就是道德的体现。所以，对于除了人以外的其他生命，要对其价值予以肯定，并且给予道德上的关怀，要尊重生命，热爱大自然中的一切，对大自然心存感恩之心。

（2）生态道德能力培养

生态道德能力就是对相关的知识进行消化、吸收以及运用的能力。要加强生态道德能力的培养，以生态文明建设为目标，让教育对象处于主体地位，培养其自我教育、锻炼和陶冶的能力，使其真正从内心认可生态道德准则，并对其进行吸收和内化，将其列入自身的认知体系中去，自觉约束自己的行为，实现他律到自律的转变。所以，必须通过多种方式来增强教育对象的道德判断、选择的能力。

4. 生态行为引导

生态行为教育是将相关的教育理论向社会实践转化的重要环节。通过生态实践，把生态的相关理论和思想直接付诸行动，这样的方法是最具实效性的，同时，生态实践也是生态文明观教育的重要环节，通过生态实践才能实现教育的最终目的。生态行为教育可以促使教育对象养成好的行为习惯，把生态思想和意识通过外化的形式表现出来。

（1）个人日常生态行为习惯的养成教育

生态文明观教育应该关注人与自然和谐的内涵特别是生活方式领域的生态环境教育，让教育对象接受绿色生活的观念，培养绿色消费的行为习惯，不管是在生活方式上还是在消费方式上都坚持可持续发展的理念，从衣食住行等各个方面入手，慢慢养成一种自觉的行为，从小事做起，时刻注意要节约资源和保护环境。

（2）职业生态行为习惯的养成教育

生态文明观教育要结合具体的学科和专业，特别是职业教育，要注重与职业教育的紧密结合，加强对环保使用技能的培训，在实践教学中向学生传达生态得到规范，使学生养成生态文明行为。在生态文明意识的指导下，培养生态道德，遵守社会公德，在生产生活的各个行业中开展生态文明教育，在职业领域中使整个生产过程达到循环经济、清洁生产的要求，遵守道德规范，在规范下慢慢培养成自觉行为。

（四）大学生生态文明观教育特征

1. 时代性

在人类历史上，总共经历了四个文明发展阶段，即原始文明、农耕文明、工业文明以及生态文明。处于原始文明阶段的人类大多是依赖于采集、捕猎等方式生存的，不管是生产还是生活都具有很大的约束性，那时候对于自然的开发、利用还是非常有限的；而在农耕文明时期，开始了男耕女织的生产方式，人们顺应天命，守护着自己的田地，同时，那时候生产规模非常小，并没有对自然造成很严重的破坏；而到了工业文明阶段，人们的物质生活变得非常丰富，随着社会生产力的提升，使得大量的资源被滥用，因此，对生态造成了很大的破坏。人们逐渐意识到破坏生态所带来的危害以后，便开始对新的生存之路进行新的探索，于是，便出现了生态文明。生态文明强调走绿色、循环的发展道路，这为人类日后的发展方向带来了一盏明灯。人们想要通过发展和保护相结合的发展方式，在确保经济发展的基础上对生态环境予以保护，否定以往用破坏环境换经济发展的模式，致力于打造出优美的生态环境，对人类以后新的发展形态进行了展望。

新时代，政治、经济、社会、生态等多个领域都得到了发展，同时，在新时代背景下，也将建设“美丽中国”列入了重要的发展方略当中。此外，随着人们生活水平的提升，人们物质生活被满足之后，便在精神上有了更高的要求，同时也会更加关注自己所生存的环境，会要求呼吸新鲜的空气，饮用干净的水源，吃绿色无公害的蔬菜等等。为满足人民的新需求，国家对生态环境问题予以高度重视，致力于建设美丽中国，不会再盲目地只注重发展经济，而是将更多的注意力放在环境保护上。

生态文明观教育的主要内容是与生态建设相关的一些政策和方针，这也是其时代性的体现。国家要想做好与生态相关的政策、方针的宣传工作，离不开高校这一关键平台，对大学生进行该教育活动，就要将相关政策纳入其中，从中构建出新的教育内涵。在新时代，基于生态文明建设所提出的新的政策和理念就会被纳入到生态文明教育中，成为其新的教育内容，学生在学习了这些新的教育内容以后，也会充分掌握新的思想理念，从而了解国家在新时代制定的方针和政策，这也是该教育时代性的体现。

2. 实践性

对于生态文明教育来说，实践性同样非常重要，人们普遍认为生态文明教育就是关于实践的教育，是通过实践去教育，而教育的目的也是为了更好地实践。也就是说，该教育的重点是生态文明行为的培养，必须在实践中进行，要使受教育者具备生态文明的实践能力。对高校大学生进行生态教育，讲究“知行合一”，也就是说在树立了正确的生态文明观的同时，还要通过行动来促进生态文明建设，而教育者除了要讲授相关知识，让学生充分地理解与掌握之外，还要通过开展相关的实践活动来增强学生的实践能力，使大学生能够正确地认识并处理人、自然这两者间的关系。

第一，知识会对其实践性产生影响。生态文明观的相关知识非常丰富，涉及价值观、生态自然观等多种知识，学生掌握这些知识以后，就会对生态文明产生更加深刻的了解。要知道，学习这些知识并不是最终目的，更重要的是在学到这些知识后懂得怎样去运用这些知识，并且通过这些知识的引导去培养生态文明的行为习惯，使学生在实际生活中践行生态行为，并且从内心真正热爱和尊重自然。生态价值观教育可以让学生明白生态对于人类生存的重要价值和意义，从而去影响其日常行为，使学生了解生态文明的相关法律法规，提高自身的法治意识，然后对自己的行为进行规范。生态道德观教育可以提升学生的道德感，使学生在自身道德感的约束下更好地践行生态行为。

第二，在生态文明活动中会充分体现该教育的实践性。生态文明观教育离不开实践这一关键途径，只有进行了真正的实践，才能使理论和实践更好地结合在一起。在一些实践的参与活动和污染防范活动中，学生的实践能力会得到很好的提升。同时，还可以组织一些社团活动使学生深入到大自然中去，通过与自然的接触了解更多与自然相关的知识，改变以往对于生态环境的态度和观念，推动学生养成良好的生态文明行为。同时，实践还有一个功能，那就是对教育的实施效果进行检验。可以通过实践来检验学生对于相关知识的掌握情况，及时做到查漏补缺，使学生对于相关知识能够更加扎实地掌握，从而提升整体素养，然后从小事做起，推动生态文明建设。

3. 渗透性

生态文明观教育的教育方式会体现出渗透性的特点。这一教育活动综合了多门具体学科，同时也涉及多个领域，在各个学科中渗入社会主义生态文明观，彰显了该教育的渗透性特点，这样的渗透主要包括两个方面：一是学科渗透，二是生活渗透。

第一，学科渗透是通过各个学科进行的，要求将教育内容融入各个学科的教学中去。首先，可以在思想政治相关课程中融入生态文明观的相关知识。例如在《思想道德修养与法律基础》这门课中渗透有关生态法治的知识，这样一来，学生就可以去了解和生态文明有关的一些法律知识，从而提升自身的法治意识，进而从行为上进行自我约束。再如，可以在《形式与政策》这门课程中渗透一些有关生态文明建设的新政策，让学生对其有一个了解，从而拥护国家的方针政策，增强自身的生态保护意识。其次，在一些专业课中，也可以渗透生态文明的相关知识。例如，在一些地理科学、海洋科学等一类的专业课中，渗透相关的生态文明知识，学生就可以在学习了理论知识以后，在意识层面上也能接受一些好的引导，从而提高自身的生态文明意识；再如，在一些历史学、法学等一类的课程中，也能通过生态文明相关知识的渗透，了解有关生态文明的历史发展和法治建设等内容。

第二，生活渗透指的就是在人们生活的环境中，通过相关社会活动的组织实现生态文明观的教育。营造环境优美的校园，就可以使学生受到生态文明情感的感染。例如对校园进行良好的绿化建设，在教学楼的部分区域安装声控灯以及节水系统等等，学生在这样的环境熏陶下也会慢慢规范自己的行为。同时，还可以利用生态社团活动进行教育渗透，比如抓住植树节这类特殊的与环保相关的节日，组织相关的活动，通过这些活动呼吁学生加入保护环境的队伍中去；组织一些类似评选文明宿舍、文明班级的活动，渗透生态文明观教育，加强学生的环境保护意识，让学生可以从每一件小事做起，培养良好的行为习惯。

以上两种渗透方式也相互影响、相辅而行，在各个学科以及实际生活中渗透生态文明观，使学生的生态素养得到提高，促使学生通过实际行动表明建设生态文明的决心。

4. 人本性

教育的目的是培养人，不管是教育者还是教育对象的角色，都是由人来扮演的，可以说，教育是离不开人这个主体的。所以，这也体现出了教育的另一个特点，那就是人本性，该特点是尊重和理解人的人文关怀的体现。高校开展生态文明观教育，是在对这种人文关怀深刻把握的基础上进行的，从人的角度出发，将发展人和满足人的需求作为目的，体现了以人为本的理念。

在新时代背景下，以国家的生态文明建设的新形势为立足点，通过生态文明观教育，让学生去掌握相关的知识。在教育过程中要注意，不能机械式地向学生灌输知识，让学生被动地接受这些知识，作为教育者，要抓住学生的身心发展特点，从学生的兴趣爱好入手，进行有针对性的教育，提高学生的学习积极性，通过引导的方式使学生积极参与到相关的实践活动中去。

生态文明观教育是为了满足人的需求。人具有多方面的需求，不仅需要物质保障，同时还需要精神上的充实。以前的人们最关心的问题是能不能吃饱饭，现代人则将关注点放在了环保问题上。生态文明观教育的开展正是要满足人们日益增长的生态环境需求，让学生知道什么是生态文明。此外，生态文明建设也是我国的重要发展战略之一，作为大学生，必须关注时事政治，了解国家制定的一些方针政策，向国家需要的人才方向发展，更好地为祖国效力。

生态文明观教育的目的是发展人。人的发展会涉及知识、思想、能力等多个方面。通过生态文明观教育，学生可以掌握更多与生态文明相关的知识，并且还能使自身解决生态问题的能力得以增强，在面对人与自然的关系时，能够做出合理的评判；生态道德教育是其中的重要内容，通过该教育，可以使大学生的生态道德素养得到提升，从而根据严格的道德标准来规范自己的行为。总之，通过生态文明教育，学生不仅能够掌握相关的知识，形成良好的道德素养，还能提升学生的实践能力，使学生得到全面发展。

二、大学生生态文明观教育的必要性

（一）建设美丽中国对教育的现实诉求

随着我国生态文明建设的推进，生态文明意识日益深入人心，我国的生态环境质量显著提高，但是仍存在不稳定性。目前生态环境受到了很大程度的破坏，同时生态灾害频发，因为生态问题为整个社会的发展带来了巨大的压力。大学生是国家未来建设的中流砥柱，也是生态文明建设的重要力量，因此，对大学生进行生态教育具有非常重要的意义，不仅能促使学生形成良好的生态价值观，还能提升学生的环保实践能力。同时也能让学生的社会责任感增强，然后积极投身到生态文明建设中去，为国家建设、社会发展贡献自己的力量。

（二）实现中华民族永续发展的必然要求

目前我国在城市化、工业化方面正在不断推进，必须对环境问题予以高度重视，如果环境问题无法解决，将会对我国可持续发展战略产生严重的阻碍。必须在生态环境问题得到解决的基础上，经济社会才能实现健康且长久的发展。环境友好型社会的建立，第一步就要从思想观念上进行转变，要想树立正确的价值观念，最直接且最有效的途径就是进行生态文明观教育，学生可以在教育过程中提高环保意识，正确看待人与自然的关系，对于二者间的矛盾问题，也能进行有效的处理，最终投身于国家和社会建设中时，除了促进经济社会的发展以外，也能同时兼顾到对生态环境的保护，促进环境友好型社会早日建成。

（三）新时代对人才素质的客观要求

大学生接受的是高等教育，承担着国家建设的伟大使命，为祖国建设的接班人，所以，对大学生开展生态文明观教育，增强其生态素质，具有非常重要的意义。在这一方面，我国相比于一些发达国家来说是滞后的，而且接受这一教育的学生大多是该专业的大学生，由此可见，在生态文明观教育上，我国还有很多地方需要进一步发展和完善。大学阶段是学生形成“三观”的特殊时期，因此在大学阶段开展生态文明观教育是非常合适的，对于大学生生态文明观的形成起着非常关键的作用。

（四）丰富大学生思想政治教育内容的内在要求

对于思想政治教育而言，它有一个非常重要的特点，那就是时代性，也就是说，该教育是基于人的实际需求和时代发展需求进行的。所以，在将思想政治教育发展成学科的过程中，要在其内容体系中融入一些适应时代发展的新思想和新理念。生态文明建设呈现出一种新的自然观和文明观，这种新观念的培育也对思想政治教育的内容进行了充实，思想政治教育学科要积极响应现实社会，对教育体系不断优化，对生态文明建设的内容、作用、对策等进行积极的探索，站在思想政治教育的视角看待大学生教育，促进学科建设和发展。由以往重视知识传授向发展学生综合能力转变，不仅要关注专业知识的学习，还要重视对于基础知识、人文知识的传授，培养综合性人才，尤其是生态文明新的建设人才。

三、大学生生态文明观教育的重要意义

（一）有助于激发人民群众对美好生活的追求

人民群众对美好生活的向往和追求不仅表现在更高的物质条件，而且更多地表现在对精神产品的需求，对安定和谐社会环境的需要，对天蓝水清的生态环境的要求等多个方面。不仅要为人民打造优质的生态环境，还要使生态环境的文化以及审美价值充分地发挥出来。人们追求好的生态环境，正是人们价值转变的体现，说明人类不再坚持以往的人类中心主义的价值观，而是转变成了生态主义价值观。因此，要以人民的需求为依据，大力推动生态文明建设，大力开展生态文明观教育，通过对人与自然和谐共处的价值观的传播与发展，争取从各个方面满足人民的需求，使人民的幸福感得到不断的提升。

（二）有助于促进社会可持续发展

生态文明是新的文明形态，该形态对于文明程度有着更高的要求，在这一文明阶段里，要求人与人、自然以及社会要友好相处、和谐统一，实现全面发展。目前，对于生态文明建设，党和国家都给予高度重视，同时也在不断加快“美丽中国”的建设脚步，这对于我国小康社会的全面建成以及中华民族的永续发展有着重要意义。要想使人与自然和谐共处，首先要从思想意识上对人类进行培养，然后再外化于实际的行为中去。而要想实现这一点，

离不开生态文明观教育，在教育过程中，教育对象会意识到目前的环境问题已经十分严峻，然后在正确的生态观的树立下，自觉去保护环境，并遵守相关的法律法规。生态文明观教育能够使学生形成良好的素养和观念，然后积极推动生态文明建设，使社会早日实现可持续发展。

（三）有助于进一步提升思想政治教育的服务水平

思想政治教育是对受教育者进行思想教育、政治教育以及伦理道德教育等广泛内容的特殊教育活动，它坚持以马克思主义为指导，其内容既包含着对中国优秀传统文化的思想精华的继承、挖掘和创新，也包含着不断与时俱进地满足社会发展需要的时代特色，不断将新的观念、思想和价值理念纳入自己的内容体系，具有鲜明的时代特征。思想政治教育要为党和国家的中心工作服务。所以，对于我国大力推动生态文明建设的当下，思想政治教育也要将生态文明教育作为重要内容，对新型生态环境理念大力宣传，从而提高学生的环保意识，增强其生态环境的道德观念，将每一位大学生都培养成时代发展需要的人才，然后更好地为国家的经济、社会、文化等各方面的建设贡献自己的力量，从精神上为党的方针、政策的落实提供支持。在思想政治教育中融入生态文明观教育的相关内容，不但会使其更具新时代的活力，还能使其服务国家发展的能力得到很好的提升。

第三节　大学生生态文明观教育取得成效及策略

一、大学生生态文明观教育取得成效

为了从整体上了解目前大学生生态文明教育的情况，掌握通过教育取得的成就和遇到的问题，并针对一些问题制定相关的解决方案，所以，笔者将选择高校大学生作为研究对象，通过向他们发放问卷调查的方式再对信息进行收集和整理。

调查问卷共包括 38 道题目，全部为选择题，其中 80% 为单选题，这样一来，进行问卷填写时会更加方便、快速，完成问卷填写的时间可以控制在 5 分钟左右，这 38 道题目主要涉及生态文明教育和认知的情况，涵盖学校、家庭、社会三方的教育内容，同时还包括一部分参与生态行为的情况调查。通过全面的问题设置，可以对大学生生态文明观教育的情况有一个准确且客观的了解，并且掌握通过教育获得的一些成绩，还有其中遇到的一些急于解决的问题，然后根据这些问题对其中的原因进行分析，最终提出合理可行的建议，从而为生态文明建设贡献自己的一分力量。问卷的投放方式选择了网上投放，主要借助微信平台以及问卷星来投放。考虑到被调查者的隐私权问题，不会对被调查者进行记名，因此不会涉及隐私权问题，所得的调查结果只会用于本次的研究，所有的信息都会进行保密处理，会从所有的资料中选择有用的信息，然后通过百分比对调查结果加以探讨。

本次问卷调查总共发放了900份问卷，最终收回的有效问卷有819份，回收率为91%，达到了预期效果。调查对象大多是高校大学生，为了使调查结果更加准确且具有代表性，选择的调查对象在性别上比例均衡，男生有396位，女生有423位，如图3-1。调查对象主要是大二年级以及大三年级的学生，如图3-2，之所以没有选择大一年级的学生，是因为大一学生对于校园的环境还不是很熟悉，而没有选择大四学生作为调查对象的原因是大四学生正面对考研或者找工作的压力，在时间上不是很充足。另外，调查对象来自各个专业，学科门类较全，其中文史类学生有237位，理工类学生有234位，艺体类学生有219位，如图3-3。

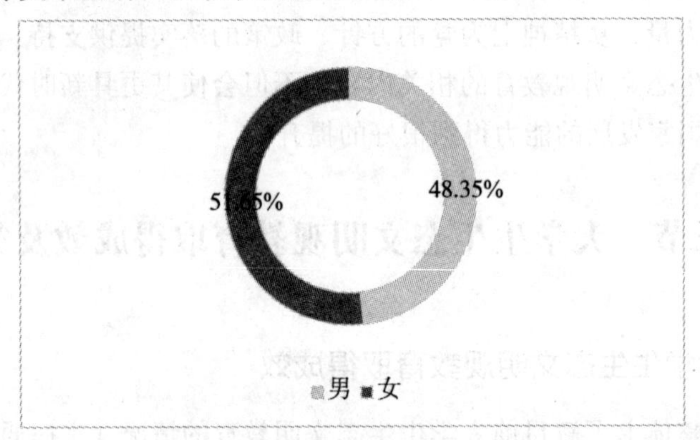

图3-1　填写调查问卷的男女分布比例

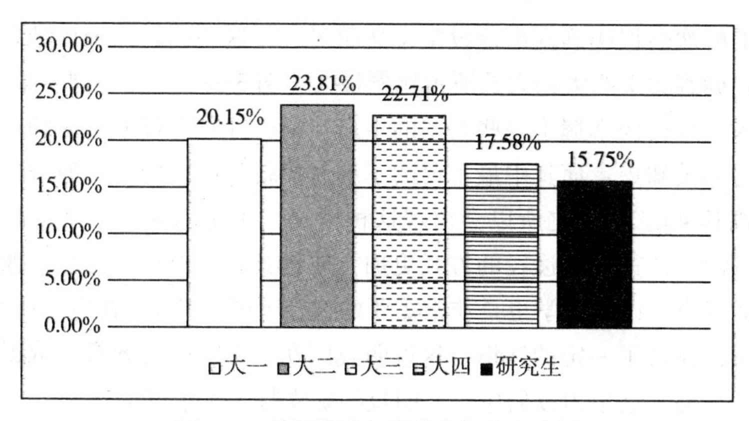

图 3-2　填写调查问卷的年级分布比例

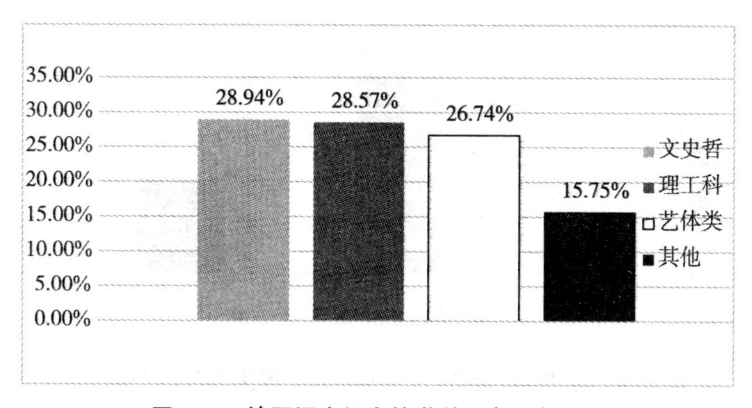

图 3-3　填写调查问卷的学科门类分布比例

从调查结果中我们可以看出，如今的大学生正在慢慢转变对于生态文明的看法，很多大学生对于生态文明理念越来越重视，并且也在积极地参与相关的实践。这说明在学校、家庭以及学生自身的重视和努力下，我国大学生的生态文明观教育已经初见成效。

（一）大学生具备了基本的生态认知

在对于“绿色食品”“生态产业”等名词是否了解的问题上，表示非常了解的学生超过了总人数的 20%，表示“基本了解”“简单了解”的学生总共占比在 65% 以上，有 13.19% 的学生表示不了解，见图 3-4。同时，在“您了解‘绿水青山就是金山银山’的具体内涵吗？”这一问题的回答中，超过 80% 的大学生都对“两山论”有过一些了解，并且还有超过 25% 的大学生深入了解过这一论述，完全不了解的人少于 12%（图 3-5）。另外，在“您知道党的哪次会议明确提出建设生态文明吗？”这一问题的统计结果中，也是填写正确答案十八大的人数所占比例最大（图 3–6）。这一调查结果表明，大部分大学生已经掌握了一些基本的生态知识，并且也都通过多种途径去主动了解过相关知识。而其中最主要的了解途径就是网络媒介，通过这一途径的学生高达 43.72%，之所以会出现这种情况，正是因为如今网络技术发展迅速，同时，通过网络途径的方式更加方便且具有针对性。当然，像电视新闻、纸质媒介、课堂教学也是非常重要的途径（图 3–7）。在生态认知方面，大学生都已储备了一定的知识，这说明我国在生态文明观教育上取得的成果是较为明显的，这也为以后生态文明观的确立打下了很好的基础。

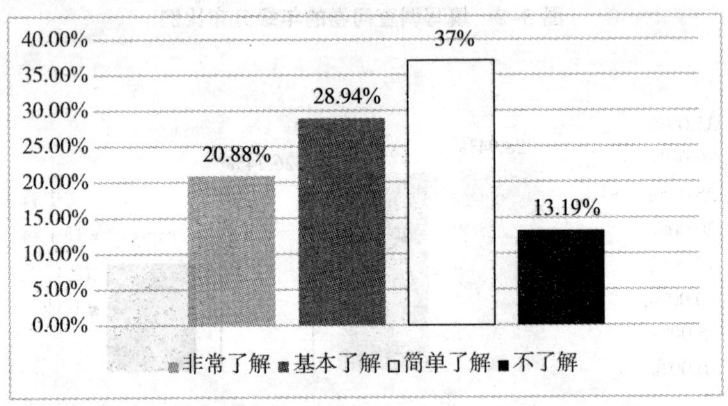

图 3–4 对“绿色食品”“生态产业”等生态名词了解程度

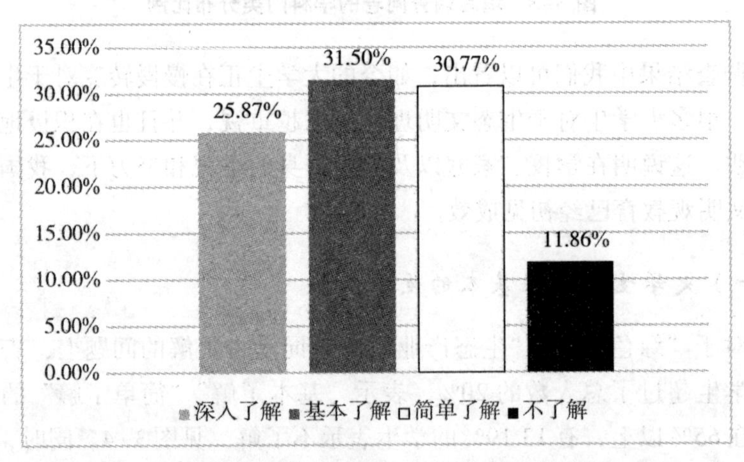

图 3–5 对“绿水青山就是金山银山”具体内涵了解程度

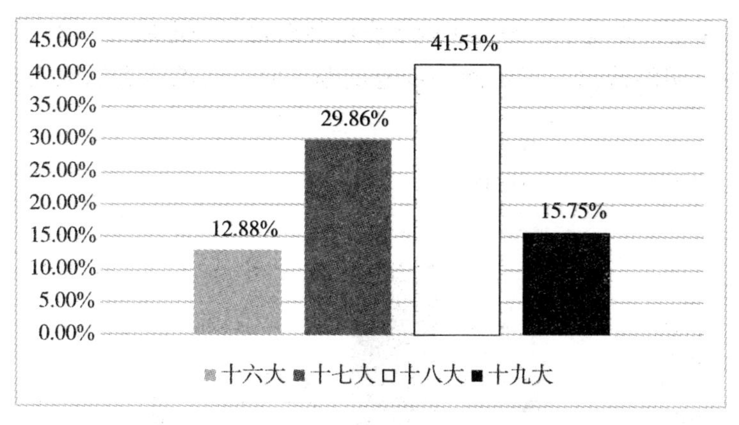

图 3-6　对党的哪次会议明确提出生态文明建设的了解程度

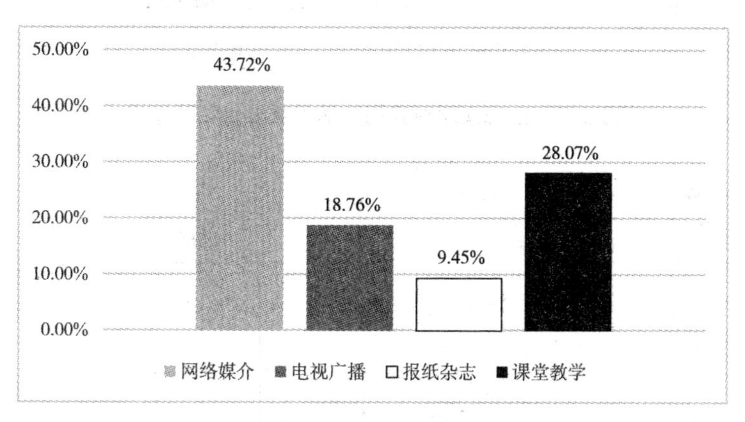

图 3-7　大学生学习生态文明知识主要途径

（二）大学生形成了初步的生态思维

生态思维是指用唯物辩证和生态哲学的思维方式来考虑人与自然的关系、经济发展与环境保护的关系，并且以人与自然的协调发展为价值取向的思维方式。在调查中，有超过 80% 的学生认为生态文明对我们的生活重要，认为不重要的仅仅占 5.98%，认为不太重要的也才 12.59%（图 3-8）。这表明越来越多的大学生树立了环保理念，认识到了生态文明的重要性。当问到经济发展和生态保护哪个更重要的时候，46.86% 的大学生认为生态保护更重要，还有 39.56% 的大学生认为同样重要，只有 13.58% 的大学生认为经济发展更重要（图 3-9）。从以上调查我们不难看出，大部分大学生已经具备了基本的生态思维，对于环境和经济二者间的关系能够正确地看待，并且可以做出正确的价值判断，大家已经意识到要想发展经济，必须以保护环境为前提。这大大体现了生态文明观培育已经取得了一定成果，必须在此基础上对生态文明的价值进行更深一步地挖掘，使学生的生态思维逐渐趋近于完整。

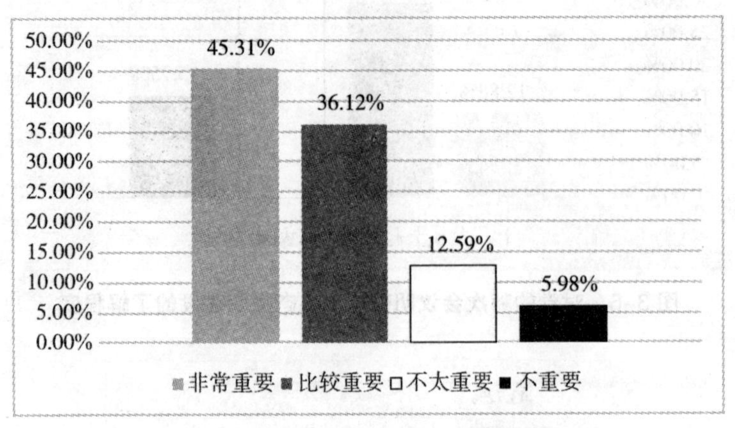

图 3-8 生态文明对我们生活的重要性调查情况

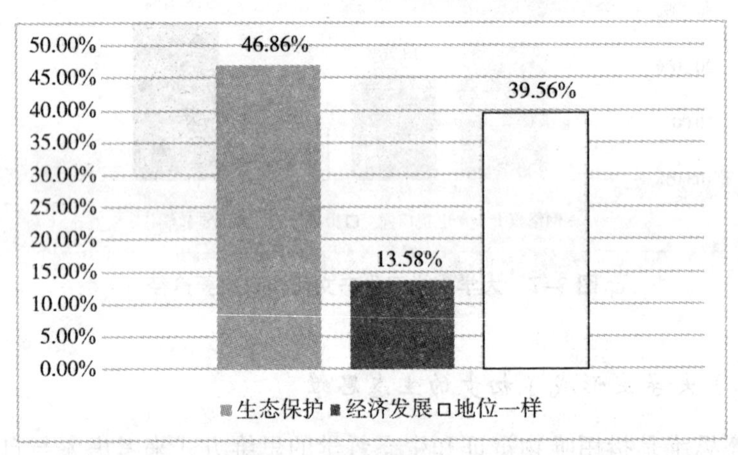

图 3-9 生态保护与经济发展的重要性比较调查情况

（三）大学生参与了基础的生态实践

生态文明观体现在我们生活的方方面面，生态实践是践行生态文明观最基本的外在表现。近些年来，随着国家对生态建设的重视，大学生在学校教育和周围环境的影响下也开始关注生态建设，并积极参与生态实践。超过半数以上的大学生表示会积极响应国家号召，自觉落实垃圾分类投放，有 31% 的大学生是由于平时找不到分类垃圾桶而无法进行垃圾分类（图 3-10）。

在面对巨大的白色污染的情况下，我国早在 2007 年就出台了限塑令，十多年过去了，我国的白色垃圾数量有了明显减少，大学生也在平时的生活中用实际行动支持限塑令的执行。超过 23% 的大学生去超市购物会自带购物袋，还有 36% 的大学生只要想到就会自带，只有 12% 的学生表示从来不会自带（图 3–11）。另外，塑料吸管以其难以回收、回收价值极低的特性被列入"人类的终极浪费"。因此，虽然塑料吸管在众多的塑料制品中占比很少，单个体积很小，却仍然可能成为海洋生物的致命杀伤武器。肯德基、星巴克等食品公司正在积极研发可降解的饮料吸管，广大的新时代大学生也表示会拒绝塑料吸管（图 3–12）。大学生正在通过不同的方式参与生态实践，这将对他们未来的身心发展产生积极影响，成为推动大学生养成生态文明观的主要力量。

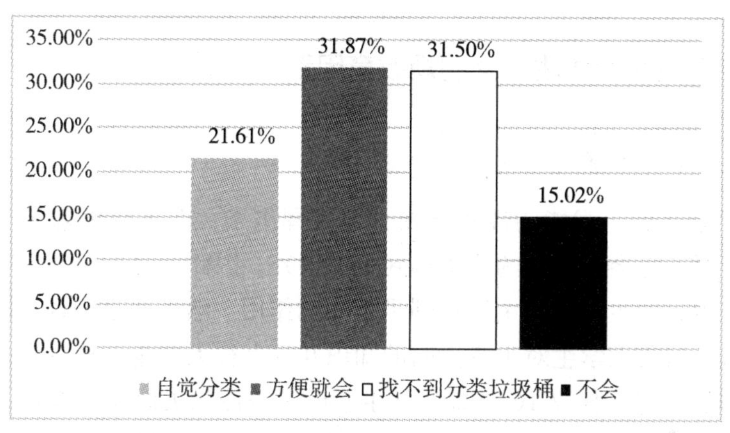

图 3–10 大学生自觉进行垃圾分类情况

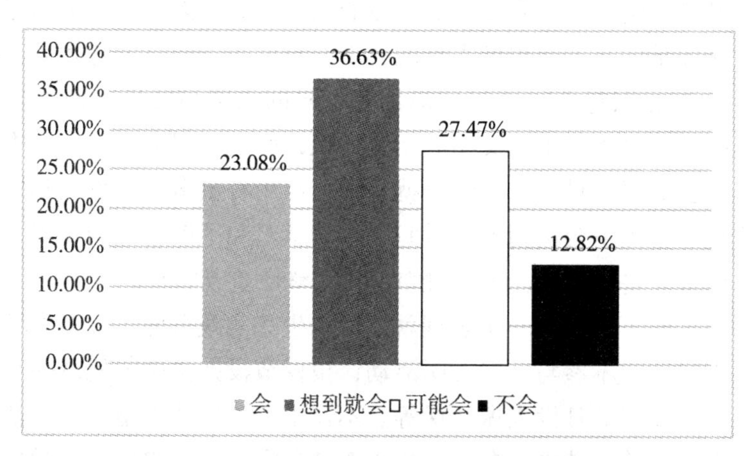

图 3–11 大学生去超市购物自带购物袋情况

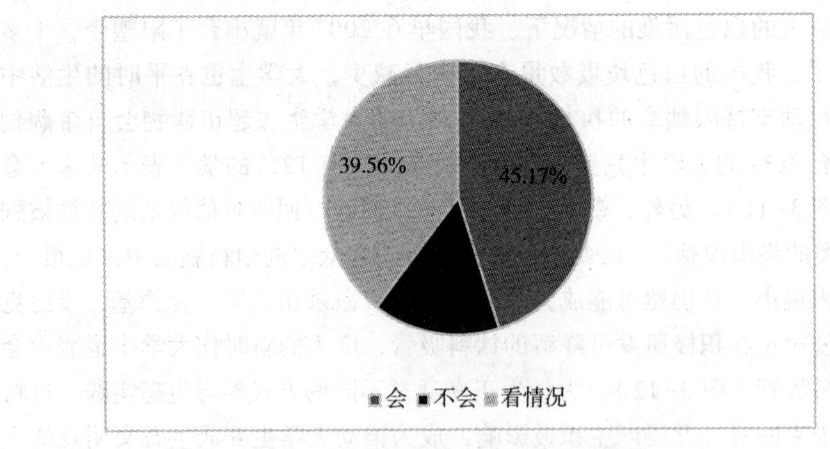

图 3-12　大学生拒绝使用塑料吸管情况

二、影响大学生生态文明观教育因素

（一）个体因素

如果学生的主观能动性能够充分地发挥出来，在进行生态文明相关知识的学习时，就会使学习的效率得到很大提升，因此，对于生态文明观培育的成败来说，学生学习自主性起到了重要的作用。然而通过调查（图 3-13）可以看出，目前大学生对生态文明的知识并没有很大兴趣，从主观上并没有太大学习的意愿，仅仅 16.85% 的学生会经常关注相关的新闻报道，而超过半数的人对于相关的新闻很少关注，甚至是从来没有关注过。由此可见，目前急需提升大学生对生态文明知识学习的意愿，要加强对大学生思想意识的转变。许多大学生并不会积极主动地去学习与生态文明有关的知识，这是因为他们并没有意识到学习这些知识具有怎样的意义和价值。即便是在很多高校的思政课中渗透了生态文明的相关知识，但是在很多学生的眼中，思政课只是一门公共课，只要拿到学分就行了，不用将更多精力投入到这类课程中，学生们也就更不会利用课下时间去主动学习和了解相关的知识了，这就会使学习的效果差强人意，进而对知识的完整性造成影响。

学习自主性不强的另一个表现就是缺少生态实践锻炼。许多大学生不愿意进行生态实践，不参与生态文明活动，植树节没人植树，地球一小时活动没人熄灯，环境保护日没人做环保等。不仅不参与这些大型的环保活动，而且学校举办的相关活动也不参与，从图 3-14 可知，29.67% 的大学生明确表示学校举行过生态文明相关的活动，但是自己没有参加。除此之外，很多大学生在日常生活中也没有注重良好生态行为的培养，塑料袋的使用情况依然很严重，不会拒绝使用一次性用品，浪费食物、浪费水资源的情况也时有发生。这些都反映出很多大学生在生态实践方面需要提高自身的主动性，学生缺乏学习生态理论知识、践行生态行为的自主性，这也是大学生生态文明观培育存在问题的一个最重要的原因。对此，必须加强对大学生主观能动性的培养，让学生能主动参与到学习和实践中去，从而早日培养出正确的生态文明观念。

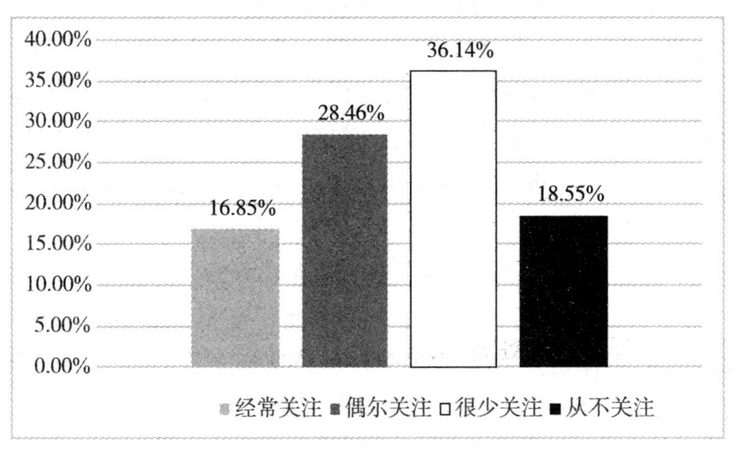

图 3-13　大学生关注生态文明相关新闻的频率

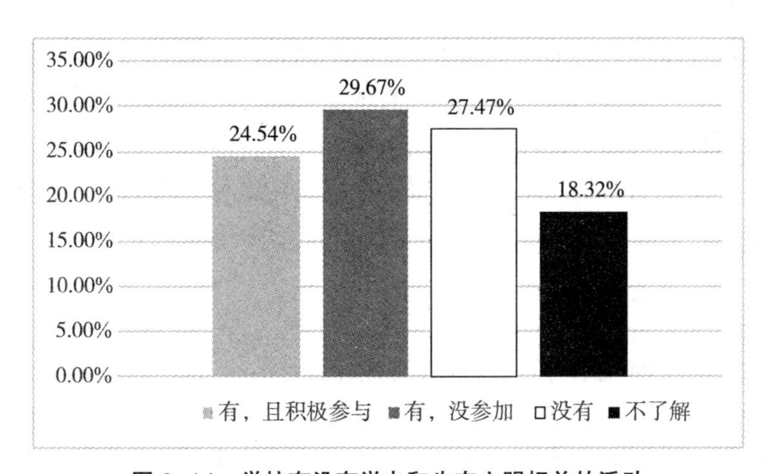

图 3-14　学校有没有举办和生态文明相关的活动

（二）教育者因素

影响高校生态文明观培育效果的一个重要因素就是教育者，教育者的教学素养会对其培育效果产生直接影响。对于高校大学生来说，他们所面对的主要的教育者就是大学教师。目前，教师虽然都在积极转变自己的教育方式，但是长期存在的一些问题是很难在短时间内消除的，比如很多高校教师都是注重讲解一些专业的学科知识，而没有将关注点放在学生综合素质的提升上，尤其是在思想道德素质的培养以及思政知识的讲解上，没有更好地去引导和帮助学生去理解和接受。教书育人是教师的本职工作，虽然传授学科知识非常重要，但“育人”的重要性也是不能忽视的，同时，在对于学生人格的塑造方面，教师也应承担一定的责任。对于当代大学生来说，生态文明观也包括在完美人格之内，要想塑造完美人格，生态文明观念是不可缺少的。因此，教师必须注重自我的提升，转变传统的思想观和教育观，对“育人”予以高度重视。

另外，在思政课程背景下，对于教师专业素养的要求也越来越高。2016年12月召开的全国高校思想政治工作会议强调要坚持把立德树人作为中心环节，把思想政治工作贯穿教育教学全过程，实现全程育人、全方位育人[①]。作为高校教师，必须具备充足的知识储备，这是每一位教师都应具备的最基本的素质，要想顺利开展生态文明观教育，教师自身就要深刻掌握生态文明的相关知识。然而，由于生态教育开始的时间比较短，且普及度也不高，所以很多教师在这一方面的学习自主性还有待加强，教师的知识储备量也有待提升。教师必须意识到生态文明观教育的重要性，然后自觉去进行相关知识的学习，掌握理论知识，提高自身的生态素养。同时，还可以在专业学科知识中融入生态文明的相关知识，积极组织相关的教育实践活动，激励学生践行生态文明行为，将生态评价指标纳入到学生的考核标准中去。

（三）社会因素

构建生态文明观培育评价机制，将该机制投入到整个社会当中，这样一来，大学生就可以在良好的社会氛围中接受生态文明观的培育。如今我国对于生态保护问题越来越重视，对于相关的法律法规也进行了完善和改进，法律法规可以对人们的日常行为起到一定的督促作用，并对人、自然二者间的

① 潘瑞姣，李雪，桑瑞聪．课程思政背景下高校教师育德意识与育德能力培养浅析[J]．大学教育，2019（11）：204-206．

关系进行规范，对于一些违法乱纪的行为进行震慑，从而杜绝一切生态违法行为。然而，保护生态环境不可以完全依赖于法律惩戒，还要让人们从内心对其产生认同，从而产生良好的社会风气，人们只有树立了正确的生态文明观，才会从心底认同生态的价值，然后从行为上做出改变。然而，目前整个社会还没有统一评判标准，统一的价值取向也没有建立起来。因此，大学生在没有好的社会舆论导向的指导下就会显得比较被动，因此会对生态文明观培育的效果产生消极影响。

建立生态文明观培育评价机制，在整个社会对与生态相关的知识进行普及，使民众了解生态环保的重要作用。另外，还要对生态制度加以完善，形成相关的制度体系，这样一来，在考察生态文明培育的效果时，就能有典有则。良好的社会氛围是非常重要的，只有建立了完整的培育体系，才可以把整个社会力量集中起来，通过社会舆论的力量，使大学生逐渐养成良好的生态习惯。

三、大学生生态文明观教育途径

（一）坚持高校大学生生态文明观教育原则

在大学生生态文明观教育中，必须坚持科学的教育原则。通过科学、正确的理论和价值观对人们进行引导，使大学生在实践中学习；在传授知识的过程中让学生树立正确的价值观；教师要尊重学生的主体地位，发挥自己的主导作用，通过多种教育手段对大学生进行生态文明观教育。

1. 理论性与实践性相统一

生态文明观教育除了向学生传授相关的理论知识以外，同样重视实践的培养；也就是说，大学生只掌握相关的理论知识是不够的，还要在日常生活中践行生态文明行为，从而做到“知行统一”。

（1）理论是实践的前提

首先做到“知”，然后再付诸行动。所以，对于理论的学习是必不可少的，学生要掌握生态文明的具体内容、内涵、特征、相关政策方针等，有了系统的理论知识支撑，学生对生态文明有了全面的认识以后，就会慢慢提升生态保护意识，然后再付诸实践。

在生态文明观教育中，最基础的理论知识就是它的内容，包括生态价值观教育、自然观教育、道德观教育等等。除此之外，生态文明观教育的理论基础也非常重要，理论基础包括马克思主义有关生态的思想、我国传统文化展现出的生态思想以及在生态文明建设中中国共产党做出的贡献。它要求学生对于这些理论基础有一个充分的掌握，特别是新时代下产生的新的理论成果，它们产生于对人类文明发展中闪光思想的借鉴，同时也做到了与时俱进。学生们只有在充分了解了生态文明观的基础上，才能更好地践行生态文明行为。

（2）实践是理论的归宿

之所以会学习理论知识，就是为了最终的实践。生态文明观教育也是一样，一定要在掌握了理论知识以后积极进行实践，通过实践使学习者的行为能力得到提高。组织一些社会实践活动，让学生走进大自然，然后去感受去发现其中存在的生态环境问题，规范自己的行为，通过实际行动为生态文明建设贡献自己的力量。

（3）实践检验理论

通过大学生的一些日常生活习惯，检验其是否对生态文明观知识学以致用。比如在日常生活中是否做到节水节电、爱护花草、不用一次性餐具等；是否见到污染环境的行为会制止；是否会举报周边严重危害环境的行为，以小见大。对于正确的生态行为要积极宣传、鼓励，对于不适宜的生态行为要坚决打击、抵制。

认知与实践二者是相互联系、相互促进且无法分割的。在生态文明观教育中，要将理论性和实践性统一起来，二者的结合能够使大学生在掌握了相关理论知识的同时提升自己的实践能力，科学的理论在人的培养上具有重要的作用，同时，实践的重要性也是不容忽视的，将课堂与课外结合起来，可以培养出更多更优秀的生态文明建设人才。

2. 价值性与知识性相统一

对大学生开展生态文明观教育，会塑造大学生的价值观，使其树立科学的生态价值观，这是生态文明观教育价值性的体现。而知识性则体现在该教育满足了学生对知识的需求上，使学生掌握生态文明观知识。价值性、知识性二者相互影响、相互促进，是大学生生态文明观教育原则的体现。

知识是媒介，价值则是目的的体现。生态文明观教育不仅会将相关的知识传授给学生，还有一个重要的目的就是培养学生的生态价值观。学生掌握了一定的知识后，知道了什么是生态文明观，什么是值得推广的，什么是应该摒弃的，不仅增长了知识，也使得自己的心灵得到了净化，从而树立正确的生态价值观。生态文明观教育一方面重视知识性，帮助学生在掌握了相关知识的基础上形成正确的价值观；另一方面，也要对学生的价值引导予以重视，要利用知识进行价值引导。比如在讲到生态文明建设的相关政策时，就可以通过对生态背景和发展历程的介绍，让学生们知道如今生态问题已迫在眉睫，要让学生知道出现这一问题的原因有哪些，然后可以在掌握了生态知识的基础上做出正确的价值判断；还可以将国家在生态文明建设上做出的努力和取得的成果告知学生，对学生起到一个启迪的作用，通过学生对相关知识的掌握逐渐深入到对价值观的引领，使教育更加具有说服力，引发受教者的共鸣，从而树立正确的价值观。

3. 统一性与多样性相统一

统一性指的就是在生态文明观教育中从教育目标、内容、教材等多个方面进行一个统一的要求。多样性则是指生态文明观教育在形式、手段、途径上是五花八门的，因此要做到因地制宜，并根据教学的实际情况做出合理的选择。统一性、多样性二者是存在联系的，同时彼此之间也会产生影响。

教育内容体现统一性。我国很多专家和学者对教育内容都有着各自不同的看法，但是归纳总结起来主要还是体现在生态文明的知识、情感、行为、审美等方面，概括起来分为这样几个方面：自然观、伦理观、价值观、审美观以及法治观，从三个方向进行教育：一是知识的传授；二是价值的引领；三是行为的约束，对大学生全面了解生态知识提供帮助，让其能够正确处理人与自然的关系，用实际行动推动生态文明建设。

育人目标体现统一性。对大学生开展生态文明观教育，就是为了将他们培养成新一代的生态文明建设的接班人。如今国家越来越重视生态文明建设，因此也需要大量的人才来推动生态文明建设，要求民众提升自己的观念，自觉去爱护和保护环境，通过生态文明观教育，以全方位增强学生的相关知识、意识以及践行行为为目标，争取培养出越来越多的优秀人才。

在生态文明观教育中，不仅要坚持统一性，也要坚持多样性。不管是不同区域和学校还是不同的年级和专业都存在着一定的差异，再加上个体之间也具有差异性，所以，在开展生态文明观教育的过程中，必须要有针对性地采用合适的方法和手段来进行。例如，由于学校所在区域位置的不同，在实际教学中就可以结合当地的地势、地貌、环境开展教学；针对不同的专业，在开展教学时可以有侧重点地进行。对于文史专业的学生可以侧重于理论知识的传授；对于理工专业的学生就可以侧重于生态观念、意识的培养。针对学生身心发展特点，可以将新旧教学方式相结合，在以往教学方法的基础上增加新方法，使教学形式变得更加丰富，从而使学生对该教育的兴趣越来越浓厚，最终提供教学的效率，更好地开展生态文明观教育。

在生态文明观教育中，坚持教育内容和教育目标的统一性，把握好发展方向；采用多种形式和手段开展教育，增强学生的学习积极性和自主性，将统一性和多样性结合在一起，从而使生态文明观教育能够更加顺利且有效地开展。

4. 主导性与主体性相统一

主导性是指在教学过程中，教师扮演着主导者的角色，发挥着主导作用；主体性则是指在教学活动中，学生处于主体地位。主导性和主体性是相辅而行的，二者有着同样重要的作用。对于生态文明观教育而言也是一样，教师发挥着主导性作用，要注意发挥学生的主体性作用，调动学生学习的主动性。

在教学活动中，教师起着主导作用，为学生传授知识，使学生的能力得到提升；学生处于主体地位，他们要想掌握知识、提升自己的能力与素质，不仅需要教师发挥其指导作用，还需要学生发挥自身的学习主动性，自觉去学习，成为课堂的主体。教师要改变以往的教学模式，首先就要从思想上进行转变，不能自己一个人去把持整个课堂，而是要给学生充分展示自己的空间，使学生在自由的环境中学习，在教学过程中，要想办法让学生积极主动地参与到学习活动中去，并且多进行师生活动，引导学生进行生生互动。只有让学生处于主体地位，对于教师所传授的知识，学生才会乐于去接受，并主动进行思考和探索，从而在实际生活中规范自身的行为，实现知行统一。如果将教师当成主体，学生在教学活动中只能是被动地接受教师的讲授，会影响学生对理论知识的掌握情况，对教学效果产生消极影响；所以，一方面，要重视教师的主导作用，在增强教师生态文明意识和水平的前提下，使其更好地发挥自身的主导性；另一方面，也要重视学生的主体性，不要让学生接受灌输式的教育，而是要通过多种方法和手段激发学生的学习兴趣，提升学生学习的自觉性与主动性，让学生积极参与到生态文明的学习中去，不断提升自身素质。

主导性和主体性的统一，能够实现教师“教”和学生“学”的良好互动，从而顺利实现教育目的，学生通过生态文明观教育，使自身的获得感得到提升，并逐渐养成正确的价值观，最终成为生态文明建设合格的接班人。

（二）创新高校大学生生态文明观教育形式

可以说，如果选择了好的教育形式，就相当于为整个课堂注入了灵魂。教师采用好的教育形式，能够使学生更加专注地投入到学习活动中去，教学效果也能得到很大的提升。当前，国家越来越重视生态文明建设，各个高校在生态文明观教育中也在积极探索更加优质的创新性的教学形式，但是不得不说，还存在一些问题需要解决。《全国环境宣传教育工作纲要（2016–2020年）》指出，环境宣传教育的现状与环保事业的快速发展还存在一定差距，对传统媒体和新兴媒体融合发展适应性不足，宣传教育手段创新突破不足，需要进一步提高高校环境课程教学水平，积极引导新媒体参与环境报道，培养环保职业专业人才。因此，高校需要积极贯彻落实《全国环境宣传教育工作纲要（2016–2020年）》，积极开展大学生生态文明观教育，创新理论教学形式、拓展实践教学途径、搭建网络教育平台，通过多种方式开展生态文明观教育，使学生热爱生态文明知识，提升生态素养，达到预期的育人效果。

1. 创新理论教学形式

以往的教育形式通常都是教师自己在讲台上讲，学生在座位上听，教师所讲的内容完全是以课本上的内容为主，不仅枯燥无趣，还很少与学生进行互动，学生难以真正参与到学习活动中，通过这样的教育形式并不能取得很好的教学效果。因此，要转变传统教育形式，调动学生的学习积极性，让学生主动参与到课堂中，这样一来，学生会更加容易理解和吸收教师所讲授的知识。生态文明观教育也一样，教师除了注重知识的讲授以外，还要通过各种新颖的教育形式使学生更好地投入到学习中去，让学生的认同感得到提升，并且在掌握了生态文明相关知识的基础上，积极践行生态行为，培养正确的价值观，规范自己的日常行为。对于教学形式的创新可以从专家教学、课程设置理念、情境教学等多个方面入手，从而使生态文明观教育的效果得到提升。

首先，将生态问题研究专家、生态文明建设的一线工作者请进课堂。有学问的专业人才总是带有一种独特的光环，这样的光环对于学习者来说具有很大的影响力。从事生态文明建设的工作者，不管是专家学者，还是一线的工作人员，他们都掌握了扎实的与生态文明相关的知识，如果他们可以走上讲台，将自己掌握的全面、系统的知识传授给学生，学生们就可以对生态文明进行更加深入的了解，同时，也会使学生的学习兴趣得到很大的提升，从而对生态文明建设予以更多的关注，然后不断提升自身的素养，积极践行生态文明行为。

其次，创设情境教学。特定场景的创设，可以让学生从情感上得到更多的体验。通过情境教学，学生在学习知识时会更具直观性，并且也能使感性认识得到增强。因此，在生态文明观教育中就可以进行情境教学。可以给学生播放一些和生态环境相关的电影、纪录片等，学生在观看了这些直观性的影像以后，就会对生态文明产生一定的情感，这样一来，在进行生态文明相关知识的学习时会更加顺利。同时，教师在播放视频时，还可以伴随一些音频的播放，在音乐的助力下，能够更好地渲染气氛，更容易引起学生的共鸣，使学生意识到爱护环境的重要性。比如，带领学生观看与生态保护相关的微电影——《绿色守望》，这部电影主要讲述了父亲和女儿两代人共同努力建设塞罕坝的事迹，随着一代代人对塞罕坝的守护，使变成荒原的塞罕坝慢慢恢复了原样，变成了一片林海，通过这样的故事可以更好地呼吁学生们爱护环境，建设我们的生态文明家园。再如，让学生们将生态文明建设者的光荣事迹通过情景剧的形式表演出来，也可以将生态破坏带来的不良影响通过情景剧呈现在学生们眼前，让学生体会杰出人物的优秀品质，真正从内心产生认同感，从而向这些优秀代表人物学习；对生态破坏造成的严重影响再现，可以增强学生的忧患意识，让学生们真正感受到生态的重要性，从而树立正确的价值观，成为生态文明建设者的一分子。

最后，创新课程设置理念，对全员进行全方位、全过程的教育。高校大学生学习生态文明的相关知识，主要是通过思政课，在其他的专业课中渗透的生态文明观教育比较少。虽然环境专业的学生在有些课程中也能接触到一些相关的知识，但是所学的知识基本上只针对对环境相关知识的学习与探究。所以，不管是思政课程，还是其他专业的一些课程，都要将生态文明观教育渗入其中，实施“课程生态”。

对于“课程生态”来说，必然是以“课程”作为基础的，要在各门课程的基础上开展生态文明观教育，将教育内容渗透到各个学科当中，“课程生态”的“生态”则是重点，围绕“生态”一词进行生态文明知识的传授；在教学活动中，教师的作用是不可否认的，要使教师的引导作用充分发挥，在课堂上积极传授学生有关生态的相关知识，在生活中也要起到良好的带头作用，还要以身作则，规范自己的行为，为学生做一个良好的典范；院系是重心，“课程生态”的实施并不是一蹴而就的，它涉及多门课程，在教学方法、教学内容上都要进行一定调整，要想实现这一点，院系就要对教学布局加以优化，建立完善的运行机制，为“课程生态”的实施提供保障；各个院系对于生态文明观教育要积极落实，对于教学质量、课程设置等方面要严格把关。

怎样才能在各个学科中深入生态文明观教育的相关内容呢？这时，要充分考虑各个学科的特点，然后有针对性地将生态文明观教育合理地融入进去。

对于理工专业来说，很多专业都和生态文明有着一定的联系，如生物学、环境科学、地理科学等等，其中都包括一些生态知识，然而，以前这类专业在学习过程中往往只关注于知识本身，主要学习自然现象，教师很少会开展生态文明观教育，学生也基本上不会将精力放在与生态文明相关的知识上。这时，就要从教师入手，作为教师，在实际教学中，可以将生态文明的相关知识融入进去，并且在讲授理论知识的基础上注重对学生意识层面的培养。比如教师在讲授海洋、生物多样性、气候等专业知识的时候，可以涉及一些海洋污染、动物灭绝、全球变暖等内容，让学生了解到，我国如今面临非常严峻的生态问题，从而提高学生的生态保护意识，进而努力学习和研究专业知识，最终成长为对生态文明建设有用的人才。

对于文史专业来说，很多文史专业和生态文明也有着非常紧密的联系，如历史学、法学、哲学等专业，都或多或少包含了生态文明观的相关内容，因此在教学过程中，生态文明观教育的融入并不是很困难。比如对于历史学专业来说，可以在讲到历史的演进和变革时融入生态文明的发展历程，从历史的角度对其进行探讨，并以史为鉴；在法学专业的相关学习中，可以将与生态文明相关的法律法规融入其中，让学生掌握一些有关生态文明的法律知识，从而提高自身的法治意识；在哲学专业的学习中，可以把中国共产党人、马克思、恩格斯关于生态文明的思想融入其中，从而提升学生的理论修养，使学生具备一定的哲学思维，进而运用辩证的眼光去看待人与自然的关系。

不管是什么专业，都存在和生态文明观教育相一致的部分，所以，对课程设置理念进行创新，可以更加全面地开展生态文明观教育，让学生真正理解生态文明的重要价值和意义，在掌握了生态文明的相关知识以后，无形中改变自身的行为，做到保护生态、热爱自然。

2. 拓展实践教学途径

实践决定认识。人们能够通过不断地实践产生更多更加深刻的认识，实践活动可以促进人们对整个世界产生更深入的认识。但是人们在实践过程中也会做出很多不合理的行为，这些行为与自然规律是相悖的，由此会导致非常严重的生态问题。因此，人类必须对自己的行为进行深刻反思，并对其进行纠正。生态文明观教育的开展必须具备实践环节，实践教学的重要性是不容忽视的，学生通过实践教学能够更加扎实地掌握生态文明的相关知识，使自身的实践能力得到提升，学生会明白哪些行为是正确的，哪些行为是错误的，从而促进生态文明的建设，并通过正确的实践行为认识和改造世界。

实践活动可以被分成两种：一是校内实践；二是校外实践。前者就是在学校里组织的竞赛类的节目，从而使学生的校园生活更加丰富，而且也能使学生通过这些活动学到更多的生态文明知识。环保知识竞赛、手工创意比赛等，通过这样的竞赛，可以潜移默化地改变学生的生态文明观，增强学生的生态素养。此外，还可以在植树节、地球日等这些特殊的日子里组织与节日主题相符的活动，让学生积极主动地参与进来，从每一件小事做起，为生态文明建设出一份力。后者则是指在校外开展的实践活动。

让学生走进大自然并热爱大自然，培养学生保护和爱护自然环境的意识，在学生们了解了社会中破坏生态的行为时，通过对其内心的触动，对自己的行为进行反思，然后自觉去保护环境；还可以组织学生到生态社区、生态工业园等地区考察，让学生去感受良好的生态环境带给人们的舒适感，和生态破坏形成对比，激发学生保护环境的积极性；也可以带领学生实地考察生态实践基地。河北农业大学的教师就曾带领学生到塞罕坝参观，实地体验塞罕坝的建设，同时在师生的共同努力下，还将其拍成了一部微电影——《绿色守望》，对塞罕坝建设的艰苦历程进行了深刻演绎。学生通过这种亲身体验，可以深切感受到生态建设的不容易，并且也会更加懂得保护自然环境，然后落实到实际行动中。

在生态文明观教育中，可以通过拍摄微电影的方式对学生进行教育。就像拍摄《绿色守望》一样，不仅参与拍摄的师生可以学到更多的生态文明知识，观看影片的人也能从中领略生态文明建设者的不易，从而更加爱护环境。在思政教育中通过微电影教学这一新型的教育方式，让学生将自己看到的、感受到的通过微电影拍摄出来，使学生对所学的知识印象更加深刻，并且激发学生学习思政理论课的兴趣。通过微电影教学，使思政的理论知识与微电影相遇，让原本枯燥的思政课更加生动且充满活力。在生态文明观教育中，同样也可以使用拍摄微电影的方式让学生记录下自己的所见所闻、所思所想。这样不仅可以使学生学到更多生态文明知识，还能让学生喜欢通过拍摄的方式来记录生活，把很多与生态文明相关的知识拍摄成微电影，生动地呈现在人们眼前，让生态文明教育更能被大众所理解和接受，也有助于学生走出校门，走进大自然，关注生活中的点点滴滴，从自己做起，从小事做起，积极投身到生态文明建设中，相比于枯燥的说教，这样的方式显然是更有说服力的。

3. 搭建网络教育平台

随着网络的普及，人们的生产生活方式也发生了很多变化，同时，网络也被应用到了教育领域，使教育手段变得更加丰富。搭建网络平台，能够在网络平台上展示更多、更全面的生态文明信息，大学生通过平台来了解各种生态文明的相关知识，不仅方便、全面，同时也能有效增强学生学习的主动性。

第一，可以通过学校的官网对生态文明知识进行宣传。在官网上设置时事专栏，发布一些生态方面的政策方针、生态常识、目前存在的生态问题等等，让学生更加全面且方便地学习生态知识，也可以组织一些实践活动，邀请生态文明建设方面的专家，举办一些讲座，等等，把这些活动和讲座的相关信息发布在平台上，让学生了解最新的消息，而且也能使学生有更多的渠道了解学校将要举办的各种活动，从而有机会参与到活动中去。

第二，可以开展网络公开课，让学生接受教育。在校内开展网络选修课，学生不管是在什么时间和地点都能进行生态文明知识的学习；同时也可以和其他学校合作，共同开设网络课程，让学生能够学到更好的课程；还可以邀请专家就生态文明问题录制相关的课程，然后传到网络平台中，以便于学生随时随地都能学习。通过网络的共享性，学生能接受更好的生态文明观教育，为理论知识的学习提供更多的渠道，从而达成育人的目的，使教育效果更好。

（三）营造高校大学生生态文明观教育环境

1. 增加校园环境“硬件”设施

硬件设施是指校园内的基础设备，比如图书馆、教室、操场、宿舍、雕像、植被、湖水、节能设备等，这些硬件设施代表了校园的生态硬实力，在潜移默化中对学生产生影响，高校开展生态文明观教育离不开特定的校园环境。

校园环境的好坏对于学生的思想情绪有非常重要的影响，同时也会在潜移默化中影响学生的行为。假如校园环境的建设有学生的参与，在以后的校园生活中，学生就会更加热爱校园内的花草树木。教师可以在植树节那天组织学生进行植树活动，然后让每一位学生在自己种的树上“实名制”，自己的树由自己去负责。一来可以提高学校的绿化率，二来也能提高学生的责任心，从而主动参与到生态建设中去。在硬件设施方面也要进行合理布局，比如宿舍楼和教学楼规划的距离要合理，同时还要和周围的植被景观相宜，通过直观的布设，给人好的视觉享受，让学生在学习之余还能领略大自然带来的美好。学校也可以在之前生态环境的基础上开展新景观的建设，可以扩展绿化面积，种一些新的植被，建设一些荷花池或者鱼塘，把校园打造成一幅美丽的自然画卷，舒适且优美的自然环境可以使教育效果提升。除此之外，学校还可以安装一些节能装置，如声控灯、自动感应的水龙头等等，学生在这些生态设施的作用下，进一步增强自己的生态文明意识，提高自身的生态文明素养，然后将自己学到的知识应用到实处，推动生态文明建设顺利进行。

2. 加强校园环境“软件”建设

校园环境“软件”建设就是通过校园的软文化，对学生进行精神上的激励。如一句简单的保护环境的标语，就可能挽救一条小鱼或者一棵小树的生命。不管是一句标语还是一幅画，都可以成为传递信息的载体，通过条幅、广播等形式，将环保知识传递给学生们，使学生全方位接受软文化的熏陶。学生可以通过一些宣传栏了解生态文明方面的动态，也可以了解更多的学校组织的相关环保实践活动，然后通过活动的参与，了解生态文明的重要价值和意义，使学生在实际生活中践行生态文明行为；同时还可以通过这些载体对一些先进个人或者集体进行宣传，从而感染更多人参与到实践中去，为环保活动贡献一分力量；也可以在草丛边、水龙头旁等位置设置宣传标语，在食堂、教室等区域张贴一些风景画作等，让学生感受生态所带来的美，在这样的生态氛围的熏陶下，学生的生态文明意识一定会得到加强，从而树立正确的价值观。

3. 打造特色生态校园环境

目前，创建绿色学校已成为高校建设的新方向。清华大学建筑设计研究院有限公司院长庄惟敏表示：“绿色校园不仅是通过绿色建筑来体现，校园要做到面向社会，能够吸引更多的社会人群进到校园里面，更需要绿化策略。绿色建筑本身要凝练、集中，和建筑的造型、艺术功能融为一体。”建设绿色校园不能千篇一律，要因地制宜。

北京林业大学是绿色大学的示范点。学校提出了“精品化、园林化、智慧化”构建校园环境的新思路，打造精品化校园。校园内青春雕塑、龙马精神雕塑、树洞花园、薄房子等，为校园增添了人文气息；打造园林化校园，建立了“梅园”“木兰园”“牡丹园”等多个植物专类园；加强校园网建设，打造智慧化校园；积极开展网络文明教育和媒介素养提升，为其他大学建设绿色校园提供经验借鉴。

（四）强化高校大学生生态文明观教育保障

通过高校生态文明观教育才能培养出更多更优秀的生态型人才。对教育方法进行创新，并打造良好的教育环境，这都少不了专业的教师团队、教育经费的投入以及相关制度作为保障。

1. 提升师资能力

学生要想成长成才，必然少不了教师的引领，教师的言行举止都会对学生产生影响。因此，要想顺利开展生态文明观教育，教师必须具备一定的生态素养，这样才能在无形中对学生产生良好的影响。当前，我国生态文明观教育课主要是思政教师或者是环境专业的教师来上，所以在专业化方面还需要再加强，因此，对于生态文明观教育而言，担任这一教学的教师必须加强专业化的学习，对教师培训体系进一步完善，提升教师的能力，使教师掌握最新的有关生态文明建设的知识。

第一，对教师开展与生态教育相关的培训，使教师的教学能力、生态意识进一步得到提升。教师只有具备了较高的生态素养，才会更具说服力，在教学过程中，才能让学生信服。此外，教师培训必须具有目的性和计划性，以国家的相关政策和方针为指导，顺应当前的发展趋势，从实际出发，使教师掌握和积累更多的基础知识，提高自身对相关理论知识的实际运用能力，使教师的教学水平得到提高。

第二，作为高校，要尽力营造鼓励生态文明教育的氛围。学校可以联合多方开展合作，定期开办一些相关的学术交流会、研讨会等，邀请生态文明建设的工作人员和专家为教师的学术研究提供帮助和支持。高校以鼓励的态度对取得成绩的教师进行嘉奖，从而充分调动教师从事研究工作的积极性与主动性，并使教师在此过程中不断提升自身的生态素养。

第三，鼓励教师践行生态文明行为。除了要提升教师的理论水平以外，还要鼓励教师多参加实践活动，可以进行生态文明知识的宣传，也可以通过榜样的力量，用自己实际的生态行为去感染和带动学生，从而使生态文明观教育更好更快地进行。

2. 强化物质保障

任何一种教育都需要一定的资金支持，生态文明观教育也不例外，学校必须提供经费支持，生态文明观教育才能顺利开展，经费的投入具体可分为教学中的资金投入、生态实践基地的建设以及校园设施建设的资金投入。

为生态文明观教育提供经费。在教学环节里，请专家走进课堂、鼓励教师开展科研、教师带领学生深入大自然开展实践活动等都需要一定的资金支持。所以，高校应设立生态文明观教育专项资金，在资金上提供足够的支持。各系要有实践教学经费，教师就可以带领学生进行实地考察，感受自然景观、感染和启发学生，让学生自己去判断丑陋、善恶，从而养成保护环境、热爱自然的优秀品质。

为校园生态设施建设提供资金。学校的建筑物、植被、湖水等都属于校园生态设施，这些设施的建设和维护都需要一定的资金支持。此外，一些节能装置的安装，如声控灯、感应水龙头等都需要资金上的支持。鼓励从学生节约水电等小事做起，共同打造出环保绿色的优美校园，使学生的生态文明素养得到提高。

学校可以建立实践基地，为开展大学生生态文明观实践教学提供场所。在生态文明示范村、生态示范区等场所建设教学实践基地，在以后的教学中，如果有需要，可以带领学生去实地参观，让学生切实感受到生态文明建设创造的幸福感，从而理解生态文明建设的意义和价值，然后自觉践行生态文明行为，

3. 建立激励机制

第一，在校规校纪中加入保护环境的内容。如《校园生态文明行为准则》《保护环境守则》等，使保护环境、爱护环境成为硬性标准。要求学生严格遵守校规校纪，对于违反上述规章制度的学生要给予惩罚，情节严重的可以考虑扣除综合测评分数或者取消评选奖学金资格，利用规章制度严格约束学生的生态文明行为。

第二，建立严格的奖惩制度。奖惩制度对于调动学生生态文明实践的积极性和规范学生的行为有着非常重要的作用。比如，有些学生、班级等积极践行生态文明行为，就可以对其进行大力宣传，并评选“卫生标兵”、“先进集体”、“文明宿舍”等称号，然后进行适当的物质奖励，这样不仅可以美化校园环境，还能使学生的凝聚力得到进一步增强。通过评选“生态文明标兵”等称号，在学生身边树立榜样，通过榜样力量感染每一位学生、班级、组织等。有奖当然也有罚，如果有学生存在破坏环境、浪费资源等行为，就要适当地对其进行惩罚，当然，惩罚并不是最终的目的，而是想要通过这种方式对学生进行生态文明教育，让学生慢慢改善自身行为，让越来越多的学生可以增强生态文明意识、践行生态文明行为；让越来越多的学生能够投入到建设生态文明活动中去，让学生在生态文明活动中形成正确的生态文明观。

（五）改进大学生生态文明观教育方法

方法是人们为了认识世界和改造世界，达到一定目的所采取的活动方式、程序和手段的总和。大学生生态文明观教育的方法则是指为了实现教育的目标、传递教育内容，教育者对大学生所采取的思想方法和工作方法。它贯穿于整个大学生生态文明观教育活动的全过程，是整个活动的关键一环，并制约着教育活动是否具有吸引力、影响力以及最终的教育效果。

1. 正面灌输教育法

正面灌输教育法是指教育者有目的、有计划、有组织地向大学生进行生态文明理论知识教育，逐步引导大学生树立科学正确的生态文明观念的方法，主要以课堂教授为主。大学生的可塑性较强，加上各种思潮混杂于社会，如果不通过正面灌输的形式对大学生进行教育，那么很难保证他们能够自觉地学习并形成科学的生态文明观。一旦他们受到错误的思想的支配，便会使他们在生态实践中采取错误的行为。值得注意的是，首先，在进行正面灌输教育时，不能采取传统的“老师讲、学生听”的方式，而应该更加注重学生的个体教育需求。其次，正面灌输不能脱离实际，要坚持一切从实际出发，理论联系实际，增加说服力。最后，教育者本身必须具备良好的生态文明素养，思想理论知识不扎实或者现实中言行不一都会给受教育者带来不良的示范效应。

2. 比较鉴别教育法

比较鉴别教育法是指教育者通过比较事物的属性与特点，引出正确的生态文明观点，从而提高受教育者的生态文明思想水平和认识水平的方法。比如，通过比较农业文明时期和工业文明时期的生态环境状况使大学生进一步深刻认识生态环境问题的严重性，并产生一种地球家园能变得更加美好的愿望和憧憬；通过比较当代中国生态文明观和当代西方生态文明观，进行当代中国特色社会主义生态文明观教育；通过比较党的十八大前后中国生态文明建设的巨大成就，使大学生在以后的实践中更加自觉地践行生态文明观，对未来我国生态文明建设充满信心；通过比较大学生自己和生态文明建设先进个人，找出自身的差距，从而增强自身的生态文明素质。通过比较鉴别，有助于大学生更加深入全面地了解生态文明现状、生态文明知识等，同时也能够促使他们查找自身的不足，不断提升自身的生态文明认识水平。在比较鉴别的同时，要注意方式的多样性，增加教育的吸引力和影响力。

3. 榜样示范教育法

榜样示范教育法是指教育者通过生态文明建设领域具有典型、榜样意义的人或事的示范引导、警示警戒作用，教育大学生提高生态文明意识、规范自身行为的方法。首先，教育者必须实事求是，选择现实生活中得到人们普遍认可的榜样，确保教育的正面效果。其次，通过榜样人物作事迹报告、与学生进行现场讨论等方式，增强榜样示范的感染力和说服力。再次，将开展榜样示范活动与新媒体相联系，新媒体已经基本在大学生中普及，充分利用手机媒体、移动电视媒体、微媒体等新兴载体，用大学生喜闻乐见的方式传达生态文明观念。最后，在大力宣传正面典型的同时，也要注重反面典型教育，起到警示作用。

4. 陶冶熏陶教育法

陶冶熏陶教育法是指教育者通过营造一个健康向上的氛围和环境，开展与生态文明相关的文化艺术活动，使大学生在耳濡目染中受到生态文明观熏陶的方法。比如，通过开展生态校园建设、开展环保科技竞赛、环保先进个人评比等方式营造一个生态和谐的氛围，寓教于境；通过带领大学生参观自然景观，可以在无形中激发他们对大自然的敬意和责任感，寓教于情；通过开展歌颂大自然歌唱比赛，寓教于乐。

5. 自我教育法

自我教育法是指大学生自觉地遵照生态文明观教育的目标与要求，主动地接受生态文明科学理论、生态文明思想观念、生态文明道德规范，提高自身生态文明思想认识水平的方法。大学生自我教育状况是大学生生态文明观教育成功与否的内因，它在一定程度上制约着生态文明观教育的效果，教育只有通过大学生自身的不断内化才能成功。自我教育法有利于培养大学生自主学习、反思的习惯，好的习惯会促使大学生生态文明观自我教育的能力逐渐增强，进而更好地指导他们的生态文明行为。

总之，大学生生态文明观教育的方法是由正面灌输教育法、比较鉴别教育法、榜样示范教育法、陶冶熏陶教育法以及自我教育法五个方面构成的，与高校思想政治教育的方法大致保持一致。其中正面灌输教育法是基础，比较鉴别教育法、榜样示范教育法、陶冶熏陶教育法是辅助方法，自我教育法是最终实现教育目标的重要方法。

第四章　责任并行：大学生生态责任教育

第一节　大学生生态责任教育相关概念及理论

一、大学生生态责任教育相关概念

（一）生态责任

1. 责任与生态责任

责任，《汉语大词典简编》的解释为："其一，使人担当某种职务和职责。其二，分内应做之事。其三，做不好分内应做之事因而应承担的过失。"由此可知，任职、分内事、因过失而受处罚构成责任的三个具体内容。马克思主义人学认为："所谓责任就是指作为现实的人，基于自己特定的社会角色和在社会实践中形成的行为能力，对自己、他人、社会、自然以及人类完成相应义务以及承担相应后果的法律追溯和道德要求"。这一论断强调了两层含义：第一，在现实社会中，人有其固有的社会角色，依据不同的社会角色承担相应的职责或责任，履职就意味着履行责任。第二，没有履行好社会角色所赋予的责任就要受到道德或法律的惩罚。这是由人的社会属性决定的，不以人的意志为转移。沈晓阳教授认为"责任指由一个人或一个团体的资格所赋予的，并与此相适应的从事某些活动、完成某些任务、承担相应后果的法律和道德的要求①。"同样的，再次指出了人必须要承担一定的社会角色，并积极履行角色职责，这是人的社会属性的要求，否则就要承担相应

① 沈晓阳．责任的伦理学分析[J]. 湖南师范学院学报，2005（3）：9.

的惩罚。这一论断指明履责与问责的有机统一。

对于责任的界定，不同的学者有不同的观察视角。方益权认为："生态责任是指相关主体与环境发生关系时，既要承担环境违法行为产生的不利后果，更要在生态保护与改善中积极承担相应义务，必要时候要承担补偿义务[①]"。此处着重强调了对于环境违法行为的惩罚，指出对于不利后果责任主体要承担补偿义务。十八大以来，党中央在生态环境的保护与治理领域对相关责任追究制度的建立格外重视，一再强调对于生态问题的重视，强调在必要的时候拿起法律武器保护生态环境，对破坏环境并产生恶劣影响的必须终身追责。

综上所述，书中对于生态责任的界定为生态责任有三种含义：在责任主体与环境发生关系的过程中，第一，要明确自身生态责任主体这一职责。自己是生态责任的主体，不是政府，也不是企业，每个人作为自然的一分子都对自然环境有保护的职责；第二，要明确自己分内应做的事，就生态环境而言，个人应节约资源、保护环境，保持环境干净整洁；第三，职责所在没有做好，必须要承担惩罚，严重的甚至要承担法律责任。生态责任首先是一种职务和职责，是行为主体的一个角色界定，也就是说，个体要首先明白自身的生态责任主体这一职责。其次，生态责任是个体对于自然和生态应该做的事情，也就是要明白作为生态责任主体什么应该做，什么不应该做，如何履行自身生态责任。最后，对于没有履行或没有履行好自身生态责任的，应该承担哪些后果，受到何种惩罚。

生态责任一方面需要发挥道德的约束力，是道德责任，是个体主动亲近自然、爱护自然、同自然和谐相处的意念，否则就要受到道德的谴责。另一方面，在当下生态环境问题严峻的形势下，生态责任的另一内涵更应该充分发挥其功效，即对于不履行或没有履行好生态责任的行为主体所进行的惩罚。在特定的社会环境下，应特殊问题特殊对待。当下道德的约束力已不足以约束人的行为，环境遭到越来越严重的破坏，利用法律的强制性来规范人的行为，以适应不断变化的社会环境，这是当下社会发展的紧迫性要求。基于以上所陈列的情况，书中所探讨的生态责任不仅包括对自然的道德责任，也包括不履行或没有履行生态责任所受到的惩罚以及惩罚的具体手段。

---

① 方益权．关于大学生责任教育内容体系的思考[J]. 教育研究，2006，27（6）：5.

2. 生态责任的主体

在过去几十年里，我国的发展是以环境破坏为代价的粗放式经济发展，资源和环境的消耗伴随着经济建设的增长而逐步加剧，我国环境破坏的程度日益加深。那么，生态破坏到底是谁之失？谁应当成为生态责任践行的主体呢？首先，政府生态责任，《中华人民共和国环境保护法》明确提出，“保护生态环境是各级人民政府的基本任务之一”。政府是生态环境保护的倡导者和政策的制定者，肩负着更多的责任和担当。环境的公共共享属性决定了政府在生态环境保护方面起到统筹全局、全面部署的作用。政府生态责任是政府服务职能在生态环境领域的有效发挥和扩展，着重体现了政府为人民服务的宗旨，这是政府的职责和担当。其次，企业生态责任，企业是经济建设中从事经济活动的主体，企业在进行商品生产、为社会提供必要产品的同时也消耗了资源，造成一定程度的环境污染和破坏。因此，企业是政府管理和监督的主要对象。最后，个人生态责任。人是环境消耗主体，自然资源的过度开发和环境污染都是通过个人来完成的，环境恶化是无数个人合力作用的恶果。而且，政府对生态环境的治理和监督需要人去执行，企业生产以及对环境治理采取的各项措施同样也需要人去执行。因此，人是生态环境的迫害者，是个人的生产及消费活动造成了环境的污染。同时，个人又是环境污染的主要受害者，每个个人的生活都离不开一定的环境，环境好坏与个人的健康和利益息息相关。

（二）生态责任教育

生态责任教育并没有很长的发展史，据目前所掌握的资料来看，学术界对于生态责任教育的定义与内涵还处于探讨当中，并且生态责任教育也正处于发展阶段。在可持续发展战略的指导下，环境责任教育不仅限于增强教育者保护环境的知识与技能上，而是上升到了更高的层次，增添了价值观方面的内容。1972 年，卢卡斯（Lucas）就环境教育总结归纳出了环境教育模式——布卡斯模式，被后人广泛运用。通过生态环境教育，使教育对象掌握更多的生态环境知识，了解生态的本质，然后正确看待人与自然的关系是相互影响、相互依存的；通过探索自然，提升教育对象改善生态环境的能力；帮助和引导教育对象去正确认识和对待生态环境，要树立正确的价值观，培养良好的解决生态问题的态度。《21 世纪议程》中曾指出：“向人们提出可持续发展所需的环境和伦理意识、价值观和态度、技能和行为。”由此可见，教育不仅要让教育对象掌握生物、物理等客观环境的理论知识，还要向学习者解释社会环境、经济环境和人类的发展。我们可以基于此试着对生态责任教育进行解释：它指的是教育者基于人与自然和谐共处的理念，为实现人类可持续发展的目标而开展的引导学习者树立爱护和保护生态环境的责任意识教育和行为教育。

生态责任教育是基于生态理念进行的教育，它主要强调对以往人与自然的关系进行改善，认为要想解决生态环境问题，必须通过提升人们的生态责任感这一根本途径。生态责任教育就是通过教育的手段，达到增强受教育者的环保责任感、改善生态文明行为的目的。只要人们形成了正确的生态观，就会在生产、生活中的各种行为上起到一定的约束作用，使以往强制性约束人类行为的成本投入大大降低，使人们的生态文明观内化于心，然后自觉去践行生态文明行为，从而实现真正的可持续发展。

（三）大学生生态责任教育

大学生生态责任教育可以理解为，通过教育从道德和法律方面来帮助学生确立生态责任的意识，养成生态的责任行为，形成生态的责任习惯，使学生成长为敢于承担责任、能够承担责任的主体。把我国新课标中“培养学生的责任意识、激发学生的责任情感、提高学生的责任能力、优化学生的责任行为作为学校德育工作的主要目标”这一目标延伸到对大学生的培养和教育中来，将这一目标贯穿于课堂始终。因此，对大学生生态责任意识的培养、生态责任情感的发掘、生态责任意志的打磨、生态责任行为的锤炼，是当下高等院校推行生态责任教育的主要内容。对大学生的生态责任教育同样要从这几个方面入手和落实。陈绪林认为“教育者要从人与自然相互依存、和睦共处的生态环保理念出发，引导受教育者为了人类的长远发展，养成爱护和维护生态环境系统的生态责任意识和生态责任行为[①]”。发展大计，人人有责，当下的发展是永远不够的，我们人类还应当考虑未来的发展，考虑子孙后代的生存和发展。当下的发展是暂时的，因此我们要正视环境问题，从现在开始，严格要求每个人节约资源、爱护环境，为人类的发展大计付诸行动。

① 陈绪林．论思想政治教育生态价值[J]．中国高教研究，2008（8）：2.

二、大学生生态责任教育相关理论

不管是探讨什么课题，都是需要相关的理论基础作为支撑的，对于生态责任教育的研究也是一样，其理论基础包括很多内容，如我国古代关于生态责任教育的思想、世界其他国家的生态观等。在大学生生态责任教育的相关研究中，这些理论都具有非常重要的价值和意义。

（一）中国古代传统文化中生态责任教育的思想资源

从人类诞生的那一刻起，人与自然的关系问题就已出现。我国的传统文化积厚流光、博大精深，其中也不乏有很多与生态责任教育相关的思想，具有代表性的当属儒家和道家的一些保护生态、尊重生命和自然的思想观念，这些思想为现代生态责任教育的开展提供了很多有价值的思想资源。

1. 儒家生态责任的内容与原则

儒家有很多生态责任教育的相关思想，虽然这些思想没有形成现代人眼中的理论体系，但其中所包含的价值主张都从各个方面对人与自然的关系进行了揭示。在儒家思想中，仁义是非常重要的核心内容，生态责任相关的内容和原则也是基于仁义而建立的，仁义的教育也就是儒家思想中关于生态责任教育的核心。

董仲舒延续了孔子的思想，认为“爱物”是包容在“仁”的怀抱，董仲舒认为“质子爱民，以下至于鸟兽昆虫莫不爱。不爱奚足以为谓仁？”换句话说就是，在董仲舒看来，只是“爱人”算不上是真正的仁，真正的仁是要爱世间的万物。儒家思想内涵在董仲舒的充实下，不仅限于“爱人”的范畴，而是扩展到了生物生态关系这一更加广泛的范畴，使儒家思想具备了与生态责任教育相关的内容。

儒家关于生态责任教育的内容是在和谐的原则下产生的，在人与自然打交道时，二者要和谐共处，要求坚持适度的原则，取物不尽物、取物以顺时。孔子曾教育自己的弟子在面对世间万物时都要有包容的心态，他教导弟子要钓而不纲、弋不射宿，用现在的话来说就是要注重动植物的可持续发展。儒家代表人物董仲舒也非常反对人类肆意索取的行为，认为人类肆意破坏万物，会最终威胁到世间万物的生存，造成自然灾害。贾谊指出“草木不零落则斧斤不入山林”，就是说要对人类的行为进行约束，从大自然获取资源时也要保护好大自然，并且资源的获取要在特定的时段，资源的使用要节约。儒家思想认为，要做到爱物必须与天地合德，与四时合序。

2. 道家生态责任教育的内容和原则

虽然道家关于生态责任教育的思想也没有体现出系统性、统一性，但其思想中的道与德体现了生态责任教育的含义，包含了对人与自然关系的评价。道家思想和强调仁爱的儒家不同，其主要强调的是道与德，这也是该思想的核心问题，它不仅体现了宇宙观，也体现了历史观和价值观，其庞大的内涵不仅包含了人类内部的关系，也涉及自然生态的关系。

道家主张万物的本源是道，万物之所以会产生，也是因为道。万物的奥秘都藏于道中，道是处理人类内部关系的标尺，也是处理生态关系的准绳。在道家思想中，生态责任教育的相关内容是基于老子道论建立的。世间万物都是从道开始的，而具体事物则是以德为依据。道家强调人要以宽容的态度对待别人，要心胸宽广，并以谦虚的态度对待他人。在自然生态关系上，道家同样是这样的主张。比如庄子说："卧则居居，起则于于，民知其母，不知其父，与麋鹿共处，耕而食，织而衣，无有相害之心，此至德之隆也"。这种天地融合的情怀是德之极致。

在道家中关于生态责任教育内容的产生源于对自然无为原则的坚持。这里的自然就是顺其自然的意思，无为则是指不施加外力，其基本原则体现在两个方面：一方面是因任自然，另一方面是不妄加作为。道家认为人不应该以自己为中心，而是要尊重自然，不管做什么事，都不应干预过多，而是要尊重其客观规律，顺其自然的发展。道家还在生态中引入了"慈"，就是要求人们应尊重自然之道，要顺其自然。我们应该尊道贵道，生而不有，为而不恃，功成而弗居，最终使自然和谐，生态也处于平衡状态。对于人与自然的关系，人类必须正确看待，要爱护和保护自然，索取有度，对自己的欲望加以约束。道家思想强调，人要想长期生存下去，必然离不开大自然，人类的生存资料都是从大自然中获取的，但是，在索取时必须有度，要懂得知足，一旦跨越了索取的界限，会适得其反，将自己逼入危险的境地。"甚爱必大费，多藏必厚亡。知足不辱，知止不殆，可以长久"。

我国古代文化中关于生态责任教育的内容历史久远，它来自我国的古代哲学，具有朴素、直观的特点。取物不尽物、取物顺时的思想主张和如今我们强调的适度开发和保护自然资源的思想是大同小异的，都反映了取之有度、维持生态平衡的意识。"天人合一，物我统一"在如今我们对和谐家园的构建、人与自然关系的处理等问题上依然有着很好的借鉴意义，同时也使现代的生态责任观的内涵变得更加丰富，为生态责任教育体系的构建提供了重要的理论基础，对保护和改善生态工作起到了理论支撑的作用。

虽然我国传统文化中关于生态责任教育的思想很多都是具有很高的价值的，但不可否认的是，其也存在一定的局限性，我们在借鉴时应摒除没有用的内容，取其精华部分，古为今用，从而形成适应当今时代发展的生态责任教育思想。

（二）生态世界观理论中生态责任教育的核心主张

“生态学化”这一概念最早的提出者是苏联的生态学家罗西（Rossi），他认为在人类生活的各个方面都应该纳入生态学观，未来发展要想实现科学化，就需要综合运用生态学。后来科学生态化不断发展，生态学的内涵不再局限于学科，而是慢慢演变成了科学性的思想，成了一种思维方法，体现了价值观、方法论的特征。世间万物都处于动态平衡的状态，在世界观的发展中，科学生态学起到了思想框架的作用，二者共同构成了生态世界观理论，该理论弥补了旧世界观的缺陷，将生态学理论作为指导思想，以艾根（Eigen）等人主张的复杂性科学为基础，以波姆（Bohm）的隐秩序理论、拉兹洛（Laszlo）的系统哲学为价值观概括，在卡普拉（Capra）等人东西方文化的互补统筹中建立的。

生态世界观关于世界的认识是：世界是一个整体，由相互联系的复杂关系组成，世界上的万事万物都是存在联系的。世界是一个有序的整体，始终处于动态变化的状态，复杂联系并没有使世界变得混乱，反而呈现出了一种宏观上的有序状态。人类的意义与价值也体现在自然整体生产生活的过程中，存在于自然整体的进化中国。对于生态世界观来说，系统性、生态性、综合效益等属于其核心的词汇。

第二节　大学生生态责任教育构成、目标原则及意义

一、大学生生态责任教育主客体构成

（一）大学生生态责任教育的主体是高校教师

教师是大学生生态责任教育中最主要的教育主体，由学生辅导员、各学科教师、学校管理人员组成。辅导员的作用主要是对学生的思想、生活等

方面产生影响，通过宣传生态知识、培养学生生态生活和消费方式，从而提高学生的生态责任感。学科教师则是将生态责任渗透到所教授的学科知识当中，把一些客观具体的生态知识、生态问题、相关政策等融入学科知识中，如在地理课上，就可以利用地理环境、人文风光对学生进行生态责任教育，激发学生对祖国河山的热爱之情，了解自然对于人类的重要性，使学生对自然的保护意识增强。在历史的相关教学中，可以通过对历朝历代的人口资源情况、环境情况进行对比分析，让学生了解不同历史时期生态环境的变迁。学校管理人员的主要任务就是营造良好的校园生态环境，通过教学设施、制度的制定、校训的宣传等方式培养学生的生态责任感。在大家的共同努力下，开创一条生态教育的新思路，合力进行生态责任教育，使大学生慢慢养成良好的生态保护意识和行为，为和谐、美好校园的构建贡献自己的力量。

（二）大学生生态责任教育的客体是在校大学生

大学生是大学生生态责任教育的客体，这一群体和中学生、小学生以及社会特殊人群有着一定的区别。相比于中小学生而言，大学生已掌握一定的生态知识，在生态问题的处理上也有着一定的经验，他们在思考生态问题时，可以从生态经验的视角出发，对生态问题做出理性地分析。大学生的思维较活跃且具备较强的理解能力，面对新鲜事物时，接受起来比较容易，而且还能产生独到的见解，可以做出独立的思考和判断。同时，中小学生往往只能感受到一些短期及局部的问题，并不会像大学生那样具有长远的眼光，能够对未来世界的发展进行深度的洞察和感悟。大学生可以站在宏观的角度看问题，具有一定的知识和能力基础，同时自学能力也比较强，能够为以后的生态文明建设和和谐社会建设做出很大的贡献，相比于一般的社会人来说，大学生构建未来美好生活环境的热情更容易被激发出来，他们积极乐观，对未来的美好世界充满向往。社会大众由于社会功利思想的浸染，面对生态环境问题时，容易从自身利益出发。

二、大学生生态责任教育目标与原则

（一）大学生生态责任教育目标

当代大学生生态责任教育的目标是：提高大学生的生态责任心和生态素养，具体来说就是提高大学生关于生态知识的认知，增强大学生的情感体验，使大学生养成良好的生态习惯，增强大学的生态实践能力等。

1. 增强大学生生态环境责任的情感体验

观念的形成总是要经历一个复杂的发展过程，在形成认知后会产生情感体验，然后再到意志的形成，最后进行行为实践，在此过程中，情感属于第二层级。随着个体对客体的认知越来越深入，主体会把客体和自身的情况联结在一起，然后产生价值判断，这个价值判断其实就是我们所说的情感。对于生态环境责任而言，其情感的体验产生于对生态环境知识的认知，并在此基础上不断深化和发展。情感体验是生态责任意识产生过程中的催化剂，通过情感体验，内在主体会和外在自然环境建立联系，然后在此基础上形成生态责任意识，最终进行生态实践。情感体验可以促进大学生对于生态知识的认知，使大学生懂得尊重生命、热爱自然，并且产生和大自然和谐相处的正确观念，最终养成良好的行为习惯。也正是因为这样，强调对大学生情感体验的培养，才会成为大学生生态责任教育中的一个关键目标。

2. 培养大学生养成良好的生态习惯

心理学认为，不管是何种习惯的形成，都是从不自觉行为向自觉行为转变的。起初的不自觉行为需要在外力作用下完成，然后经过多次的强化，最终形成了条件反射。转变成自觉行为以后就需要主体的意志来支配，通过内部的反复监督，最终将该行为内化为一种本能，这种本能也就是我们所说的习惯。在生态责任行为中，生态习惯势必是比较稳定的一类习惯，这种习惯形成的基础是对生态知识的认识和对生态责任的情感体验，在生态实践的巩固下，使行为更加深化，情感也更加固化，最终产生行为运动模式，该模式就是习惯。要想养成一种习惯，少不了意志的约束，也少不了对实践的不断强化。只要大学生能够养成好的生态习惯，就会在以后的生活中自觉践行生态文明行为，同时，还会反作用于社会，带动社会公众的生态意识，从而推动生态的平衡发展。

3. 提高大学生生态责任实践的能力

生态实践能力就是理解、消化、使用以及发展生态知识的能力，具体来说包括生态活动参与能力、生态环境研究分析能力等。生态实践能力是生态责任教育的立足点，也是对认知、情感体验等前几个层级的继续发展，对于生态环境知识的认知程度和多少、情感体验的丰富度、生态习惯的坚守都是其实践能力提高的基础。对大学生进行生态责任教育，提升大学生相应的实践能力，然后让其将自己的这种能力应用到社会实践中去，从而引领社会生态新风尚。

（二）大学生生态责任教育原则

原则是指个体所依据的基本准则和要求。大学生生态责任教育，应该在一定目标的指引下遵循原则，逐步推进，提高大学生生态责任感。

1. 与时俱进性原则

大学生生态责任教育是时代性的热点话题，对此，身为受教育者，大学生必须时刻牢记与时俱进的原则，这一原则充分体现了生态责任教育的时代性，在如今这个特殊的时代背景下，生态问题已经成为全球都必须严肃对待和解决的重要问题。自 21 世纪以后，人类物质、技术的飞速提升使整个世界发生了翻天覆地的变化，这是以往任何一个时代都无可比拟的。生产力的发展使人们获得了巨大的财富，但是，随之而来的还有日益严重的生态问题，我们无节制的行为使大自然不得不面对毁灭性的破坏，能源的大量消耗造成了能源的日益枯竭，对人类的发展产生了阻碍。同时，生态环境的恶化也为人类带来了生态灾难，全球变暖、土地沙漠化等问题为人们敲响了一记响钟，面对日益严重的生态问题，生态责任教育便成为新时代的产物出现在人们的视野。生态责任教育内容的内容非常丰富，随着时代发展，其内容也不断被充实，如我们所倡导的人地平等生态观念、理性消费等都是随着时代的发展而增添的新内容。同时，其教育内容也会随着时代的变迁而衍生一些新的理念与观念。在生态责任教育，也要牢牢抓住时代发展的因子，将教育内容和时代背景结合，使受教育者的责任感不断增强。此外，在教育方法上也要讲究时代性，如今，网络技术、多媒体技术等先进技术都已发展得非常成熟，生态责任教育就可以灵活运用这些技术手段使教育的实效性得到提高，促使生态教育更好更快地发展。

2. 实践性原则

在生态责任教育中要坚持实践性原则，具体来说就是要把生态责任教育和社会生活联系在一起，将提高学生认知和培养行为习惯相结合，使大学生做到知行合一。对于大学生这一特殊群体来说，理论与实践的结合是非常重要的。因为在其行为的发展过程中，非常容易出现言行不一的情况，他们可能道理都懂，嘴上说得也很好，但是在实际生活中却无法做到。如果教育脱离了实践，就只会成为空谈，从而失去开展生态责任教育的意义。要想对生态责任教育的成效进行检验，就少不了实践这一终极标准。因此，在教育教学过程中，必须重视对学生实践行为的引导，使学生养成良好的行为习惯，让学生主动参与到社会服务活动中去。只有经过了具体的实践，大学生对于生态责任的情感体验和积极态度才能被激发出来，促使大学生将自己所掌握的生态知识向理论转变，最终形成一种责任感。在生态责任教育中，要始终坚持实践性原则，让学生真正参与进去，通过各种实践对如今的生态问题有一个正确且理性的认识，从而增强自身的责任感，自觉去保护我们赖以生存的家园。

3. 渗透性原则

在生态责任教育中还要始终坚持渗透性原则，也就是说，在具体的教育工作的开展过程中，必须对人的复杂性的思想予以重视，然后结合各项具体工作，将生态责任教育的内容渗透至大学生学习生活的方方面面，这是一个循序渐进的过程。渗透性原则有着非常重要的作用，首先，遵循这一原则，可以促进学校的各项人员都能参与到生态责任教育活动中去，从而产生一种教育合力；其次，通过渗透性原则可以使生态责任教育在不知不觉中影响大学生的生活，让学生及时对生态责任有一个全面的了解，然后发挥教育效能，做到有的放矢；最后，渗透性原则符合教育社会化的要求。通过中介的作用以及网络的联系，生态责任教育不仅只是显性的直接教育，而且也带有隐性的渗透教育的特性。通过对图书馆、社团、实践基地、校园文化等各个方面的充分利用，让学生了解目前全人类正面临着十分严重的生态危机，然后在实际生活中了解生态责任的具体要求，通过具体的实践来感悟生态责任的真谛，从而在成长道路上自觉增强自身的生态责任感。

三、大学生生态责任教育意义

（一）对国家层面的意义

党的十八大提出建设美丽中国，这也是我国首次将生态文明建设提升到了历史的新高度。十八届三中全会强调要用制度来管人，要按照法治来办事，这样才能建成美丽中国，才能为我们的子孙后代留下一片蓝天和碧水，实现中国人民的绿色中国梦。建设美丽中国一定要遵循生态的自然规律，维护好人与自然和谐共处的局面，促进两者共同发展，要对我们赖以生存的大自然心存敬畏之心，推动可持续发展、人与自然和谐共存的终极目标早日实现。

要想推动建设美丽中国这一伟大构想早日实现，就要通过生态责任教育这一有效手段。从建设美丽中国的角度推动我国的生态文明建设，从而构建保护资源、节约能源的结构战略，十八届三中全会提出要以建设美丽中国、绿色中国为目标，深化体制改革，健全生态文明建设的相关制度，早日形成人与自然和谐发展的新局面。要求对大学生加强生态责任教育，使大学生在思维和行为上都增强生态责任感，落实建设美丽中国的重要战略。促进生态文明发展的科学性与合理性，将科学发展作为重要的发展方向。建设美丽中国必须开展生态责任教育，这与我国社会主义现代化建设有着直接的关系，同时对于人类的可持续发展也有着重要的作用。因此，只有高度重视生态责任教育，才可以使生态环境所造成的新问题、带来的新挑战得到有效解决，从而早日实现经济社会发展的可持续性和平衡性。

（二）对教育层面的意义

目前我国正处于改革的重要阶段，面对瞬息万变的新形势，大学教育也随之发生了巨大变化，呈现出新的规律和特点，为此，针对大学教育理论的科学性与丰富性也提出了更高的要求。随着生态责任教育的开展，为高校教育改革增添了新思维和新理念。生态责任教育把人与自然的关系进行了扩展，要求人类要主动肩负起对生态环境保护和改善的责任，说明人类思维有了很大的进步，得到了更加理性的自我完善。大学生在接受了生态责任教育以后，要主动承担起自己应尽的责任，善待人类赖以生存的自然，通过自身的能力和责任感，创造性地维护生态平衡，对于人与自然的关系，要树立平等意识，由此可见，生态责任教育为大学教育改革增添了新的内容，使其获得了更开阔的思维视野。生态责任还蕴含着理性、辩证的哲学观和价值观，这也是大学教育必不可少的重要内容。在大学教育中引入生态责任教育，不仅使大学教育具有了创新性的理念与思维，对于大学教育以后的创新性改革也有着一定的促进作用。

（三）对大学生发展的意义

21 世纪是知识经济的时代，在这个新时代里，对于大学生的素质有了更高的要求，大学生既要掌握扎实的专业知识，也要具备一定的综合素养和对社会的责任感。生态责任就是对自然、对社会、对人类的未来发展负责的正确理念，增强大学生的生态责任感不仅有助于全面提高大学生的整体素质，对于大学生的健康发展也有着一定的积极作用。

自1978年以来，发展生产力就成为我国发展的根本任务，一切努力都是为了经济建设，这也使得我国的经济得到了空前繁荣，但随之而来的就是资源的骤减、环境的恶化。目前，我国的环境问题十分严峻，森林、草原的面积正在不断缩减，土地荒漠化、水土流失的情况也越来越严重，很多动植物都面临灭绝的险境，珍惜资源日益枯竭，土壤、空气、水的污染情况也非常严重。此外，由于生态平衡被打破，洪涝、干旱、沙尘暴等自然灾害更加频繁，为人类带来了非常严重的灾难。大学生对于生态保护没有基本的责任感，缺乏生态危机意识，面对我们所生存的日益恶劣的环境，必须重视起生态环境这一重要问题。现阶段的大学生基本上都是“90后”或者“00后”，他们从小到大所接受的教育涉及生态方面的知识不多，因此其生态素养是非常欠缺的。国民是否具备一定的生态素养和责任感，也是这个国家和民族整体素质好坏的体现，同时也是对大学生素质进行衡量的标尺。要想成为一个合格的大学生，除了要具备专业知识以外，还要有基本的生态判断力和对人类未来发展的责任感。生态素养的更高层次的智慧，是体现大学生全面发展的重要内容。大力推进生态责任教育，是促进大学生全面发展的必由之路，也是衡量其自我发展的重要标准。

第三节　大学生生态责任教育近况分析及策略

一、大学生生态责任教育近况

大学生生态责任教育的研究，就要分析大学生生态责任教育效果，了解近年来高校生态责任的现状和已经取得的成就等。只有这样，才能找出更好地实施生态责任教育的策略。

（一）调查问卷的设计

通过调查问卷的形式获取大学生生态责任教育效果数据，对数据进行处理、分析，从而展开研究。

1.调查对象

在贵州省范围内随机选取三所高校分别为A、B、C三所院校，根据文理工科的分布分别发放一定量的问卷进行问卷调查。此次问卷总共发放 600 份，三所高校各为 200 份，每所学校线上线下各为 100 份。将无效问卷剔除后，总共回收有效问卷 562 份，有效率约为 93.67%。

2. 调查方法

每所学校确定一名问卷发放回收负责人，负责样本选择、问卷发放与回收。

对于问卷的发放，要力求抽样具有代表性，为了保证样本能够认真填写问卷，对参与问卷作答的学生给予一定的物质奖励。调查数据采用 SPSS19.0 进行统计与分析。

除发放问卷以外，随机抽取部分学生进行访谈，力求创造轻松的谈话氛围，了解学生对大学生生态责任教育的认知与看法，访谈法具有情境性，通过与被试者深入交流，更容易获取其真实观点。

3. 调查问卷的设计

调查问卷共有四个部分，分别针对大学生生态责任意识、生态责任意识到生态责任行为的转化、大学生对学校生态政策的了解情况以及周围环境对大学生生态实践的作用和影响。意识是行为的先导，因此，关于生态责任意识的题目最多。同时，生态责任行为是生态责任意识教育的落脚点，也是生态责任教育的归宿，更是本章节需要去深究的地方。生态责任行为的履行仅仅靠意识的能动指导作用是远远不够的，更需要相关的奖惩措施，用制度的力量去约束人的行为，指导将行为准则内化为自身的行为习惯。环境对一个人的行为选择也起着重要的影响作用，在特定的环境下人们做出的行为选择会具有偏差性，调查显示，在一个环境整洁的场所，一部分想随地扔垃圾的人迫于环境的影响会选择不乱扔垃圾。因此，更深入地探究大学生生态责任教育现状和水平，了解责任行为背后的深层次动因，找出当下责任教育的问题所在，是本书的宗旨。本书根据生态责任教育的内容，抽取部分在校学生进行了调查。调查问卷的四个部分分别各有侧重，问卷共 25 道题目，生态责任意识是基础，因此针对这一项的题目有 13 道；生态责任意识到生态责任行为的转化是关键，针对这一项的题目有 6 道；政策法规是保障，针对这一项的题目有 3 道；环境熏陶是补充，针对这一项的题目有 3 道。

（二）大学生生态责任教育调查结果

1. 大学生生态责任教育效果的整体水平

25 道题目的选项都按照大学生生态责任教育效果的强弱来设计，选择 A 项的为强烈，选择 B 项的为一般，选择 C 项的为较弱。强烈表示大学生生态责任教育的效果达到了应有的水平，学生能够做到知行合一，积极履行生态责任，有较强的自我约束力。一般表示具备一定的生态责任意识，但缺乏与其匹配的生态责任行为，属于他律型，自主性有待提高，需要他人的监督。较弱表示学生的生态责任意识比较低，需要加强学习。通过对 25 道题目中 ABC 选项的统计，得出大学生生态责任教育的整体水平分布，调查结果见表 4-1。

表 4-1　大学生生态责任教育整体水平分析表

内容＼强度	强烈	一般	较轻
生态责任意识	43.51%	37.05%	19.44%
执行转化能力	37.1%	49.02%	13.88%
政策奖惩了解	24.93%	51.25%	23.82%
环境影响	19.94%	34.69%	45.37%

如表 4-1 所示，多数大学生都有一定的生态责任意识，但总体上还处于被动阶段，在容易受到外界影响的同时也需要外界的监督。这离学校和社会要求的大学生要积极主动地承担生态责任还有一定差距，需要学校针对不同问题进行解决。

（1）大学生生态责任意识方面

在大学生生态责任意识方面，大学生中存在对自身责任意识认识状况盲目乐观的现象，当被问到“您认为对自身生态责任的了解程度”时，53.24% 的同学选择很了解，33.2% 的同学选择一般了解，只有 13.56% 的同学选择不了解，数据显示（图 4-1），大学生对自身生态责任是有一个较为清晰的认识的。但是，在被问及“对于生态责任主体的选择”时，只有 37.07% 的大学生选择生态责任教育的主体是企业、国家和个人的事，环境也需要共同维护，而认为是国家的事，需要制定相关政策的占到 43.47%，19.48% 的大学生认为生态责任的主体是企业，谁污染谁治理，企业生产污染了环境，因此生态责任的主体应该是企业（图 4-2）。另外，在问及“大学生生态责任教育内涵的了解程度”时（图 4–3），31.54% 的学生选择很了解，39.35% 的学生选择一般了解，29.11% 的学生选择不了解。以上三组数据表明大学生对于自身对生态责任意识的认知程度存在盲目乐观，当问及具体细节时，大学生的选择却并不像他们以为的那样乐观；其次，数据表明，大学生虽然有一定的生态责任意识，但他们的意志力不够坚定，容易受到同学和周围环境的影响。在被问及“您是否会主动向身边人宣传环保知识”时（图 4–4），52.36% 的学生选择会主动向身边人宣传环保知识，31.4% 的学生选择偶尔会，16.24% 的学生选择不会宣传，这一数据表明相当多的大学生有主动宣传环保的意识。但是，在被问及“有人乱扔垃圾、浪费资源时的态度”时（图 4–5），只有 21.0% 的学生选择很气愤，会主动劝解，高达 67.05% 的学生选择很气愤，但不好意思主动去劝解，还有 11.95% 的学生选择不太在意，事不关己。三种选择代表了三种态度，绝大多数学生在看到乱扔垃圾浪费资源的现象时都表示很气愤，但能去主动劝解的却为数不多，这与在上一题目中绝大多数学生会主动宣传环保知识的结论十分不符，这表明大学虽然具有一定的生态环保意识，也能够意识到自身的职责所在。但当需要他们在实际行动中去维护环境、宣传环保时，他们却退却了，并没有坚定的意志力去维护自己认为正确的东西，容易受到周围环境的影响。

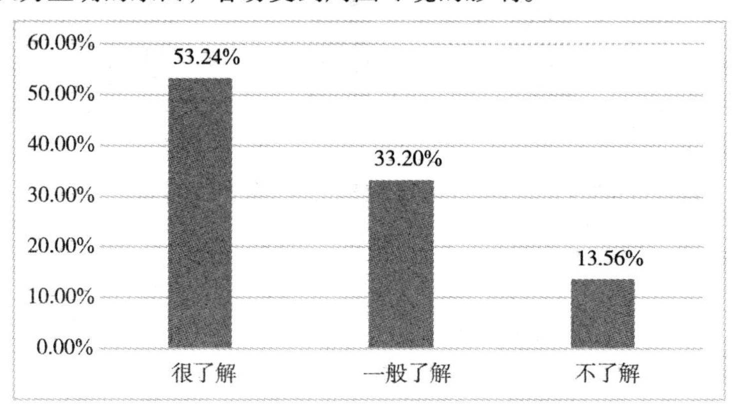

图 4–1　您认为对自身生态责任的了解程度

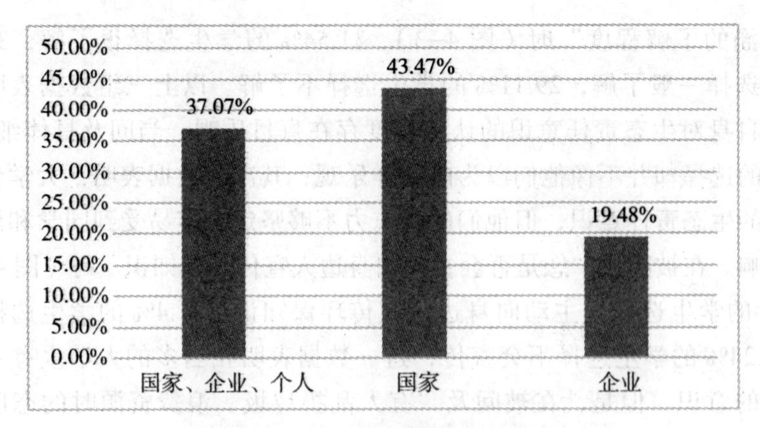

图 4-2 对于生态责任主体的选择

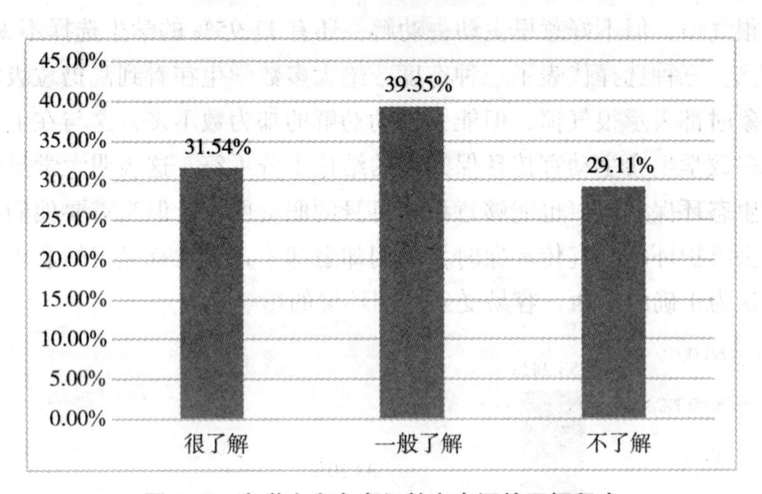

图 4-3 大学生生态责任教育内涵的了解程度

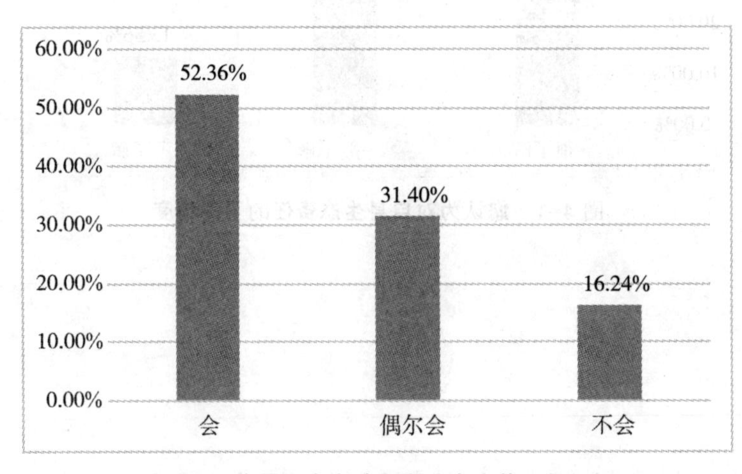

图 4-4 您是否会主动向身边人宣传环保知识

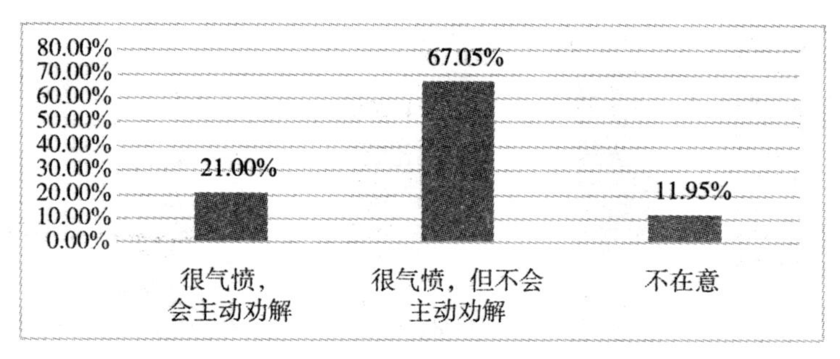

图 4-5　有人乱扔垃圾、浪费资源时的态度

（2）在意识到行为的转化层面

首先，学生们都能意识到知行转化的重要意义，但在具体的实践中还是具有随意性，不受生态责任意识的约束，而是受自身主观意识的影响。在被问及“在外就餐是否会按需点餐、避免浪费”时（图 4-6），73.87% 的大学生选择会按需点餐、避免浪费，但其中仅仅有 26.3% 的学生认为避免浪费是我们每个公民的职责，会严格要求自己，有 47.57% 的学生认为会，但点的时候把握不住量，会有浪费的现象，另外的 26.13% 的学生认为难得出去吃饭，还是随心所欲一点，不太会考虑避免浪费的事情。这表明大学生对于自身生态责任虽有认识，但意志还不够坚定，不能完全按照自己的意志去指导实践活动。其次，大学生在自身履职方面缺乏自律，部分学生甚至需要社会和公众的监督。在被问及“附近没有垃圾箱，您手中的垃圾会如何处理”时（图 4-7），仅有 23.05% 的学生选择自己保留，随后扔入垃圾箱，有 58.25% 的学生选择会丢在路边脏乱的地方或不显眼的地方，超过调查人数的半数以上，有 18.7% 的学生选择没人看见就扔在地上，这一数据说明大学生在生态责任知行转化过程中缺乏自律性及主动性，这也进一步说明大学生的生态责任意识不够坚定，因而不能指导实践朝着正确的方向发展。当然，外在约束力是需要一定的执行政策，能够在初期帮助学生养成稳定的行为习惯。习惯成自然，习惯的养成需要外在约束力，通过外在约束作用培养学生良好的习惯作用是十分明显的。

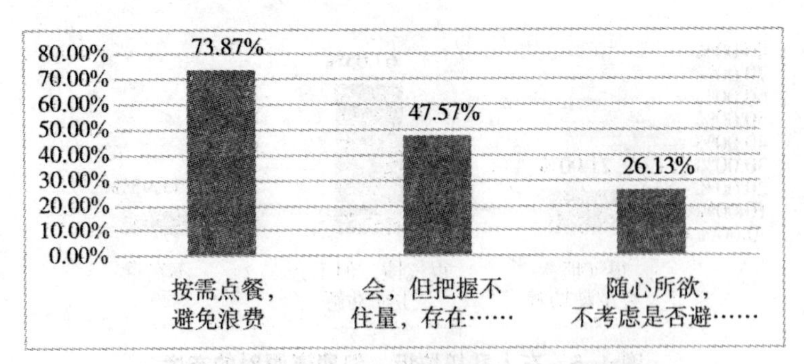

图 4-6　在外就餐是否会按需点餐、避免浪费

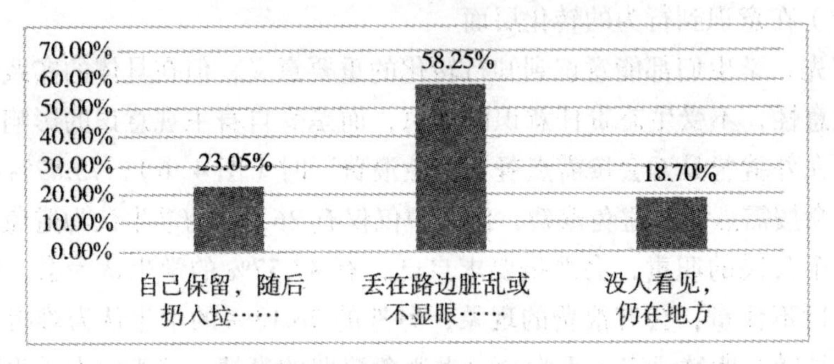

图 4-7　附近没有垃圾箱，您手中的垃圾会如何处理

（3）在政策措施的了解和执行方面

虽然绝大多数学生对于政策措施的了解和执行选择了强烈和一般，分别占到 24.93% 和 51.25%，仅有 23.82% 的学生对于政策法规的了解和执行能力较弱，但是，在具体的实践活动中却差强人意。一组“你会用法律武器同破坏环境生态的行为做斗争吗”的调查中（图 4-8），47% 的学生选择会，保护环境是每个人的职责所在。18.5% 的学生认为不一定会，因为这样做会给自己惹麻烦。还有 34.5% 的学生选择不会，涉及法律的事情会很麻烦，不想惹麻烦，毕竟事不关己。这一数据表明大部分学生认为自己能够拿起法律武器同破坏环境的行为作斗争。但当被测到“当您看到某单位排放废气废水时，您的态度”时（图 4-9），仅仅有 9.7% 的学生选择自己会向有关部门反映，绝大部分学生会很气愤但不会主动向有关部门反映，占到总被测人数的 72.46%，另外，还有 17.84% 的学生不太在意，认为工厂生产很正常。大学生确实反对破坏环境的行为，并且有拿起法律武器同其做斗争的意识。但是，当落实到具体行动上，学生则表现出了动摇甚至退却，不能把这种意识真正落实到实践中。

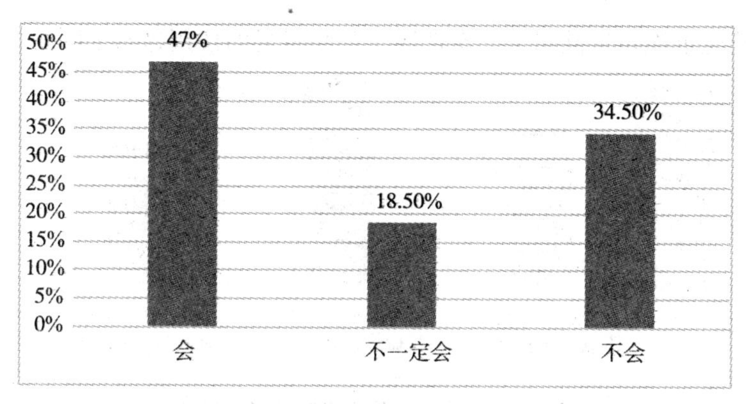

图 4-8　你会用法律武器同破坏环境生态的行为做斗争吗

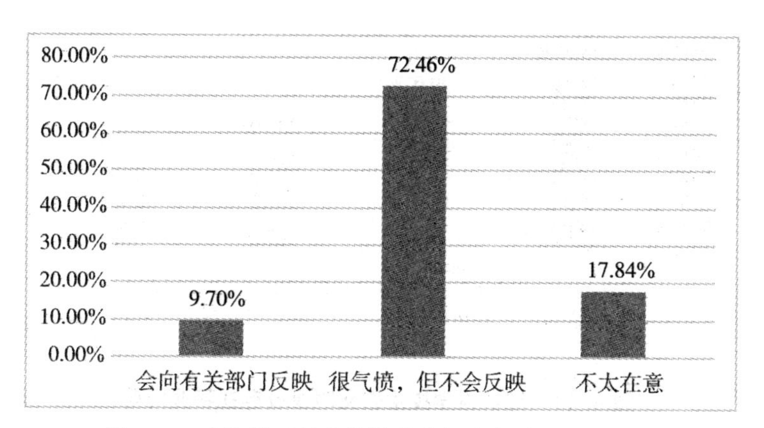

图 4-9　当您看到某单位排放废气废水时，您的态度

（4）在学校的环境影响方面

首先，学校环境卫生有待改善，好的环境是学习的保障，同样，环境也是生态责任教育的一部分，在干净卫生的环境中生活，学生也会不由自主地被环境所熏陶和感染。但是，在一项“您对学校生态环境是否满意”的调查中（图 4-10），31.4% 的学生对自己的学校生态环境很满意，认为学校环境干净整洁。42.5% 的学生认为学校环境一般，垃圾死角很多，有 26.1% 的学生对学校生态环境不满意，认为学校脏乱现象比较普遍。这表明学校环境建设有待改善。其次，在学校生态环境建设中，“您认为学校生态文明建设存在哪些问题”中（图 4-11），认为使用一次性筷子和塑料袋是造成环境问题的罪魁祸首的学生占到 29.07%，35.2% 的学生认为是乱扔垃圾造成了学校环境质量的下降，20.6% 的学生选择破坏花草是学校环境治理首先要解决的问题，还有 17.5% 的学生认为学校水电现象浪费严重。因此，在学校环境方面，学校应重视垃圾乱扔与一次性筷子和塑料袋的使用这两个问题。

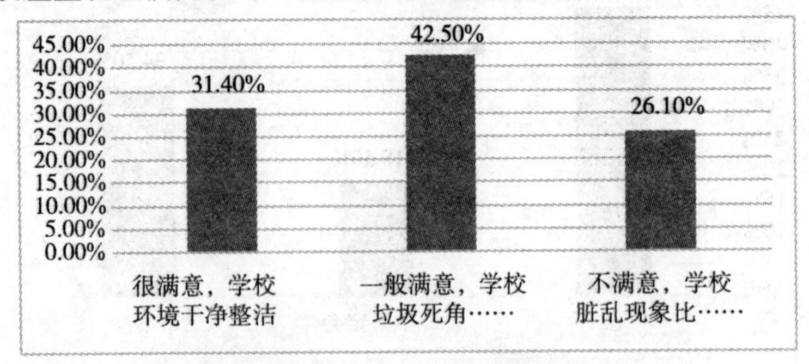

图 4-10　您对学校生态环境是否满意

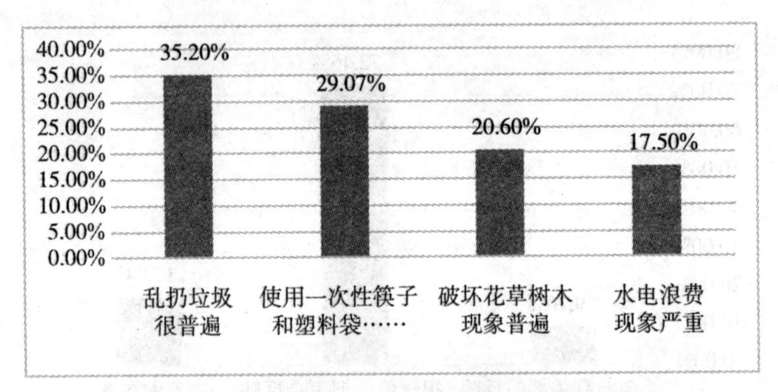

图 4-11　您认为学校生态文明建设存在哪些问题

（三）大学生生态责任教育效果的差异性分析

1. 不同学校大学生生态责任教育效果的比较

如表 4-2 所示，A 院校的生态责任教育效果整体上高于优秀 B 和 C 院校，而 B 院校的生态责任教育效果又高于 C 院校。由此得出，学校层次的高低对于学生的生态责任教育效果具有重要影响，学校层次越高，相对的教育水平也就越高，生态责任教育的效果也会高。因此，学校的整体教育教学水平同学生生态责任意识水平有重要联系，整体呈正相关。

表 4-2　大学生生态责任教育效果学校层次差异表

学校层次 内容	生态责任意识	知行转化	奖惩政策了解	环境熏陶
A 院校	37.45%	34.44%	40.05%	36.57%
B 院校	32.2%	33.67%	30.45%	33.43%
C 院校	30.35%	31.89%	29.50%	30%

表 4-3　对学校开设生态责任教育课的态度分析表

	主动上课	学分	不想上
A 院校	41.26%	39.9%	18.84%
B 院校	30.5%	42.01%	27.49%
C 院校	28.24	18.09	53.67%

如表 4-3，以“对学校开设生态责任教育课的态度”为例，A 院校的学生表示学校生态责任教育相关课程能够主动去上。选择主动上课增强环保知识和选择为了学分上课的分别占到 41.26% 和 39.9%，而选择不想上课、能不上就不上的占到 18.84%；在 B 院校中，选择主动上课增强环保知识和选择为了学分上课的分别占到 30.5% 和 42.01%，而选择不想上课、能不上就不上的占到 27.49%；在 C 院校中，选择主动上课增强环保知识和选择为了学分上课的分别占到 28 .24% 和 18.09%，而选择不想上课，能不上就不上的占到 53.67%。这一组数据表明，学校层次的高低对于学生的生态责任教育效果具有重要影响，学校层次越高，生态责任教育效果也相对越好。

2. 男女性别不同的比较

表 4-4　大学生生态责任教育效果男女差异分析表

性别	生态责任意识	知行转化	政策法规	环境
男	57.64%	39.9%	51.0%	59.49%
女	42.36%	60.1%	49.0%	40.51%

如表 4-4 所示，在生态责任意识方面，男生的生态责任意识略高于女生，占到 57.64%，女生的占 42.36%，通过对部分被测者的访谈得出，男生生态责任意识略高于女生，部分原因是男生理工科的居多，对于环境的重要性有更为清醒的认识，而女生则相对男生来说对于生活更加讲究、更爱干净，因此在生态责任意识方面则有所忽略。

在知行转化方面，女生的生态责任教育效果明显要高于男生，女生对于意识到的东西更容易做出改变，自律性更强一些。男生从知到行的转化需要进一步加强，究其原因主要在于男生对于环境卫生的重视程度明显低于女生。

在对政策法规的了解和执行方面，男女生基本持平，但在一项关于“当看到某单位排放废气废水时您的态度”的调查中，认为气愤并向有关部门反映的男生占到75.43%，女生仅占到24.57%，选择气愤但不会主动采取行动的男生占到35.07%，女生则占到64.93%，两组数据的对照表明，女生对于大学生生态责任教育的相关政策与奖惩措施持肯定的态度，但在具体的实践活动中不会按照自身意志去做，相反，男生在知行方面较女生而言表现出更高的一致性。

在环境的熏陶影响方面，男生表现出比女生更容易受到环境的影响。环境熏陶对男生的影响占到59.49%，对女生的影响占到40.51%。

3. 有无担任职务的比较

表 4-5　B 院校大学生生态责任效果职务差异分析表

职务 内容	生态责任意识	知行转化	奖惩政策了解	环境熏陶
有	52.3%	59.07%	60.73%	52.61%
无	47.7%	40.93%	39.27%	47.39%

表 4-6　C 院校大学生生态责任教育效果职务差异分析表

职务 内容	生态责任意识	知行转化	奖惩政策了解	环境熏陶
有	59%	62.34%	60.4%	49.2%
无	41%	37.66%	39.6%	50.8%

表 4-7　A 院校大学生生态责任教育效果职务差异分析表

职务 内容	生态责任意识	知行转化	奖惩政策了解	环境熏陶
有	50.8%	67.33%	52.04%	53%
无	49.2%	67.33%	47.96%	47%

如表所示，在三类学校中，担任学生干部的学生相比普通学生而言，其生态责任教育的效果整体上略高于普通学生，尤其在知行转化环节，担任学

生干部的同学表现出较高的知行结合能力。因此，学生有无担任学生干部对责任教育效果有正面积极的影响。也就是说，学生干部在知、行各方面的表现都优于普通学生，学生干部拥有更高的责任感。

二、大学生生态责任教育途径

（一）丰富大学生生态责任体验

体验是个体受到了外界刺激以后所产生的真实感受。心理学上认为，体验可以使个体对于外界刺激下所产生的感受得到增强，也可以使个体原有的认识进一步强化，知识认知要想转化成行为，就必须经历情感上的体验，对于生态责任教育而言，提高大学生对知识的认知仅仅是生态刺激冲击，还要让学生经历更多的责任体验，才会对知识的认知进行强化，从而提高大学生的责任感。

1. 增强大学生对自然生态的亲近感

人与自然关系的密切程度是不言而喻的，这样密切的关系不仅是人类生存的依赖、人类对自然的索取与改造，还体现在人类在情感上与自然有着强烈的互通联系，大自然就像人类的母亲无私地孕育着一个个生命，而人类对于大自然也有着难以言说的亲近感，就像我们常说的田园感、故乡情等都是这种亲近感的体现，也恰恰是因为这样的独特情感，使人类对大自然存在敬畏之情的同时，还有着一种天然的归属感。因此，校方要抓住这一点，重视对生态情境的创设，让大学生亲身体验大自然带来的安定与和谐，从而对大自然产生浓厚的亲近与喜爱之情。提高大学生对于自然的亲近感，可以有效增强生态责任教育的实效性。

高校可以规划出特定的生态情境，然后通过教师的引导，使大学生获得全面的感悟体验，从而领略生态的真谛，感悟生命的伟大，并对大自然产生亲近感。比如可以在环境日、地球日等特殊节日设定特殊的主题情境，让学生真正地参与其中，然后再以学生的个性为依据，进行情境的合理设定，从而引发学生内心最本真的情感。还可以根据目前的环境问题对以后的环境进行预测，创设出合理的情境，从而引发学生的思考，让学生珍惜大自然带来的美好生活，与大自然产生亲近感，加强自身的生态责任感。

2. 培养大学生的生态审美愉悦

在人类生活中，生态审美愉悦是非常重要的生命体验，体验生态美可以让人们远离功利的世界，使人们找回初心，回到人与自然的和谐状态。这里所说的体验生态美，并不是简单地领略大自然的美丽风光，而是夹带着人文的深沉的美，如山林中的寺院、江边的亭台、城市的公园绿化等等，这些融合人类文化与自然的和谐之美，充分体现了人与自然的相互促进、和谐交融。

生态审美愉悦是生命的光辉，绿色植物转换光能维护自己的生命，绿色植物又养育着自然生命，在生态体系中无一不体现着生命的活力之美和生命的坚强之美。大学教育应该要求学生深入到大自然的深处，与自然进行心对心地交流对话。比如丰收季节到乡村去感受农民丰收后的喜悦，去辽阔的草原感受风吹草低见牛羊的辽远，去茫茫的大森林感受树木挺拔的震撼，这些都会促使大学生在感受自然之美时体悟到深层次的生态愉悦之美。现在很多高校组织体验旅行的行为可以在此借鉴。学生们背起背包，穿行于大自然的壮阔之中，撑起帐篷，拥抱大自然，感受大自然的神奇伟力。

此外，高校也可以通过对名画、摄影等艺术品的展出使学生获得生态审美愉悦感。比如，《向日葵》可以使学生受到原始生命的冲击；通过我国传统的山水、花鸟等画作，可以感受到自然带给人的娴静优雅，体验自然带来的美好意境。大学生获得好的审美愉悦感，唤起大学生对生态平衡的深度体悟，享受大自然带来的快乐与和谐，从而对大自然产生亲近感与责任感，这是培养大学生生态责任的重要途径。

（二）培养大学生生态责任行为

1. 培养大学生养成良好的生态习惯

良好生态习惯的养成需要长期训练和实践的过程。学校需要通过对大学生生态责任的不断训练，帮助大学生养成良好的生态习惯。

（1）养成依法环保的习惯

高校教育要让大学生群体了解各种环境保护的法律法规，自觉地维护法律法规的尊严，有法必依，监督行为，从根本上养成依法环保的生态习惯。

高校教育应帮助大学生群体了解环境保护相关的法律法规，引导学生学习《中华人民共和国环境保护法》《海洋资源保护法》《水资源保护法》《野生动植物保护条例》等，在法律法规的学习中要辅之以案例，贴近生活实际，使大学生从法律法规的角度认识问题，贯彻环保的生态习惯。要让大学生群体明确、熟悉生态环境保护的法律法规，是做好环境保护的必然准备。熟悉了法律，还要运用到生活之中，大学生要按照环境法律法规的要求约束自己和周边人的环境行为，自觉遵守环境保护的基本制度。开展日常生活中行为的排查，形成依法环保的良好行为习惯，提高自身生态责任。

（2）养成生态的消费习惯

培养生态消费行为，就是要求大学生养成不会对生态环境造成消极影响的消费习惯。这样的消费习惯的准则是满足基本的生态需求，标准是有助于人类的健康及保护生态环境。生态消费方式被大自然的承受力所限，养成生态消费习惯就是要倡导绿色消费，反对追求奢华、铺张浪费的行为。非生态、非理性的消费方式会给大学生的心理造成沉重负担，从而导致爱慕虚荣、盲目攀比的情况出现，必须量力而行，勤劳节俭，树立正确的消费观。

2. 培养大学生的生态责任实践能力

生态责任的知识认知、情感体验，只有转化为具体的生态行为才能使其意义得以实现。生态实践能力是生态责任的落脚点，是对生态知识认知、生态情感体验和生态行为习惯养成的发展，是大学生生态责任的集中体现。培养大学生群体的生态能力，需要从以下两方面着手：

（1）提升大学生生态科研的能力

人们大多认为，生态科研工作是一些学环境学、生态学等特定专业的学生的事，其他专业的学生并不需要为此付出太多精力。其实这样的看法是非常片面的，要知道，世界是联系在一起的整体，生态环境是社会热点问题，从现实性上讲，维护生态平衡需要在行为上做到合理。大学生要从自身出发，充分利用自己所学的专业知识进行相关的生态环境研究。生态环境科研不仅有深度的专业研究，也包括应用研究。只要对某个方面或者是某个环境问题有兴趣，就要开展相关的科学研究，对问题进行深度剖析，从而找出应对和解决问题的方法。

大学生完全可以从自己所学的专业出发，进行生态环境的相关研究，如社会学专业的学生，教师就可以在教学过程中引导他们对人的社会行为进行分析和调查，然后对人与自然的关系进行分析。而对于学习法律的学生，可以让他们从法律的角度来探讨生态环境问题。数学专业、机械专业、工程学专业等都是同样的道理，都可以结合自己所学的专业对生态环境科学进行研究。

（2）提高大学生参与生态实践的能力

实践是检验真理的唯一标准，生态责任相关知识的认知以及所产生的情感体验，只有在经历了具体的实践以后才能体现出其真正的意义与价值。校方必须为大学生提供足够的社会实践机会，让学生通过参与生态实践活动，增强生态责任意识，以便日后更加积极主动地投身于生态文明建设中去。教师在课堂教学之余，还要积极带领学生进行生态实践，可以充分发挥生态教育基地的作用，通过基地设施、环境以及工作人员的共同作用，让大学生沉浸在生态基地活动中去，深度融入生态内部，了解生态是如何运作的，以此来强化对生态知识的认知，增强情感上的体验感，使大学生提高自身的实践能力。

具体可通过以下活动来提高学生参与生态实践的能力：可以让大学生参与生态相关的实践调查，在调查过程中，使大学生深度了解生态的破坏给人类带来的毁灭性危害，从而使大学生的生态责任感得到进一步加强；可以组织学生参与类似于绿化校园的活动，借助一些植树节、地球日等特殊的节日开展一些专题活动，让所有的大学生都参与到活动当中；还可以针对一些与环境相关的热点问题组织一些相关活动，如环境知识竞赛、辩论会、研讨会等，让学生对学过的生态知识得以强化，环保意识得以提升；可以设计一些环保的标语、广告、艺术品、报纸等，提升大学生参与生态实践活动的能力；可以和动物园、社区等进行合作，开展一些环保志愿者活动，让学生担任社区管理员、导游等角色，切身参与到生态城市建设中去，从而增强学生的生态责任感，提升学生的实践能力。

第五章　文化支撑：大学生生态文化自觉培育

第一节　大学生生态文化自觉培育基本概述

一、生态文化自觉的内涵

文化自觉与生态文化相复合，共同构成了生态文化自觉的概念，该概念的形成是伴随社会与时代发展而逐渐形成的一种具有自觉属性的意识。该意识可以引导人们的具体实践行为成为一种自觉行为，包括建设生态文明与解决生态危机问题的实践行为，并在此过程中发挥出一定的功能性作用。因此，将生态文化自觉拆分为三大部分，分别从生态文化、文化自觉以及生态文化自觉三个概念的内涵入手，逐层分解将生态文化自觉概念阐述清楚。在这个过程中，促使大众对文化自觉的特征以及生态文化的精髓有一个较为深刻的认识，并在理论层面为生态文化自觉的概念界定与特征表述提供有利依据。

（一）生态文化内涵

所谓“文化”是指经过人类创作与加工后的一种非自然状态的物质与精神产品。《生态文化辞典》把“文化”定义为：“一个国家或民族的历史、地理、风土人情、传统习俗、生活方式、文学意识、行为规范、思维方式、价值观念等[①]。”该定义分别从制度、精神、物质三个层面对文化进行了详尽的解释，对其适用范围进行了较为恰当的划分。生态文化同样属于文化的一

① 王旭烽．生态文化辞典[M]．南昌：江西人民出版社，2012：154.

种，因此按照生态文化不同的适用范畴将其进行细化，具体包括制度生态文化、精神生态文化与物质生态文化。所谓制度生态文化强调的是国家政策层面对生态文化的一种保护，该保护形式主要体现在国家出台的一系列保护生态环境的政策法规等，具有一定的强制属性；所谓精神生态文化主要是从道德伦理角度出发，强调的是一种正确的生态价值观念，是一种内在约束的体现；所谓物质生态文化主要是指生态文化通过某一物质活动形式进行展示的文化形态，包括那些看得见、摸得着的有形活动与有形场所，这些场所有的是未经人工建筑的自然生态场所，有的则是经过人工建造后期形成的人文生态场所，大学生通过这些场所的实践活动体验生态文化的无穷魅力、践行生态文明。随着生态环境的极度恶化，生态文明的实践活动成为一个比较重要的环节，所以生态文化实践的重要性日益凸显，大学生的实践行为是生态文化意识的“贯彻与落实”，更加强调的是对生态文化的自觉践行与科学规划，是一种具有实践指导意义的行为方式。

所谓生态文化提倡的是人与自然的和谐共处，其中可以用三个词汇来形容这种和谐共处的状态，即平等性、公平性以及和谐性。具体来说，平等性主要是指地球上的一切具有生命的物质都应当具有平等生存的权利，任何生物尤其是人类都不能对其他生物的生存与发展造成威胁与影响，人类不能为了发展经济而肆无忌惮地破坏自然生态环境，导致一些动物或者植物无法正常生长乃至灭绝，这些都是对生态文化平等性的无视与破坏。比如，人类将工业废水随意排放至江河湖海中，造成水中鱼类等生物的生存环境受到严重破坏，此类行为就属于一种生态环境中的不平等现象，这种行为应当受到相应的惩罚与制止。提到公平性主要强调的是一种生态文化“域性”平等的表现，特指国际公平与代际公平。其中，代际公平主要指的是当代人利用自然资源时，应当考虑到后代人是否拥有充足的自然资源以实现人类的可持续发展。同时，仍然要考虑到地球上不同国家之间关于资源的占有与使用情况等，对保护地球生态环境的责任以及自然资源的拥有量进行严格划分，若是无法合理地处理上述问题，那么当地球出现不公平现象时，则可能会产生一系列无法预计的严重后果。当生态环境的平等性与公平性得到科学解决时，便会出现人类与自然生态环境的和谐共生，也就是我们前面所提到的和谐性。这种和谐性源于人类对大自然所具有的敬畏之心，以及尊重自然发展规律的思想与行为。这种和谐性能够通过保护生态环境脆弱区、大量植树造林、与构建绿色屏障打造生态家园等方式体现出来，同时还可以通过对地球资源的科学分配与合理利用得以体现。

（二）文化自觉概念

“自觉”这一概念出现在伦理学中，自律的伦理学注重从自身的规律与德行内在中引申出不同的道德原则，用此类道德原则指引人类的行为。《汉语词典》把“自觉”理解为“自己有所认识而主动去做；自觉感觉到；自己有所察觉。”这里主要强调的是个体所具有的实践行为与思想活动。从哲学角度分析，“自觉”是一种自我解放意识，体现为一种外在的创新与内在自我的发现，是人类在自然进化过程中，通过内在与外在之间的矛盾关系处理中逐渐形成的一种基本属性，反映出这种自觉属于一种自我解放的过程，它在人类社会发展中不断得以完善与升华，最终形成一种具有独特性的人格。可以说，个体人格的形成与文化有着密不可分的联系，正是源于这种文化对个体的熏陶才使得我们所谓的文化自觉得以形成。从学术术语发展来看，“文化自觉”是 1997 年费孝通先生在参加北京大学举办的第二届社会学人类学高级研讨班时“以应对一种世界性的文化转型的发生[①]”而表达的一种文化态度，该文化态度能够对社会文化发展产生一定的指导意义。根据费孝通先生的理解：“文化自觉的意义在于生活在一定文化中的人对其文化有‘自知之明’，自知之明是为了加强文化转型的自主能力，取得决定适应新环境、新时代文化选择的自主地位[②]。”而这里提到的文化“自知之明”强调的是一种文化的自觉领悟过程，领悟文化的实践应用、发展趋势、独具特色、形成过程、发展由来等。

人类社会要想实现持续发展，让人类文化与文明得以延续需要人类的文化自觉，正所谓“文化兴国运兴，文化强民族强。”文化自觉可以推动国家与民族的发展。从学术理论性角度来讲，要想认清文化自觉的实质，就要认识与理解自身文化与多元文化的相关内容，并基于此，了解自身文化在众多文化中所处的地位与实质，这个过程是一个相对复杂的过程，其认知过程具有一定的艰巨性，要想真正实现文化自觉，需要人类不断地探索与努力。认知的艰巨性需要通过文化发展呈现出来，也就是说人类在对已有文化成果以及还未形成的文化成果的批判过程中，不断认清自身文化的本质与所处的发展阶段以及地位，包括非自身文化的缺陷与优势，这一过程需要消耗众多资源，涉及人力、物力、财力以及时间。由此可见，在人类文化发展的艰巨性

① 赵旭东．从文化自觉到文化自信——费孝通文化观对文化转型新时代的启示[J]．西北师大学报（社会科学版），2018（3）：18-29.

② 费孝通．关于“文化自觉”的一些自白[J]．学术研究，2003（7）：5-9.

中还伴随着复杂性，这种复杂性与文化的多地域性、多性质性、多学科性等特点有着密切关系。中国是一个有着悠久历史的文明古国，文化底蕴深厚，想要从众多文化中筛选适合我国新时代发展需求的优秀文化出来并非易事，这就需要具有相关专业学科背景的科学工作者，根据多年的知识积累与经验总结，客观理性地对我国不同文化的属性与类别等进行梳理，并在此基础上实现原有文化的转化，也就是说转化为能够适应当前文化发展需求的文化形式，从而实现一种理论层面上的文化创新，以为文化自觉提供可操作性的培育路径与优质文化资料，形成一种对文化本质发展规律的自觉认知。

（三）生态文化自觉内涵

所谓生态文化自觉就是在文化自觉与生态文化基础上形成的一种概念，其具体内容既涉及已有概念知识，也有超越原有内容的理论部分，它是对文化自觉概念的一种外延，是人类在与自然界接触中形成的一种反思与觉醒，是人类意识到环境危机来临时的一种先知与察觉。单从字面解释，生态文化自觉，将其拆分为两个部分，即生态文化、自觉，通过生态文化自觉、生态文化以及自觉三者之间的关系分析，能够认清其本质。其中，生态文化是生态文化自觉的中心部分，将自觉作为其研究对象，同时将自觉作为生态文化研究的最终目的以及培养状态。因此，生态文化自觉既具有生态文化的内涵与特征，同时也具有自觉的倾向。除此之外，还有学者从静态与动态两个角度出发来阐释生态文化自觉，强调生态文化自觉“在静态上不仅表现为对生态文化的自我认同、对不同国家生态智慧的尊重，更表现为对整个人类生态环境和共同命运的总体认识与美好追求；在动态上体现为一种不断深化和升华的历史过程，是一个历史范畴，有着体现其时代特征的具体内容和价值取向[①]。”从某种程度上来说，该理解方式是吸收了过往相关专家学者关于生态文化自觉的研究精华，并且在坚持动态与静态相结合的原则基础上对生态文化自觉内容的一种阐释，此阐释内容体现出了生态文化自觉的时代特性与历史特性等。然而，需要注意的是，生态文化自觉不仅是对现有与已有自然现象与理论研究的反思与觉醒，同时也是对未来人类与自然关系的一种察觉与先知。新时代下的生态文明强调的是人与自然的和谐共处，而生态文化自觉的首要目标就是对人与自然关系的自觉领会与对和谐共处的本质理解，而

① 王越芬，孙健．建设美丽中国视域下生态文化自觉的生成逻辑[J]．学习与探索，2018(4)：24-29.

生态文化自觉的最终目标则是真正实现在生态环境保护与治理以及生态文明建设中的“和谐共生”。

生态文化自觉推动生态文明建设不断向前发展，是清洁美丽世界与实现美丽中国的关键因素。从人与自然可持续发展的角度讨论生态文化自觉，它是当人类遭受到某种生存危机时，人类对与之相关的文明前景与进程、问题解决方案、问题实质以及真实状况的一种先知与察觉。由于地球是人类赖以生存的唯一家园，保护地球自然生态环境与促进地球的可持续发展是世界各国的共同责任。人与自然的和谐共生与生态环境问题的有效解决，二者之间互为前提，故此，要想培育新时代的生态文化自觉，首先就要求对生态危机的相关理论知识能够有所掌握。同时要对我国生态文化的功能与作用、思想精髓、基本内涵、本质由来与发展历程有一定的科学把握与理性认知，形成一种对生态文化的价值自觉与理论自觉。对于大学生而言，通过高校内的生态文明教育与思想政治教育，使大学生能够对我国的生态文化产生一种认同感与自豪感，并引导其通过对相关知识的理解与掌握，逐渐内化为一种行为准则与规范来指导自己的日常生态文化行为，形成一种自觉性与自主性，促使我国生态文化的自主地位得以确立。总而言之，生态文化理论的创新与发展通过生态文化自觉得以体现，可以说，生态文化自觉对推动我国文化发展与繁荣具有不可磨灭的重要作用，对生态环境的保护与生态危机的解决具有重大意义。

二、大学生生态文化自觉培育的特征

我们将教育过程中涉及的一切要素统称为育，也就是培养教育。大学生生态文化自觉培育是将大学生作为培育对象，将生态文化自觉作为培育的主要内容，把延续生态文化与增强大学生生态文化自觉意识作为培育目的，并通过思想政治课程来实现文化自觉培育目的的一种教育实践活动。这一教育实践活动具有一定的层次性、崇高性、长期性以及实践性。正所谓“知己知彼，方能百战不殆。”因此，要想使大学生生态文化自觉培育工作得以顺利开展，就要全面深入地把握好培育工作的特点。

（一）对象的层次性

大学生生态文化自觉培育对象是大学生。通常来说，大学生是指正在大学校园接受高等教育的在校生，包括研究生、本科生与专科生。从人生的发展阶段进行分析，大学生正处在“接受知识”与“输出知识”的过渡时期，也是各种价值观形成的关键时期，因此，应该深入了解大学生成长成才的发展规律与特点。然而这一时期的大学生，由于受到行为习惯、思想高度、专业类别、知识水平与年龄层次等因素的影响，使得该群体具有一定的层次性，不同个体的接受水平与能力不同，为生态文化自觉培育工作带来了不小的难度。

从年龄层次的角度出发，由于研究生、本科生与专科生存在一定的年龄差异性，根据《中华人民共和国义务教育法》(2018 年修正版)："凡年满六周岁的儿童，其父母或者其他法定监护人应当送其入学接受并完成义务教育；条件不具备的地区的儿童，可以推迟到七周岁。"由此可以推断出，不同年龄阶段的群体所接受的教育内容不同，通常情况下，开始接受小学阶段教育的群体年龄是 6 岁，接受初中阶段教育的群体年龄是 12 岁，接受高中阶段教育的群体年龄是 15 岁，接受专科或者本科教育的群体年龄是 18 岁，接受硕士研究生教育的群体年龄是 22 岁或 23 岁，接受博士研究生教育的群体年龄是 25 岁或 26 岁。因此，能够推断出专科生的年龄层次在 18–22 岁，本科生的年龄层次在 18–23 岁，硕士生的年龄层次在 22–30 岁。正是因为不同年龄层次的学生所具备的知识储量与理解水平存在差异性，才使得这些处于不同阶段的学习群体在思想高度与知识水平方面存在不同。具体而言，部分专科生的知识储备量仍然停留在初中阶段，对专业知识的了解不够透彻与深刻，并且尚未形成正确的三观，而本科生已经进入到了一个相对专业与系统化的知识学习阶段，硕士研究生的研究层次与水平更高，因此，就专业水平与知识储量而言，硕士生与本科生的优势更加明显。然而因为上述群体都仅仅是专注于自身专业领域的学习，均从未涉猎生态领域的专业学习，从这一角度分析增加了生态文化自觉教育的难度。除此之外，由于大学生自身的思想境界与思想高度也存在巨大的差异，并且有时个体的知识水平与学历水平跟个体的思想境界并不处在同等高度，因此，要想知晓哪个群体在接受生态文化自觉教育时的难度较小并非易事。从一定程度上来看，处于不同教育阶段的大学生在面对环境破坏或生态危机时所采取的态度与行为也会呈现出某种差异性，这与部分学生的行为习惯不无关系。总而言之，应当理性认识大学生群体之间的层次性，结合大学生群体的行为习惯、思想境界、知识水平与年龄层次等因素，努力做好大学生生态文化自觉培育工作。

（二）目标的崇高性

生态环境领域国家治理体系与治理能力现代化的实现、美丽中国目标的实现以及生态环境质量的根本好转都与大学生生态文化自觉培育有着密切联系。大学生生态文化自觉培育的目标分为根本目标与基本目标。其中，延续中国特色社会主义生态文化是培育的根本目标，而实现大学生生态文化自觉的培育是其基本目标，根本目标的实现对象是生态文化，而基本目标的实现对象是大学生，无论是从哪个目标出发，其目标的崇高性都是不容忽视的，并且这两个目标始终贯穿于大学生生态文化自觉培育的全过程。

从本质上看，将生态文化作为一种道德理念与价值观灌输给大学生，从而使得他们的生态文化自觉得以不断增强的过程，就是大学生生态文化自觉的培育。正如在《关于加快推进生态文化建设的意见》中就明确提出："要积极培育生态文化、生态道德，使生态文明成为社会主流价值观，成为社会主义核心价值观的重要内容"，反映出生态文化的实质是一种价值观，并不断成为我国的主流价值观。正所谓"民之求，国之策"，在新修订的《中华人民共和国环境保护法》（2018 年）中也明确规定："教育行政部门、学校应当将环境保护知识纳入学校教育内容"，充分体现了新时代培育大学生生态文化自觉的紧迫性和崇高性，也充分体现了时代"生态人"对生态文明建设的重要性。再者，从人类文明发展的视角出发，将我国新时代的生态文化自觉培育的目标设定为实现中国特色社会主义生态文化的延续，是对我国生态文化自觉培育提出的更高要求。自觉从某种角度出发，意味着对旧有事物中积极因素的继承与发扬，以及对消极因素的抛弃，同时也意味着观念的一种创新与革新，意味着对事物与理念的借鉴与吸收。而文化自觉的实质是"各美其美，美人之美，美美与共，天下大同。"所谓"大同美"是对文化未来发展的一种终极样式的界定，通过短短十六字给出人类处理不同文化关系较为透彻与明晰的样式。也就是说，在生态文化研究过程中要求做到以下几点：首先，认清与尊重自己民族的文化，并发展本民族的文化；其次，尊重本民族以外的其他民族文化，并且要认识到不同民族文化之间的关系是相互平等的；再次，在上述两点的基础之上，尊重文化的多样性，并在优秀文化的彼此借鉴与吸收过程中实现文化的统一。因此，从本质上看，生态文化自觉培育的过程就是在生态文化不同流派之间的交流与碰撞中逐渐实现我国文化的大发展与大繁荣，并且在多种多样文化的传播与践行之中实现中国特色社会主义文化的不断延续。

（三）过程的长期性

大学生生态文化自觉培育具有一定的长期性与艰巨性的特点，是需要经过不断努力才能实现的一类教育活动，同时它也是一种教育举措。大学生生态文化自觉是在大力发展生产力用来满足人们日益增长的物质文化需求的同时，又在追求美好的自然生态环境的现实情况下提出的，它要求人们必须认识到保护自然生态环境的重要性，并且具备应对严峻生态危机的能力。与其他学科教育相同，要想使得大学生生态文化自觉培育可以顺利进行，就需要经历教学反馈、实践教学、课堂教学、课程设置、教材编写、师资建设以及学科设置等关键环节，这也充分说明了该项教育活动过程的长期性。

从学科设置角度出发，生态文化自觉作为一门学科，其涉及的学科种类众多，包括生态学、政治学、社会学、马克思主义环境伦理学等，可以说生态文化自觉属于交叉学科研究的一种，然而目前我国生态文化意识的培育主要通过思想政治教育课程得以实现，这一情况严重影响了生态文化自觉研究的学科分类。此外，目前我国从事该领域专业教学活动的教师数量相对较为匮乏，可以准确科学地“深入研究和阐释生态文明主流价值观的内涵和外延，挖掘中华传统文化中的生态文化资源，总结中国环境保护实践历程，努力建设中国特色的生态文化理论体系”的科学研究者相对较少。可以说，专业教师队伍的业务素质与水平直接影响着相关教材编写的水平，尽管目前市面上已经存在关于生态文化教育领域的书籍，但是适用于教学活动的普适性教材仍然不多见。因此，生态文化研究至今仍然无法作为一门独立学科存在，实践教学与课堂教学都成为一纸空谈，大学生学习生态文化相关理论知识也只能通过思想政治课程教材的某一章节得以体现。关于生态文化教育的反馈机制更是无从谈起。实际上在《全国环境宣传教育工作纲要（2016—2020 年）》中已经明确提出要“加强高等院校环境类学科专业建设，根据学校特点有针对性地培养研究型、应用型人才。加强环境类专业实践环节和教材开发力度。鼓励高校开设环境保护选修课，建设或选用环境保护在线开放课程。积极支持大学生开展环保社会实践活动。”用来提高大学环境课程教学水平，从上述内容来看我国目前的大学生生态文化自觉培育仍处于初级阶段，未来还有很长一段路要走。

（四）效果的实践性

将理论转化为实践的最好证明，以及教育活动效果的最好体现，是将静态的知识转化为动态的实践。我国开展大学生生态文化自觉培育这项教育活动的初衷，就是让大学生通过生态文化自觉培育，将相关理论知识内化为自身的思想观念，从而更好地引导自身的生态文化行为，更好地投身于未来的社会主义生态文化建设中去，这些都从某种程度上最大限度地证明了该项教育效果的实践性。只有尊重自然规律，才能有效防止在开发利用自然上走弯路。凡事只有将想法落到实处才能见实效。因此，高校应当加强大学生生态文化实践的引导工作，从而使该项教育真正发挥出其应有的作用。

大学生对生态文化自觉的落实是大学生生态文化自觉培育效果的实践性的具体体现。首先，将文化自觉落实到行为习惯与生活方式方面。大学生在生态文化自觉培育中逐渐形成了绿色消费自觉意识与资源环境国情意识，能够在日常生活中养成节约用水、用电等良好的行为习惯。其次，将文化自觉落实在生态文化产品的创作中。大学生可以多多参与各类与生态文化相关的文创活动，其创意围绕的中心可以是生态文明建设，也可以是生态文化环境保护，这类创意产品要具有一定的引导性与传播性，并且满足人们对于美好生态环境的向往。再次，将文化自觉落实在各种与生态文化相关的日常实践活动中。通常情况下，大学生可以充分利用课余时间参观诸如国家地理博物馆或是与生态文化相关的美术馆、文化馆等，从中获取生态文化知识，开阔视野，同时，也可以到一些生态文化实践教育基地进行体验活动，参与到生态环保活动中去，从而激发出生态文化情感，更好地引导自己的生态文化行为。然后，将文化自觉落实到各类志愿活动中。鼓励大学生积极参与各类校园或社会组织的志愿者服务活动，并在组织中充当重要角色，在具体的实践中，促进彼此共同成长。最后，将文化自觉落实到政策参与中。大学生群体应当充分发挥出自身的公民权利，并积极履行公民义务，有序参与各类环境宣传教育、环境守法、环境执法、环境决策、环境立法等公共事务，确保生态环境保护政策法规地落地生根。正是由于大学生接受了生态文化自觉培育，对生态文化理念产生了坚定的信仰，才使得他们能够真正做到与时代同呼吸、与人类共命运，自愿投身于社会主义生态文化建设中去，从而实现自己的人生价值。

三、大学生生态文化自觉培育的必要性

（一）应对全球性生态危机的理性思考

大学生生态文化自觉培育是解决全球性生态危机的有效途径。众所周知，第二次工业革命使人类社会进入到电气化时代与钢铁时代，这次革命带来的是现代化工业的崛起，钢铁、石油、化工、汽车制造等大型现代化制造业的出现，一方面加快了人类经济发展的步伐，另一方面也带来了许多负面

影响，诸如对自然生态环境的严重破坏。人类在利益的驱使下，不计后果地进行着一系列破坏自然发展规律与生态环境的行为，造成严重的生态失衡现象，具体表现为地球自我修复能力的丧失，环境污染、自然资源的肆意开发利用等，这些都与人类对待大自然的观念与态度有着密不可分的联系。这一时期的人们，一边在毫无节制地享用着地球资源，一边又在对地球资源与环境进行着肆无忌惮地浪费与破坏。这也是为什么有专家学者曾表示"生态危机不仅仅是人对地球表面过度开发的'外部失败'，也是资本主义运行的一个必然结果，是资本逻辑在全球扩张的一个必然结果。"正是源于人类欲望的无限膨胀，与对资源浪费与环境破坏的漠视，才使得人类在今天不得不面对资源的枯竭、环境的恶化、气候变暖等严重问题。

人类行为导致生态危机的出现，而生态危机又给人类生存带来了严重威胁，使得人类的生存环境每况愈下，迫使人类不得不采取措施以应对这一问题。大学生作为未来社会发展的中坚力量，肩负着生态文化建设的重要使命，他们将成为解决生态危机的主要力量。虽然目前生态环境破坏问题已经不是一个国家的问题，并且大多数国家都已在积极研究解决方案，但是由于大学生生活与学习的环境相对封闭，与外界社会的直接接触相对较少，因此无法很直观地感受到全球气候变暖与生态危机所带来的影响，有的大学生甚至还存在着非生态化行为。因此，要借助系统的思想培养与理论学习，唤醒他们的生态文化自觉，使其认清当前解决生态危机问题的紧迫性与重要性，培养他们的生态文化意识，激发他们的生态文化情感，积极践行生态文化理念，为全球性生态危机解决提供专业性的策略与方案，使世界性的生态危机问题得以解决。

（二）推进我国生态文明建设的时代要求

中国生态文明建设需要充分发挥大学生的主体作用。党的十八大以来，在中国共产党的领导下，在人民群众的共同参与和不懈努力下，我国生态文明建设成效显著，如在生态文明理念方面形成了习近平生态文明思想，成为当前和今后一定时期指导我国生态文明建设的重要指导思想；在生态文明实践方面，"三北"防护林、塞罕坝林场、浙江省的"千村示范，万村整治"工程，都起到了良好的生态环境保护效果，得到了世界其他国家的点赞。然而，我们仍需清醒地意识到，我国在生态文明建设方面仍有许多难以解决的问题。比如，环境污染改善效果欠佳与环境污染治理投入成本之间的矛盾，人类不断破坏与生态系统的脆弱性之间的矛盾，环境容量的有限性与人口的不断增长之间的矛盾等。上述矛盾的形成究其原因在于人们环保意识的薄弱，没有清醒意识到生态文明建设与生态文化自觉培育的重要性与紧迫性。

建设生态文明的时代要求是培育大学生生态文化自觉，之所以将大学生作为生态文化自觉的培育对象，是因为他们是祖国的未来，是民族的希望，更是促进人类社会发展的中坚力量，让他们认识到生态文明建设的重要性，更利于他们在未来的生态文明建设中发挥作用，使得人类社会能够真正实现可持续发展，以及人类与自然环境的和谐共生。因此，在对大学生进行生态文化自觉培育时应当让他们充分意识到可持续发展的重要性，在保护自然环境的同时，研究出各种能够正确处理人与自然环境关系的解决方案。

（三）解决社会主要矛盾的客观需要

随着中国特色社会主义进入到了一个全新的发展阶段，我国社会的主要矛盾也发生了相应的转化，由最初的人民日益增长的物质文化需要同落后的社会生产之间的矛盾，转化为人民日益增长的美好生活需要和不平衡不充分的发展之间的矛盾。这一矛盾在生态领域的表现为优美生态环境的供需不均问题。它的出现既是社会进步的体现，同时也是生态文明时代的关键标志。众所周知，从政治经济学的角度看，供给侧结构性改革的根本，是使我国供给能力更好满足广大人民日益增长、不断升级和个性化的物质文化和生态环境需要，从而实现社会主义生产的目的。因此，要想解决这一矛盾就要从根本上解决优美生态环境的供给问题。

解决新时代的生态环境问题需要具有较高生态文化素养的“生态人”。而大学生作为新时代的主力军，毫无疑问地成为生态文明建设的领头羊，他们既承担着环境保护的重要责任，同时也肩负着解决生态危机的光荣使命。这一责任与使命的实现均需要以系统的生态文化理论知识作为支撑，同时要求大学生具备一定的生态文化实践技能，包括环境修复、环境防治、环境保护等方面的技能，此外还要求大学生拥有生态文化意识，让意识去正确地引导其生态文化行为等。要想建设优美的生态环境不仅需要依靠体力劳动，同样还需要复杂的脑力劳动，也就是具备高智力水平，这样才能让他们充分发挥自身的知识与创造力，并为已经遭受破坏或可能遭受破坏的生态环境提供修复与防御的合理建议与实施方案。与此同时，要想建设优美生态环境，需要分别从自然生态环境与人文生态环境两个方面努力。要想保护自然生态环境，首先要对其基本特征与特质有一个基本了解与认知，这样才能使生态文明建设事半功倍；人文生态环境则分别需要从文化学与生态学的特点出发，尽最大可能满足人民群众的需求，而这些都需要系统化的理论文化知识作为支撑，这也正是大学生生态文化自觉培养重要性的一种显现。

（四）实现大学生自由而全面发展的现实举措

社会在不断进步，时代在不断发展，这就要求当代大学生不断解放思想，在时代的洪流中进行具体的创造性劳动，进而促使个体实现自由而全面的发展。我国正在走向生态文明建设新时代，这就要求大学生积极地学习与生态相关的理论知识，不断提升自身的生态技能，增强生态文化意识，这既与大学生的成长规律相适应，同时也符合时代发展的需求。在这个全新的时代，要想实现大学生的自由而全面的发展需通过采取一系列的有效措施，这里就包括大学生生态文化自觉培育，它是大学生在生态文明领域有所获、有所得的主要途径。大学生作为生态文明建设的主力军，应当具备为自由而全面的发展而努力奋斗的决心与勇气，以及具备一定的生态实践的参与能力、生态环境风险的辨识能力，从而获得与提升对生态环境保护法律法规的认同感，使得自身的生态文化自觉得以实现。

从理论层面分析，大学生在高校内所学的系统化与科学的生态理论知识，促使大学生对当前我国乃至全球的生态环境状况、不同国家的生态发展情况以及生态文化等方面有所了解；从生态技能层面分析，大学生通过学校相关生态活动的参与以及生态实践教育基地的体验，可以增强其相应的生态技能与水平，从而更好地为生态文明建设做贡献；从实践层面分析，生态文化自觉培育可以引导其养成更加健康的绿色生产与生活方式。比如，节约用水、绿色出行、杜绝过度消费等，养成相对科学理性的消费观念与生活理念，这样做，一方面能够保护自然环境不受污染，另一方面也能对人类的身体健康起到一定的保护作用。从思想境界层面分析，大学生应当通过生态文化自觉培育，使自己清醒地认识到自然与人类之间的关系，学会如何与自然和谐共生，尊重自然界的发展规律，善待一切地球上的生物，最终实现人类社会的可持续发展。

第二节　大学生生态文化自觉培育内容构成

一、生态文化的理论自觉培育

文化自觉需要以理论自觉为基础，而理论自觉又是理论认识上升至一定高度所形成的一种观念意识，是一种对于自身理论与未来发展的自信体现。与生态文化相关的理论自觉是一种当生态文化认知上升至一定高度时所形成的一种观念意识。生态文化的理论自觉培育主要通过生态文化的形成过程、内容构成、发展现状与未来发展趋势的预测等方面的研究与学习，从而使大学生具备了较为完备与科学的生态文化理论体系。

（一）把握生态文化的形成过程

要想实现大学生生态文化理论自觉培育，就应当让其了解与把握生态文化的具体形成过程。根据因果溯源论，不同时代社会政治经济的发展都与文化形态的形成有着密不可分的关系，不同历史时代有着不同的文化形态，由此推出，生态文化也是一种历史时代的特殊产物。而其产生与发展应与时代发展需求相一致，遵循一般的自然发展规律，在特定的时代构成了其特有的形成与发展过程。

新时代生态文明建设的中心内容是生态文化，它是特定历史条件下的产物。从现实层面分析，自二次工业革命以来，人们一味地追求经济大发展，对地球自然资源肆意开采与毫无节制地利用，带来了许多的资源浪费、环境污染等不良的社会现象，导致人类现在不得不面对资源枯竭、环境破坏、生态失衡等问题。从哲学层面分析，如何处理好人类与自然的关系，使二者能够和谐共生是生态文化研究的中心问题，它之所以在现代被给予充分重视，源于人类已经意识到了生态环境问题的严重性与紧迫性，可以说正是由于日益恶化的生存环境才使得人类开始对自身的非生态化行为进行反思，具体包括对以往不公正国际关系体制、损害生态环境的社会制度、奢侈浪费的生活方式以及以破坏生态环境为代价来发展经济的生产方式反思的结果。正是由于人类意识到自己赖以生存的唯一家园，已经无法再向人类提供源源不断的资源，此时人类才将造成这一难以挽回的局面的原因归咎于人的行为与工业文明。

迄今为止生态文化已经发展成为一种相对独立的思想体系，但是生态文化的发展过程并非随着工业文明的发展顺势而为。这与资本主义自身的逐利性与普及性关系密切，资本主义自身的逐利性无时无刻不在影响着人类的生产方式和消费方式，为了满足自身利益，不断向自然索取有限的资源，但由于当时科技水平的有限性，资源污染和浪费现象严重，人类生存环境也遭到破坏，正如马克思在《政治经济学批判（1857-1858）年手稿》中指出的："只有在资本主义制度下自然界才真正是人的对象，真正是有用物；它不再被认为是自为的力量；而对自然界的独立规律的理论认识本身不过表现为狡猾，其目的是使自然界（不管是作为消费品，还是作为生产资料）服从于人的需要。”因为资本主义自身逐利与反生态属性以及迅猛的发展态势，使得生态文化的发展在某种程度上受到了一定的约束，尽管如此，还是取得了一定的发展，出现了一批马克思主义中国化生态文化思想研究者、“红绿”生态文化研究者、“浅绿”生态文化研究者和“深绿”生态文化研究者，从某种角度看，这些理论研究促进了生态文化的发展。

（二）理解生态文化的内容构成

新时代大学生生态文化理论自觉培育的内在要求是理解生态文化的内容构成。所谓“知己知彼，方能百战不殆。”只有充分理解与把握生态文化内容的具体构成，才能在生态文化自觉培育中实现有序对应，才能使生态文化自觉培育的过程更具针对性、科学性与合理性。因此，要想做好生态文化自觉培育，就要从多个视角出发对其内容进行科学划分，确保在不同的研究方向都能有所涉及，最终实现教学的“针对性”。

多样性是生态文化内容构成的特色之一。根据文化传承规律与历史经验，应该从不同视角划分生态文化。从生态文化发展的角度看，理论学界通常习惯从广义与狭义两个方面对其定义。首先从广义视角出发，按照不同属性对其划分，可以分为行为、制度、精神、物质四个方面。从狭义视角出发，按照不同研究方向对其划分，可以分为生态宗教、生态美学、生态教育、生态科技、生态伦理、生态哲学等，这种划分形式不可避免地会出现重合之处，当然也存在细化部分。这些都是新时代生态文化自觉培育极为重要的。从本质上出发，第一种划分方式属于宏观层面的，它是马克思主义的划分方式，是在解决人类生存问题过程中出现的。一切人与自然关系的活动中创造出来的内容都归于生态文化，具体来说，就是将社会划分为制度文明、精神文明、物质文明等以对应之，从宏观视角向大学生讲授生态理论知识。第二种从狭义视角出发的划分方式更符合学科特点，使研究更具针对性，更容易从学科视角出发来壮大生态文化的研究体系与研究队伍，第二种划分方式更符合当代生态文化自觉培育，可以更加科学、细致与具体地向受教育群体传授相关生态文化理论知识，让他们更易明白生态文化内容的具体构成。

生态文化自觉培育注重精准教学，而教学内容是教学活动的核心，教学精准要求的是教学内容的精准。因此，要坚持方向性原则与精准性原则，狭义层面的划分方式与精细化生态文化方向研究更适用于生态文化内容培育。

从理论角度出发，生态宗教主要涉及西方的研究内容；生态美学则更加重视人造生态环境之美与自然生态之美，这类生态之美可以从一定程度上促进人类的生存与发展；生态教育是指对社会各行各业的群体进行生态文化教育；生态科技是利用先进的科技使生态危机得以解决；生态伦理学是从伦理学的角度出发，对人与自然的关系进行探究，更加关注人对自然环境的影响；生态哲学是从哲学角度对人与自然的关系进行探究的学科，注重运用哲学思维对人与自然的关系进行分析。尽管研究的主要对象与主要内容有所区别，使生态文化出现了较为细化的分类，但是这些生态文化出现的最终目的是一致的，就是如何使生态危机得以解决，为人类提供更加优质的生态产品与优美的生态环境，从本质上看，这也正是新时代大学生生态文化自觉培育的最终目标。

（三）认识生态文化的发展现状

要想做好生态文化理论自觉培育，首先要让大学生认识当前生态文化的发展现状，对生态文化做到心中有数，并在适合的时间节点进行总结与回顾，尤其是对生态文化的发展状况进行深度地把握与概括，既能发现当前研究的忽视点与关注点，又可以发现当前研究的实践契合性所在以及优势所在，从某种程度上促进生态文化的理论研究。从现实角度出发，概括总结生态文化的发展状况，有助于大学生对新时代生态文化的实践状况与研究现状有一个较为全面与客观的认知，可以使大学生对生态文化的发展方向与发展前景有一个更为直观的了解，从而激发出大学生对该领域研究的热情与兴趣。

从理论研究角度分析，目前我国生态文化研究具有多样化的研究方向、丰富的研究内容、突出的生态文化成果，但是精细化程度仍然不够。从以往研究分析，学界关于生态文化的研究内容主要集中在路径选择、现状分析、概念界定等方面，而概念界定又包括文化现象论、意识形态论、生存方式论以及思维方式论；现状分析主要是研究目前在生态政策研究与生态文明教育领域的已有成就；从困境角度出发则集中在操作性有待增强、生态政策科学性与生态文明教育效果不明显等方面；路径选择的研究内容主要集中在行为转变、制度建设、文化构建、意识培养、思想提升等方面。从研究方向角度出发，当前生态文化的研究方向具有多样性的特点，包括文化学、社会学、经济学、伦理学、哲学等不同方面，然而在不同的研究方向上仍然需要再度精细化，比如关于生态美学与生态科技方面仍然存在巨大的研究进步空间。

此外，关于重点集体生态文化与重点人物的研究提升空间也很大。从某种程度上看，生态文化自觉培育要分别从横向与纵向两个方向出发，对大学生开展生态文化自觉意识培育，使其对现有的生态文化知识有一个相对较为全面与精准的认知。

从实践研究角度出发，如何更加高效地将生态文化转化为物质力量是其未来研究的重要方向，有句话说得好，“批判的武器当然不能代替武器的批判”，只有将批判的武器转变为具有可操作性的实际力量，才可以发挥出真正的效用。从现实发展状况分析，当前生态伦理与生态哲学转变为生态美学真正陶冶人们情操的能力、生态科技真正发挥作用的能力，以及转变为人们行为方式与思维方式的能力均尚待提高。在现实生活中，我们还会通过各种社交媒体动态了解到稀有动植物濒临灭绝的现象，自然生态环境屡遭破坏的情况，以及大量追求奢华生活群体的存在，这些都证明了人与自然关系的紧张状态，生态文化或生态文明所强调的内容，在现实层面的可操作性仍有待进一步商榷。更值得人们关注的是，生态文化不只是作为一种文化形态存在，同时也是一种价值观念与意识形态存在于大学生的头脑中，使其对大学生的生态文化行为产生一定的影响。因此，要将生态文化转化为人们的行为方式与思想方式，以及关注与教导生态文化实践研究应当作为新时代大学生生态文化自觉培育的重点来抓。

（四）预测生态文化的发展趋向

培育大学生生态文化理论自觉的先见性行为是预测生态文化的发展趋向。这种对生态文化发展趋向的预测从某种程度上可以促进生态文化的不断发展。而要想实现创新型的生态文化，就要以预测生态文化发展趋向为前提，这也是新时代生态文化发展应当具备的魄力。我们所处的全新历史时期要求我们要不断创新，而作为一种新型文化形态的生态文化应当在发展中不断创新与完善。

从内容角度分析，生态文化想要表达的是一种人与自然和谐共生的关系。在该领域研究中，自然价值与自然的优先性将得到充分尊重，人类的生态权益也将得到保障。从哲学视角分析，生态文化的本质是关于人与自然关系的一种意识形态，即由人类统治自然向人类与自然和谐共生转变的一种文化形态，由于人类目前所面临的影响生存的生态安全因素与生态危机，使得人类不得不重新审视人与自然之间的生态关系，以及人与人之间的社会关系，此时的人类终于意识到仅从以人类为中心忽视自然界的价值性思想出发，或是以生态为中心忽视人类的能动性出发都是片面的、不科学的，这样的思想意识都无法解决人类所面临的生态危机，只有在“敬畏自然、顺应自然、尊重自然、保护自然”的基础之上最大限度地发挥人类的主观能动性，才有望使生态危机得以解决，最终实现人类与自然界的和谐共生。因 I 此，未来在研究生态文化的过程中要始终将人类与自然的关系放在同等重要的位置上，只有这样，才能使人与自然和谐共生。

从范围层面出发，生态文化作为一种文化形态影响的不仅仅是某个国家，其影响范围将波及全世界。目前人类面临的重要生态安全问题便是全球性生态危机，要想解决这一问题就应当具备全球都认可的思想文化，而生态文化正是在这样的时代背景下应运而生的。正如马克思在《第 179 号“科伦日报”社论》中所言“因为任何真正的哲学都是自己时代精神的精华，所以必然会出现这样的时代：那时哲学不仅从内部即就其内容来说，而且从外部即就其表现来说，都要和自己时代的现实世界接触并相互作用。”有机马克思主义学者菲利普·克莱顿（Philip Clayton）和贾斯廷·海因泽克（Justin Heinzek）明确指出：“要建设新文明，在世界各国中，中华人民共和国发挥的是引领作用，这是她的特殊使命[①]。”他们还提出要通过“超越‘价值中立’的教育”来培育全球公民，来塑造全球公民的共同价值观。地球是人类赖以生存的唯一家园，要想保证全人类实现可持续发展，就要求世界各国都做到确保自然生态环境不受破坏，不随意浪费自然资源，杜绝一切肆意开采与利用自然资源的行为，世界人民都应自觉规范自身生态文化行为，这不仅是中国的责任，更是世界各国的共同责任，这就要求世界各国在全球生态文明建设中做到共享生态文明建设成果、共商生态文明建设政策、共谋生态文明建设发展，因此，应当使“生态文化”在全世界的影响力与话语权得以提升，这是时代的召唤，更是全人类的渴求。

二、生态文化的价值自觉培育

所谓价值自觉应当是一种相对理性的认识，是一种价值的创新与普及。因此，生态文化的价值自觉培育在于创新、拓宽、普及与认知生态文化的价值，用来增强大学生对生态文化的价值认同。

---

①［美］克莱顿，海因泽克．有机马克思主义：生态灾难与资本主义的替代选择 [M]. 孟献丽，于桂凤，张丽霞译，北京：人民出版社，2015：9.

（一）认知生态文化的价值

新时代培育生态文化价值自觉的重要内容是实现对生态文化价值的认知。正所谓“知之愈明，则行之愈笃”，一切行为的前提与基础是认知。所谓价值认知指的是借助认知的方法获取价值认识的过程，由此得出，生态文化的价值认知就是通过认知的方法获取生态文化价值的认识过程。因此，认知的方法多种多样，认知的目标却只要一个便是获取生态文化价值，而实现认知的前提条件是明确生态文化价值，价值自觉的获得需要通过正确的认知方法才能得以实现。

多维性是生态文化价值的特征之一。从人类文明发展进程分析，生态文化是人类文明发展过程中出现的一种全新的发展形式，推动着人类文明持续向前。我们透过无数历史事例看出，生态文化应当成为目前人类追求与向往的文化形态，实现人与自然的和谐共生将成为未来人类社会共同努力奋斗的目标，这一目标的实现可以促使人类社会与资源环境的可持续发展。从全球生态文明创建程度分析，在共建绿色家园、共谋全球生态文明方面，生态文化起到一定的思想指导作用。放眼全球，世界大部分国家都正在饱受生态危机带来的生存威胁，尤其是在部分国家情况更为严重，面对全球性生态危机，世界各国所采取的态度与措施存在一定的差异性，使得全球性生态危机问题的解决进程相对缓慢，而越来越多的生态灾难已经给人类生存带来了严重威胁，迫使世界各国不得不携手共谋全球生态文明建设，积极采取各种有效措施治理生态环境，而这也正是生态文化所提倡的正确处理人与自然关系的一种现代文化形态。从美丽中国建设进程分析，生态文化作为一种意识形态将在生态文明建设中起到重要的引领作用。习近平生态文明思想作为新时代的生态文化最新成果，将在未来很长一段时间内引领我国生态文明建设大发展，增强生态文明建设影响力与话语权。

认知生态文化价值的方法与途径多种多样。要想实现生态文化价值自觉，对认知方法的精准把握与合理利用极为关键。我们通过著名的心理学家让・皮亚杰（Jean Piaget）所提出的认知发展理论可以了解到，在认知发展建构中，主体具有一定的自我调节与自我选择能力。因此，要想使大学生的生态文化价值的认知有所提升，就需要充分调动他们的自我选择能力。此外，事实证明，要想使大学生群体的思想发挥其应有的效用，环境因素的重要性毋庸置疑，当自我或者人的活动、环境的改变相一致时，我们姑且将其看作并合理地解释为实践使其成为必然。因此，能够借助各种生态文化实践活动的途径，帮助大学生实现生态文化价值的认知。但是对于大学生而言，这些方式的实践效果远远不及教育的方式来得更为直接与有效，因此，教育成为生态文化价值自觉培育最关键的实施途径。

（二）普及生态文化的价值

培育大学生生态文化价值自觉的重要目的在于实现生态文化价值的普及。普及是指普遍推行与普遍传播。生态文化的价值普及就是对生态文化的价值进行普遍推行与普遍传播，达到万众皆通、人人知晓的目的。这与生态文化大众化的特征有着极为紧密的联系。由于自然界是一个可循环的生态系统，地球上的一切事物，包括人类与自然之间是相互依存、相互影响的关系，人类生活在地球上一面享受着大自然带来的馈赠，一面又在破坏着自然界的生态系统，可以说，人类的言行直接关系到地球的存亡。因此，在普及生态文化价值的过程中，要坚守生态文化的价值取向，实现生态文化价值普及。

社会历史表明，生态文化的价值取向随着时代的不同而发生着改变。原始社会时期，人与自然的关系是和谐的，由于当时人类的生产力相对落后，使得他们对大自然充满了敬畏与崇敬之情，这一时期最鲜明的特征表现就是“自然崇拜”“图腾崇拜”的出现；随着生产力的不断发展，到了农业文明时期，人与自然的关系是彼此融合的，此时的人类开始与自然界产生互动，并在互动的过程中出现了发现、利用与创造的行为表现，这一时期的生态文化价值取向主要体现在利用自然与改造自然方面；工业文明时期，紧张、对立是人与自然关系的真实写照，这一历史时期，伴随生产力的飞速发展，科学技术也迎来了质的飞跃，使人类的生活方式发生了翻天覆地的变化，人们在享受科技带来的便利的同时，也在逐渐开始品尝由于肆意开采、破坏与利用自然资源所带来的严重后果，这一时期的人们对于物质的渴望愈加强烈，正如恩格斯所强调的：“在今天的生产方式中，面对自然界和社会，人们注意的主要只是最初的最明显的成果，可是后来人们又感到惊讶的是：取得上述成果的行为所产生的较远的后果，竟完全是另外一回事，在大多数情况下甚至是完全相反的。”而这里所强调的“较远的后果”就是我们当前所面临的生态危机，从根本上讲，正是由于人类以自我为中心的价值理念才造成如今的糟糕局面，这一价值理念自工业革命起影响至今，并持续影响着物欲不断膨胀的人类。

历史的经验教训告诉我们，倘若继续采用以往的生态文化价值取向来指导人类的生态文化行为，只会使人类社会的生存环境日益恶劣，不仅是人类，地球上的一切生物都将遭受严重的生存威胁。在血淋淋的事实面前，我们必须要认清只有人与自然和谐共生的生态文化才是真正能够使人类社会可持续发展的理想生态文化取向，而这一内容也正是习近平生态文明思想的关键所在。人与自然和谐共生，一方面强调的是人与自然之间的关系，另一方面又注重处理好人与人之间的关系，包括一切与生态安全相关的潜在或已有的问题。因此在新时代生态文化自觉培育中要从历史发展的视角出发，向在校生阐述有关生态文化价值取向的历史演变过程，要通过有趣的课堂教学方式让学生了解到新时期人与自然和谐共生的生态文化价值取向，并引导他们无论是在实践活动还是日常生活中，都要真正做到与自然的和谐共处，从而实现人类社会的可持续发展。

（三）拓宽生态文化的价值

新时代培育生态文化价值自觉的有效补充是拓宽生态文化价值。实践活动是人类社会存在与发展的基础。认知对象一直在随着实践的变化而发生改变。因此，生态文化的价值也在伴随认知对象的变化而发生着更新与拓展。而这种生态文化价值的拓展，需要经过长期对生态文化科学研究成果的追踪与归类才能得以实现，这也是当前从事生态文化教育工作的从业者应当具备的一项必备技能。

科研成果不只是在知网上发表论文那么简单，更强调的是其在现实生活中所发挥的实际效用，即理论转化为实践后的现实效果。因此，拓展生态文化的价值，就是要从科学研究成果中寻找到真正有利于社会进步与时代发展的价值理念，并建立起相应的数据库，这正是生态文化价值自觉育人在科研成果方面的重要方式。通过分析当前该领域的研究成果发现，当前的科研成果大多体现为以宏观层面为切入点，缺乏从具体研究领域与研究层面出发进行科学研究的实际成果。因此，在今后的研究中要时常鼓励学生以微观视角为切入点进行生态文化领域的科学研究，做到以小见大，进行更加专业化的研究。除此之外，应当坚持运用扩散性思维与发散性思维来思考生态文化的价值，而不应当采用旧有的思维模式与思维框架去思考新时代的生态文化价值，要做到与时俱进。

在进行生态文化科研成果追踪时，应当强调学科交叉研究。从某些角度看，生态文化的价值功能需要通过学科交叉研究得以凸显出来。从一定程度上分析，生态科技的研究更多的是一种解决方式，生态伦理学给人的是一种处事方式，生态哲学的研究更多的是一种思维方式。研究方向不同，其存在价值就会有所差异。因此在进行生态文化价值拓展时，也应当时刻关注不同研究方向的科学研究成果，具体到生态文化对当代与后代的价值、对国家与全球的价值和对自然、人类以及社会的价值。

（四）创新生态文化的价值

任何事物的发展都离不开创新，生态文化价值同样如此，它是在推进新时代生态文化价值自觉培育过程中的一种有益尝试。创新之所以可贵，贵在其是建立在对旧有事物的理解与认知基础上的一种从不同视角、不同层次、不同深度进行的价值发现与挖掘。从某种意义上来说，创新是一种在实践中对“旧我”的推翻与“新我”的建立。因此，生态文明建设实践对于生态文化价值的创新具有重要作用。

生态文化价值的创新需要在不断的全球生态文明建设实践中得以实现。从某种程度上讲，环境污染会威胁到人类的身体健康，事关每一个生活在地球上的个体。从实践角度出发，生态文化价值的创新通过国际产业共生得以实现。所谓产业共生主要是指社会系统之间、自然系统与产业系统之间以及产业内部之间所形成的一种物理交换现象或过程，这种彼此互换的过程可以给系统以及系统内的个体带来经济与环境的双赢效果，其本质就是一种融合模式。韩国产业共生实践、日本产业共生实践、英国产业共生实践、美国“生态园工业区”产业共生实践以及丹麦卡伦堡产业共生体系等在生态环境是个有机整体的理念方面形成共识，产业共生实践为生态文化创造了全新价值，即通过集合体的形式来保护全球生态环境。

生态文化价值的探索需要在行业生态文明建设的实践中得以实现。从某种程度上看，生态文化需要通过行业生态文明建设来体现其对经济发展的作用。通过不同的事例可以看出，在行业发展中生态文化理念都发挥着极为明显的作用。例如，在煤炭行业中引人注目的是冀中能源的“绿色开采生态矿山”建设新模式，他们经过多年的探索与研究，发现了一种以较小资源与环境成本，取得相对较大的经济效益与社会效益的发展模式，更形成了一批“产煤不见煤、采煤不烧煤”的生态矿山，如冀中能源东庞矿、新汶丰矿等，使自然资源得以持续利用，经济得以持续发展。上述内容主要讲的是矿山开采方面，酿酒产业亦是如此，“循环经济的理念和生产方式，自觉淘汰落后产能，倡导清洁生产，发展低碳经济”，从一定程度上助推了生态经济理念的发展。造纸行业也在生态文明建设中做出了突出贡献，如他们提出的“废纸就是森林”的循环经济发展理念，提倡节能环保理念的领域涉及固废治理、废气治理、废水治理等。总而言之，从行业生态文明实践中能够看出生态文化在经济建设中得到践行，当批判的武器变成武器的批判时，足以证明其功能与价值是显著的。

三、生态文化的主体自觉培育

所谓自觉主要是指个体对于自身的问题能够主动认识并采取一定的纠正行为，而主体自觉从主体性的角度出发，强调自觉意识的对象是个体的地位、能力与价值，换句话说就是主体自我要求的一种表现，包括思想层面与实践层面，或者体现为一种对自身自由掌控的自觉意识。这种主体自觉主要体现在对某一精神或者事迹的自我觉醒，并为之努力付诸实践。我国的生态文明建设正需要一大批具有生态文化自觉意识的大学生，因此培育大学生生态文化自觉意识成为当前高校思想政治教育的一项重要内容。我们说，大学生作为一个特殊群体，他们的主体自觉主要是一种外在不断创新的自我意识与内在自我发展的呈现，新时代要求大学生同时具备生态文化主体自信、主体责任、主体认同与主体意识，只有这样，才能促使大学生在新时代生态文明建设中发光发热，不断贡献出属于自己的一分力量。

（一）培养生态文化的主体意识

当前大学生生态文化主体自觉的首要任务就是培养生态文化的主体意识。这里提到的主体指的就是大学生，大学生主体意识的培养在当前我国大学生生态文化自觉培育中的地位尤为重要。从过程论视角出发，培养大学生的生态文化主体意识并非一朝一夕之事，需要经过长时间地不懈努力才能得以实现。从价值论视角出发，通过大学生生态文化主体意识的培养，促使他们自觉思考自身在生态文化建设中的地位、价值与能力，也更有助于他们自身生态文化创新能力的自由发挥与发展。

从内容结构的角度出发，我们将大学生生态文化主体意识分为自由意识与自主意识。首先，从自主意识的角度出发，主要强调的是大学生在生态文明建设中的身份，一方面是生态文化知识的学习者，另一方面又是生态文化知识的转化者。它要求大学生积极主动地学习生态文化相关知识，培养自身的生态文化意识，规范自身的生态文化行为，通过各类生态文化实践活动，不断总结经验，并不断丰富与完善生态文明理念，因此，高校在进行大学生生态文化自觉培育中，要强调大学生创新思维能力以及自主学习意识的培养。其次，从自由意识的角度出发，主要强调的是当代大学生在面对不同的生态文化理论时应当具备一定的批判与自主选择的权利，并在选择生态文化理论的过程中，充分发挥其辩证的思维能力，客观理性地分析各类生态文化理论的优缺点，有针对性地做出相对合理的选择，这一理论应当与新时代发展相适应，并能促使社会的可持续发展，这也是大学生自主选择的一种体现。从某种意义上讲，自由意识的发展以自主意识为基础，自主意识的更高阶段是自由意识。当前我国应当以大学生的自由意识与自主意识培育作为生态文化主体自觉培育的重要内容，要积极主动地了解与掌握大学生的思想特点与学习特点，使培育内容更具针对性。

我们可以从四个不同角度进行分析，首先，从意识培育视角出发，对大学生进行生态文化主体意识培育。从本质上来说，就是要实现大学生的生态文化自觉，使大学生意识到自身在生态文明建设中的主体地位，实现其在生态文明建设中的主体价值，不断提升其在生态文明建设中的主体能力。其次，从主体地位确认视角出发，通过两个不同角度展开分析，其一是作为学习者，大学生需要学习生态文化的相关知识并将其发扬光大。其二是作为思想者，大学生应当在各类与生态文化培育相关活动或者生态文明建设实践中不断反思与创新，不断丰富与完善生态文化理念，换句话说就是强化大学生的生态文化自觉，培养大学生的生态文化主体意识，培养大学生作为生态文化的发展者、创新者、传扬者与继承者的意识，由此进一步明确大学生在生态文化自觉培育中的主体地位。再次，从主体能力提升视角出发，大学生生态文化实践能力、多元生态文化辩证识别能力以及生态文化知识的学习与转化能力等是生态文化自觉培育的目标，这一目标要求新时代生态文化自觉培育重视生态文化的技能培育、情感培育以及认知培育。最后，从主体价值实现视角出发，大学生主体价值体现在其为生态文明建设所贡献的智慧与力量方面，也就是其为生态环境保护与治理提供的有效途径与方法。

（二）实现生态文化的主体认同

要想实现生态文化自觉培育，首先要形成对生态文化的主体认同，这是极为关键的一环。由于主客体相互之间的作用活动是生态文化自觉培育活动的主要体现，其中，培育活动的主体是大学生，而培育活动的客体则是生态文化，因此，在进行大学生生态文化培育过程中，一方面要注重大学生对生态文化的认同，另一方面又要注重其对生态文化自觉培育的认同。只有这样，才能使大学生真正实现生态文化的主体认同。

从生态文化认同角度出发，大学生对生态文化的认同涉及大学生主体对生态文化的行为认同、价值认同、情感认同、认知认同四方面内容。大学生对生态文化的行为认同主要是指大学生对生态文化理论引导实践的能力，以及转变思想与行为能力的高度认可，可以从具体的生态实践中领悟到生态文化在教育人、培育人方面的实际作用。大学生对生态文化的价值认同通常是指大学生从不同侧面去理解与感悟生态文化在实践引导、科研研究、教化育人方面的价值力量。大学生对生态文化的情感认同主要是指大学生对生态文化中所包含的治理方略、科学价值、民生情怀等方面的自信，并从心理层面高度认可这一文化形态。大学生对生态文化的认知认同主要是指大学生对生态文化理论知识全面客观地了解与掌握，从思想层面对该文化形态给予充分认可。总而言之，从生态文化认同视角出发，当前大学生生态文化自觉培育的主要内容就是要实现大学生对生态文化的行为认同、价值认同、情感认同与主体认同。

从生态文化自觉培育角度看，大学生对生态文化的认同包含着大学生对生态文化自觉培育的学科认同、内容认同、活动认同和效果认同[①]。大学生对生态文化自觉培育的学科认同，是指大学生对生态文化作为一门研究学科的高度认可，目前我国的生态文化自觉培育属于生态文明教育范畴，该部分教育内容出现在高校的思想政治教育课程当中，但是由于该学科的学习内容涉及多学科的交叉与融合，并且在实际的教学活动中与其他学科教育无法明显区分，从而影响了大学生对生态文化自觉培育学科的归属判断。大学生对生态文化自觉培育的内容认同通常是指大学生对生态文化自觉培育的内容设置方面的一种认同，体现在要求该项教育内容应当兼具基础性与前沿性、本土性与国际性、全面性与客观性。大学生对生态文化自觉培育的活动认同通常是指从活动内容与形式两方面出发对其培育活动的一种高度认可，认为该教学活动兼具理论性与实践性，坚持二者相结合的教学原则，通过丰富多彩的生态文化实践活动，提高其生态文化认知能力，激发其参与生态文化实践活动的积极性与主动性。大学生对生态文化自觉培育的效果认同主要是指大学生对自身学习到的生态文化理论知识与生态文化技能的高度认可，一般情况下，要想检验生态文化自觉培育的效果，就需要通过生态文化技能的提升与生态文化理论知识的学习得以检验。总而言之，从生态文化自觉培育视角出发，生态文化自觉培育的重要内容就是大学生对生态文化自觉培育的学科

① 石俊峰．大学生思想政治教育认同研究[D]．合肥：安徽农业大学，2017.

认同、内容认同、活动认同与效果认同。

（三）履行生态文化的主体责任

新时代生态文化主体自觉培育的重要内容之一是履行生态文化的主体责任。“青年兴则国家兴，青年强则国家强。”大学生群体是未来社会发展与国家建设的中坚力量，责任与担当是其文化使命的彰显，是大学生群体实现自身价值的重要表征，因此，在进行大学生生态文化主体自觉培育中要重视其责任意识的培育，促使其主动履行生态文化的主体责任，推动我国生态文明建设。

从生态文化主体责任内容角度出发，角色责任、能力责任与义务责任是当今大学生生态文化的主体责任。其中，角色责任通常是指大学生满足学生角色要求时应当承担的责任，具体内容是指大学生要将学习生态文化相关理论作为首要任务，并积极主动地付诸实践。大学生生态文化的能力责任主要是指大学生面对生态文化学习时所持有的一种态度与做事能力的体现，具体而言就是指通过大学生学习到的生态文化知识，结合具体的生态文化实践，总结出生态文化经验，形成全新的生态文化理论。大学生生态文化的义务责任通常是指大学生作为学生群体要对事情是否能够执行的一种价值判断，在这里主要是指对生态文明规范与制度要求必须遵守的事情应当不遗余力地参与并执行，对其明令禁止的行为坚决杜绝。总而言之，无论是角色责任、能力责任还是义务责任，都是需要大学生严格遵守的主体责任内容，身为新时代的大学生应当对这些内容进行全面且客观地掌握与学习，最终实现生态文化主体责任意识的培育。

从生态文化主体责任培育视角出发，责任认知培育、责任归属培育以及责任履行培育是当今大学生生态文化的主体责任培育。其中，责任认知培育体现的是大学生对于自身在生态环境治理与环境保护方面的责任认知，这一认知的形成需要借助生态文化理论知识与实践活动的学习，在这一过程中，大学生逐渐形成生态文化责任认知，这也是生态文化自觉培育中认知培育功能的体现。责任归属培育就是指培育大学生在面对生态危机与环境灾难时，能够精准地发现导致这一现象出现的根本原因的能力，是大学生对生态问题责任人具有清晰且客观的辨别能力的一种体现。责任履行培育主要是指大学生通过生态文化的主体自觉培育，能够在生态文明建设中认清自身所处的地位与所应当承担的责任，敢于担责、勇于担责的意识培育，可以在危机中直面生态问题的责任意识，是一种在心理与思想层面的责任培育体现。总而言之，无论是责任认知培育、责任归属培育还是责任履行培育均应该作为大学生生态文化主体责任培育的重要内容，也应当成为生态文化主体自觉培育的关键所在。

（四）确立生态文化的主体自信

生态文化主体自觉培育的重要内容之一是确立生态文化的主体自信。自信也可以理解为一种自我效能感，也就是个体对于自己是否有能力完成某件事情的自我判断。当前我国生态文化自觉培育的目的就是要培养大学生的生态文化主体自信，它是自觉的高级体现，象征着大学生对于自身所从事的与生态文化相关的学习与实践活动所持有的一种积极心态。因此，在对大学生进行生态文化主体自觉培育过程中，要强调对大学生生态文化主体自信的培育，使当代大学生对生态文化具有高度的自信。

从价值体现的角度出发，确立大学生生态文化的主体自信具有极为重要的意义。我们可以通过三个方面对其进行阐述。首先，从个体的全面发展角度出发，使大学生具有一定的生态文化主体自信，有助于大学生生态文化知识储量的增加，大学生生态文化理解能力的提升，以及其对未来生态文化发展趋势的探索，并能从某种程度上不断激发出大学生在生态文明建设中的积极性与主动性，使其在该领域中做出突出贡献。其次，从生态文明理论发展角度出发，通过确立大学生主体自信，能够推动与生态文化相关的理论知识的不断发展与创新，使我国的生态文化日趋完善。再次，从生态文明建设角度出发，通过大学生生态文化主体自信的确立，促使大学生发自内心地对生态文化的价值取向高度认可，便于其更好地践行生态文明理念，推动我国生态文明建设，促使我国乃至人类社会生态环境问题得以解决。

从自信培育的角度出发，大学生生态文化主体自信的确立需要一个漫长而艰辛的过程，除了理论知识的积累之外，还包括实践活动经验的积累。首先，我们从理论学习层面对其进行分析，大学生生态文化的主体自信需要优美的生态文化培育环境、优质的生态文化资源、优秀的生态文化教师，其中教师在该领域的知识积累与实践经验，对于学生的学习而言至关重要，直接影响着学生对此类知识的理解与掌握，可以说，教师对生态文化价值性、理论性与思想性的理解与掌握直接影响了学生的学习质量。其次，我们从实践探索层面对其进行分析，大学生生态文化的主体自信要在生态环境治理中、在生态文明建设中、在生态文明成就中得以逐渐确立，生态文明成就是生态文化主体自信确立过程中的重要资源，而验证生态文化是否科学的实践活动需要通过生态环境治理得以体现。综上所述，生态文明实践活动在大学生生态文化主体自信的树立与增强方面均起到了不可磨灭的重要作用。

四、生态文化的实践自觉培育

理论学习的目的在于指导实践。对生态文明建设规律的把握、对现实生态环境问题的正视、对绿色生活消费方式的养成以及对生态环境行为规范的践行等是生态文化的实践自觉培育的主要内容。

（一）遵循生态文明建设规律

新时代生态文化实践自觉的重要内容之一就是对生态文明建设规律的遵循。生态文化的具体实践应当遵循生态文明建设的发展规律，因为“如果说人靠科学和创造性天才征服了自然力，那么自然力也对人进行报复。”而大自然对人类肆无忌惮行为的报复已经开始。因此，我们应当重视遵循规律意识的培养，尤其是在对当代大学生进行生态文化实践自觉培育中显得尤为重要。

实践是检验真理的唯一标准。这句话同样适用于生态文明建设领域，其发展规律就是在解决一个个具体的生态环境保护与生态环境治理的实践中逐渐总结出来的。中国共产党领导的生态文明建设其具体内容涉及全球生态安全共商共建的治理规律、生态与经济社会协同共进的发展规律、生态系统平衡稳定的内在规律、人与自然和谐共生的认识规律、以人民为生态文明建设中心的价值规律、党对生态文明建设的领导规律、以马克思主义生态思想为指导的引领规律等。正是由于我国在进行生态文明建设中遵循了上述各项规律，才使得我国在该领域能有所建树。但是也应当意识到，我国当前的生态文明建设还有很多顽疾痼疾要治，还有很多难啃的骨头要啃，还有很多难关要过，可以说是“挑战重重、压力巨大、矛盾突出”，这就更加需要我们遵循生态文明发展规律，只有这样，才能促使各类难题能够顺利解决。

在进行大学生生态文化实践自觉培育过程中同样要求遵循规律意识，利用规律促使社会得以改造。当人们的行为是按照事物发展规律进行时，其事情的发展通常较为顺利，反之，则会事与愿违。因此，大学生生态文化实践自觉培育中应当注重其遵循规律意识的培育，促使他们发自内心地尊重自然发展规律，懂得顺应自然的发展规律进行自然改造的道理，并将该理念应用于具体的生态文化实践活动中。

（二）正视现实生态环境问题

正视现实生态环境问题是在探索培育大学生生态文化实践自觉道路上的有益尝试。要坚持问题意识和问题导向，要敢于正视问题，敢于解决问题。但是发现问题是正视问题与解决问题的前提条件，正所谓“问题是时代的声音”，只有了解与掌握一个时代所面临的问题才算是真正读懂了这个时代，只有解决了时代所面临的问题，才能称之为解决了这个时代的问题。因此，在全球性生态危机与气候灾难日益频发的今天，培养当代大学生发现生态问题的能力显得尤为重要，特别是要他们保持对生态环境变化的敏感度，这是当代大学生生态文化实践自觉培育的重要任务。

问题是实践的前提，实践是对问题的解决。坚持理论与实际相结合的原则是正视生态环境问题时应当坚持的重要原则。从理论角度出发应当充分利用现有资源，从已有的研究成果中提炼出具有统一性与概括性的问题，举例说明，当前全球所面临的重大生态安全问题：辐射污染、噪声污染、水污染、大气污染、垃圾泛滥和固体废物污染、土壤污染、持久性有机污染物污染、重金属污染、水土流失、土地荒漠化、湿地减少、草地退化、森林锐减、城市热岛效应、酸雨蔓延、生物多样性减少、臭氧层耗损与破坏、全球气候变化等。从实践角度出发应当进行实地考察，通过到实地了解情况，根据不同地区环境生态安全问题的严重程度对其进行分类，如按照行业分类、按照地域分类等。此外，通过现代化的技术手段进行信息归纳整理，如通过网络平台将生态公益机构与环保组织结合起来，发动公众力量一起为生态环境安全问题贡献力量。

马克思主义的重要原则之一是具体问题具体分析。而我们在培育大学生生态环境的正视能力时也应当坚持该原则，通过不同的类别与不同的层次、角度对问题进行解读。同时也要引导学生在日常生活中不断发现身边的生态问题，并结合理论联系实际的原则，对问题发生的原因进行解析，提出解决问题的办法，从而实现发现问题—分析问题—解决问题的过程，而这也是生态文化实践自觉培育的具体要求。所谓实践自觉也就是指大学生可以自觉地发现问题、分析问题与解决问题，从而使其所学知识能够科学合理地运用到生态问题的实践中去。

（三）养成绿色生活消费方式

大学生生态文化实践自觉可以通过大学生绿色生活消费方式的养成得以

体现。人类应倡导简约适度、绿色低碳的生活方式，反对奢侈浪费和不合理消费，开展创建节约型机关、绿色家庭、绿色学校、绿色社区和绿色出行等行动”。由此可见，绿色生活消费方式的养成俨然已经成为当今社会的首要任务。因此，要将绿色生活消费方式的养成作为当代大学生生态文化实践自觉培育的重要内容。

所谓绿色生活消费方式，可以理解为人类应当尽量减少对生态系统造成不良影响的生活行为方式，倡导适度消费、低碳消费与绿色消费为主的消费方式，使自身的消费需求得以满足。这样的生活消费方式是以保护环境与节约资源作为出发点，倡导人与自然和谐共生的环保理念，是对生态文化价值理念的一种践行。此行为方式的养成一方面需要生态文化相关理论知识的学习，另一方面需要具体的生态文化实践活动的参与，以及相关能力的培养。从本质上看，绿色生活消费方式是一种生活行为习惯，此类行为习惯贯穿于人类活动的始终，这一行为习惯的具体表现为减少一次性用品的使用、杜绝一切过度包装、使用绿色产品等。因此，新时代生态文化自觉培育应当与时俱进，包括教学内容与教材的编写都应当紧跟时代步伐，将大学生培养成为一名具有真正绿色健康消费理念的新时代的“生态人”，并使该生态文化价值理念能够引导其生态文化行为。

新时代生态文明建设的重要任务就是养成绿色生活消费方式，必须予以高度重视。生态文明是人民群众共同参与共同建设共同享有的事业，每个人都是生态环境的保护者、建设者、受益者，没有哪个人是旁观者、局外人、批评家，谁也不能只说不做、置身之外。因此，培育大学生构建绿色生活消费方式是将建设美丽中国付诸实践行动的具体行为过程，是大学生在建设美丽中国过程中施展生态能力与发挥生态智慧的具体体现。这一自觉行为具有一定的自主性与选择性，是大学生在实践过程中践行生态意识、环保意识与节约意识的结果。

（四）践行生态环境行为规范

新时代生态文化践行自觉的内在要求是对生态环境行为规范的践行。生态环境部等五部门联合发布的《公民生态环境行为规范（试行）》（以下简称《规范》），从“关注生态环境、节约能源资源、践行绿色消费、选择低碳出行、分类投放垃圾、减少污染产生、呵护自然生态、参加环保实践、参与监督举报、共建美丽中国”十方面对公民提出详细要求。而新时代生态文化实践自觉培育的重要内容之一就是引导大学生践行这十大生态环境行为规范。

我们习惯将约定俗成或者明文规定的标准称为规范。将专门为节约资源与保护生态环境而制定的行为准则称为生态环境行为规范。新时代大众日益增长的物质文化需求，具体包含对优质生态产品以及美好生活环境的需求，以上内容要求我们务必要践行生态环境行为规范。大学生群体作为社会发展与国家建设的中坚力量，应当严格遵守生态环境的行为规范，并且将其落实在具体的生态文化实践活动与教育活动中。所谓“无规矩不成方圆”，规范能够约束人们的行为，要求人们在一定的范围内开展活动，尤其是对大学生要求在一定范围内创造出更多有利于资源节约以及生态环境保护的举措与方法。从实际生态环境问题出发，目前国内的环保问题主要集中在惩处不得力、执行不到位、法治不严密、制度不严格以及体制不健全等方面。因此，培育大学生生态文化实践自觉应当站在战略高度把握全局，不断引导大学生在进行生态文化理念践行活动中培养自身发现问题的能力，做好生态环境的优秀监督者。

新时代大学生必备的素质之一就是践行生态环境行为规范。作为新时代的大学生应当自觉践行生态环境行为规范，由于人类的一切生态是由社会个体的生态组成的，只有当个体能够按照生态环境行为规范严格执行，才能确保更多的社会个体加入其中。从本质上看，生态环境行为规范属于意识形态层面的概念，是一种生态价值导向，它能够引导大学生在生态文化实践与日常生活中践行生态文化价值观念，从而促成良好生态环境的形成。总而言之，新时代生态文化实践自觉的重要任务是引导大学生践行生态环境规范与培育大学生树立生态环境行为规范意识，对我国生态文明建设具有积极的推动作用。

第三节　大学生生态文化自觉培育实现策略

一、落实生态文明教育思想政策

一分部署，九分落实。大学生生态文化自觉培育作为高校生态文明教育的重要组成部分，必须坚持以习近平生态文明思想为指导，必须贯彻落实立德树人的教育任务，必须严格遵循教育规律、学科发展规律以及教师与学生的成长发展规律，必须按照《中华人民共和国环境保护法》《关于加快推进生态文明建设的意见》《全国环境宣传教育工作纲要（2016–2020 年）》以及《公民生态环境行为规范（试行）》等中央文件对高校生态文明教育提出的要求，提高生态文明教育的课程教学水平，推动形成自上而下和自下而上相结合的教育模式，为新时代大学生生态文化自觉培育提供政治保障和方向指引。

（一）提升高校生态文明教育政策的执行力度

当前，我国生态文明建设应当对不断加强生态文明教育的执行力度，给予足够重视。这一方面体现了国家对大学生态文明教育的重视，另一方面又回应了当前存在的教育问题。加强我国生态文明教育的执行力度，既体现出对于国家生态文明政策的落实，又体现出对习近平生态文明思想的遵循。从思想落实角度出发，加强我国生态文明教育执行力度是贯彻落实习近平生态文明思想的重要体现。“良好生态环境是人和社会持续发展的根本基础”，保护好这一根本基础要“增强全民节约意识、环保意识、生态意识，培育生态道德和行为准则，开展全面绿色行动”等，而这一目标的实现需要强有力的生态文明教育活动作为支撑，包括大学生生态文化实践自觉与主体自觉的形成，这也是高校立德树人教育任务的重要体现，更是一种服务社会功能的表征。从政策落实层面出发，遵循生态文明政策要求需要通过高校生态文明教育执行力度的提升得以彰显。《关于加快推进生态文明建设的意见》提出：“积极培育生态文化、生态道德，使生态文明成为社会主流价值观，成为社会主义核心价值观的重要内容。”这为高校生态文明教育提出了更高的要求，提升其执行力度势在必行。在中共中央政治局第四十一次集体学习中又明确提出要“加强生态文明宣传教育，强化公民环境意识”，在全国生态环境保护大会上提出要“建立健全以生态价值观念为准则的生态文化体系”，在《中华人民共和国环境保护法》中明确提出要“普及环境保护的科学知识”，在《公民生态环境行为规范（试行）》中明确指出要“学习生态环境科学、法律法规和政策、环境健康风险防范等方面知识，树立良好的生态价值观，提升自身生态环境保护意识和生态文明素养”等，都要求高校不断重视与提升生态文明教育，加强生态文明教育的执行力度。

要想提升大学校园生态文明教育的执行力度，应当做到如下几方面：其一，必须清醒地意识到高校生态文明教育无论是在重视程度上还是在执行力度方面仍然存在不足之处。究其原因在于生态文明教育在高校教育中所占比例较小，教育内容的实效性不足等，具体表现为校园对生态文明教育的平台投入与资源投入相对较少。其二，不断增加高校生态文明教育的成本投入。成本投入的多少直接决定生态教育的执行力度。增加高校生态文明教育的实践基地开发投入、传播手段开发投入、资源开发投入等，将为高校的生态文明教育提供坚实有力的基础保障。其三，依托其他课程培育生态文化。主渠道与侧渠道相互之间作用才可以发挥强大功能。目前我国的生态文明教育主要通过思想政治课实施，培育高校学生生态文化自觉，需要高校充分挖掘不同学科中与生态文化相关的内容资源，并向学生进行相关理论知识与思想的传播，从而增强课程的生态性。从总体上看，提升高校生态文明教育的执行力度，重在提升高校对生态文明教育的重视程度、资源挖掘力度以及投入力度。只有当高校真正重视起生态文明教育时，其实施的途径与方法才会多起来，生态文明教育的实效性也将随之体现出来。

（二）增强高校生态文明教育的育人功能

培育时代“生态人”的重要途径之一是增强高校生态文明教育的育人功能。目前我国对生态文明及其建设的重视、全球性生态危机的加剧等因素都促使高校必须重视生态文明教育，不断增强其育人功能。

增强高校生态文明教育的育人功能，顺应环境宣传教育工作与时代发展的要求的目的。具体而言，高校生态文明教育的功能多种多样。其一，从育人功能的意识层面出发，主要表现为我国的生态文明教育具有社会主义属性，其教育方向应该始终坚持社会主义政治方向，体现出教育的社会主义意识形态性。坚持社会主义政治方向是我国一切思想教育的基础理念，生态文明教育也不例外。西方学者菲利普·克莱顿明确提出：“在地球上所有国家当中，中国最有可能引领其他国家走向可持续发展的生态文明。”而实现这一目标，首要原则就是坚持社会主义政治方向不动摇，尤其是在生态文明教育与践行的过程中更是如此，只有这样，才能培养出符合社会与时代要求的“生态人”。其二，从育人功能的理论层面出发，主要体现在高校生态文明教育对当代大学生生态价值自觉与生态文化理论自觉的培育方面。作为一门理论性课程，生态文明教育承担着培育大学生价值自觉与生态文化理论自觉的功能作用。其三，从育人功能的实践层面出发，主要体现在高校生态文明教育对大学生生态文化实践自觉与主体自觉的培育方面。首先，生态文明事业是人民群众共同的事业，它事关每一个生存在地球上的个体，因此建设生态文明需要每个人的自觉行动。大学生作为未来社会发展与国家建设的主力军、接班人，更应肩负起生态文明建设的重任，这就要求高校生在校期间培养起自身的生态文化主体自觉与实践自觉，而这也体现出了我国生态文明教育的重要功能与责任所在。

增强高校生态文明教育的育人功能，应当从以下几方面入手：其一，坚持生态文明教育的社会主义方向。具体来说，就是高校生态文明教育应当始终坚持马克思主义生态文明思想与习近平生态文明思想作为指导与价值引领，将人类优秀生态文明作为价值补充，不断丰富与强化生态文明教育的社会主义属性。其二，将生态文明的教育目标设定为培育时代“生态人”。时代“生态人”就是指可以满足制度运行、国家存续、文化传承、知识积累、社会发展等要求的人，换句话说，就是指能够在新时代生态文明建设与生态环境治理中贡献力量的人，也可以称其为能够传承生态文化理论知识，并对生态文化理念与技术进行创新的人。此类人才的培养需要立足于我国生态环境的具体现状，并且立足于了解当前大众较为关心的生态环境问题，只有这样，才能不断培养出具有实践能力与实干精神的新时代“生态人”。其三，从思想上能够始终坚信人类必将走向生态文明新时代。我国开展的生态文明教育工作，其目的就是为人类走向生态文明新时代与生态文明建设而服务的。要想增强高校生态文明教育的育人功能，就应当让当代大学生始终坚定人类必将走向生态文明时代的信心。只有解决了信念上的问题，才能促使其付诸具体实践。因此，高校一方面要坚持社会主义生态文明教育的发展方向，将培育顺应时代发展要求的“生态人”作为培育目标，更应当坚信人类社会必将走向生态文明的新时代，以此来增强生态文明育人的信心。

（三）完善高校生态文明教育的课程设置

新时代培育大学生生态文化自觉的基础工作是完善高校生态文明教育的课程设置。只有当课程设置足够完善时才能促使课程得以顺利开展。当前人们对于美好生活的向往、人类生态环境治理的紧迫性以及生态危机的严峻性，都加快了高校完善生态文明教育课程设置的步伐。

无论是从提高全民生态文明意识的政策要求角度出发还是从提高高校环境课程教学水平角度出发，完善高校生态文明教育的课程都是必然的。可以说，全民生态文明意识的提高与高校环境课程教育水平的提高都需要以完善的课程设置作为前提条件。从功能角度出发，课程设置是一切课程得以开展的前提与基础，也是一门课程得以循序推进所应遵循的规则。课程设置是否系统、是否合理、是否科学均关系着大学生生态文明意识的培养程度、课程教学水平以及课程教学的总体效果。因此，从增强课程设置的应用型与研究性角度考虑，应该坚持将生态文明课程内容的综合性与培育时代“生态人”的教学目标结合起来；从增强课程社会需求性角度考虑，应该始终将生态文明教育课程内容的多样性与生态文明建设和生态环境治理需求结合起来；从增强课程设置的适应性角度考虑，应该坚持将生态文明教育课程内容的难易程度与学习者对知识的理解消化程度结合起来。

要想使高校生态文明教育课程设置不断完善，就要从以下几方面入手：首先，课程设置更具针对性。从生态文明教育培养目的出发，明确培育人才的标准是符合时代发展要求的应用型与研究型的“生态人”，因此，在课程设置中就要充分考虑到课程的理论性与实践性，为培育时代“生态人”，不断完善课程设置。其次，课程结构设计科学合理。在课程结构设置上应当考虑章与章、节与节以及章与节之间的衔接关系，使彼此之间存在某种紧密联系，环环相扣。为了能够早日实现生态文明教育目标，即培育出符合社会发展需求的应用型与研究型人才，因此，在课程的结构方面应当设置选修课与必修课两种课型，增强培育的普及性与专业性，其中，选修课型为不断增强全民生态文明意识创造条件，必修课型为生态文明建设提供专业性人才。再次，课程内容设置方面要符合规律。具体来说，就是生态文明教育选修课与必修课的课程内容设计问题。其中，选修课面向的培养对象是普通群体，其课程内容要求以基础性理论知识与实践性知识为主。必修课面向的培养对象是专业群体，其课程内容要求以生态文明专业性较强的授课内容为主。总而言之，生态文明教育课程完善需要从课程结构与课程内容两个方面考虑，并且在教育过程中需要该领域的专家学者共同参与。

二、建设生态文化自觉培育队伍

兴国必先兴师。大学生生态文化自觉培育急需一支“专职为主、专兼结合、数量充足、素质优良”的高素质生态文明教育教师队伍，为他们提供深厚的道德保障与充分的智力支撑。从现实角度出发，培养一支高素质、高质量、高水平的教师队伍应当从三方面入手，具体包括理论与实践统一渠道、教学与科研互通渠道、教师素质与能力提升渠道，为实现生态文化自觉培育提供质量上乘与数量充足的人才培育人员。以上三方面既反映了教师队伍成长的发展规律，同时又回应了当前生态文化自觉培育过程中教师队伍出现的现实性问题。

（一）加大教师生态知识培训力度

新时代提升生态文化教育教师素质与能力的重要途径之一是加大教师生态知识培训力度，这一举措在保障新时代生态文化自觉培育教学水平中起到重要的作用。教育工作者肩负着教育未来接班人的光荣使命，这就要求他们要不断提升个人素质、文化素养与能力水平等，以便更好地充当学生成长道路上的引路人与指导者，更好地培养出符合社会发展需求的新时代接班人。

加大教师生态知识培训力度，符合教育工作对教师的职业要求，促使教师能够获得全面而自由地发展，确保课程教育的效果与质量。具体而言，专业培训对教师成长具有不同价值。其一，价值更新与知识积累。参加专业培训一方面可以巩固教师原有知识，另一方面还能够学习到新知识。身为生态文明教育方面的教师，应当遵循生态文明动态性与实践性的特征要求，不断更新知识内容，而专业培训正好可以实现这一要求。其二，价值提升与技能借鉴。专业培训的种类形式多样，其中包括示范培训，教师能够在培训的过程中不断借鉴与学习到新的教学方法，以提高自身的教学质量与效率。其三，增长阅历与经验价值。教师要勇于跳出舒适圈，经常参加一些专业培训，一方面提升个人的业务能力与水平，另一方面还可以提升个体应对教育与社会带来的各种新变化与新要求的能力。然而此类价值得以实现的关键在于加大专业培训的力度。

加大教师生态知识培训力度，应当从如下几方面入手：首先，以需求性原则为出发点，开展各类生态文明大讲堂。此类大讲堂的内容应符合当下生态文明教学的实际情况，回应当前教师反映较多的实际教育问题，因此，在开设大讲堂之前，应当提前收集生态文明教育教师信息，将它们反映相对较多的问题集中起来，然后科学合理地规划讲堂开设的时间与内容；大讲堂开设的方式多种多样，既可以是现场讲授的方式，同时又可以是网络视频的形式。无论是哪种方式都能达到培训的目的与效果。其次，以前沿性原则为出发点，开展生态文明专题教育讲座，通过此类讲座的开设，让生态文明教育教师了解与掌握生态文明建设领域最新研究成果与未来发展趋势，让身为生态文明传播者的他们真正做到与时俱进，不断更新自己的生态文明理论知识内容，不断丰富他们专业领域的知识与增强他们对时代前沿问题的认知度，以及增强生态文化自觉培育的时代性。再次，以实践性原则为出发点，大力开展生态文明实践活动，增强教师对生态问题的实践感知，不断丰富其教学素材。此外，教师在生态文明实践活动中获得的实感可以间接地发挥其在学生的生态文化自觉培育中的效用。

（二）引导教师教学科研导向

我们通常判断一名教师在生态文明教育领域的科研水平，是以其在科研工作与教学工作中的付出程度与重视程度作为重要依据，这样做的目的在于有效缓解教学与科研二者之间不相协调的现象，同时也为大学生生态文明自觉培育提供了大量的资源素材。从功效方面分析，引导教师以教学作为科研活动的核心与出发点，收集教学活动中遇到的问题，以此作为科学研究对象，用来解决实际的教学问题，使二者之间相互联系，彼此依存。

引导教师以教学作为科研核心，认清目前我国生态文明教育领域存在的教学与科研不平衡现象，使教师在两个不同领域的研究与教学成果相互转化，从长远角度分析，更加有利于生态文明教育的长远发展。一方面，引导教师以教学为核心开展科研活动，从科学研究的视角出发，收集教学活动中遇到的问题，并从科学研究视角出发研究相应对策，并将其应用于具体的教育实践活动中，实现科研与教学的双赢，逐渐形成良性循环，有助于生态文明教育的长远发展。然而理想总是丰满的，当教师以一名研究者角度看待教学具体问题时，其研究出来的措施总是难以形成良好的实施效果，也就是说科研与教学难以完美转化，教学研究者问题研究的针对性与操作性还有待进一步提高，同时，作为生态文明教育教师，平时很难有充足的时间与精力对科研措施进行科学分类。另一方面，教师将教学作为科研核心，要求教师既要对教师职业充满敬畏之心，同时又要具备科学研究者的沉静之心。无论是科研还是教学，从本质上来说都是脑力与体力劳动的结合体，如果教师既能作为研究者对教学中遇到的难题进行研究，同时又能将研究成果应用于教学实践中，对于生态文明教育而言可谓是巨大的进步，对于教师来说也是自身能力与水平的提升与彰显。因此，要通过不同的方法引导教师坚持教学科研导向，对我国生态文明建设大有裨益。

引导教师教学科研导向，应当从以下几个方面着手：其一，采取一定的强制措施引导教师的教学科研导向，如评价机制的实施。具体是指将教师以教学问题作为研究对象的科研成果纳入教师评价细则，并且对在实际教学活动中能够发挥实效的科研成果给予一定的奖励，不断激励教师进行此类研究，并为生态文化自觉培育提供现实参考。其二，抓住一切时机引导教师的教学科研导向，如充分利用教师集体备课时间。所谓集体备课就是讲授同一内容的教师，集合在同一时空内进行统一备课，在备课期间教师之间会产生一定的交流与思想碰撞，这也是收集教学问题的好时机，从而形成一种集体讨论——成果共享的备课模式，通过这一方式，不仅便于教学问题的解决，同时也有助于科学教学方法的传播与沿用。其三，通过采用一定的奖励机制，不断鼓励教师以教学为核心进行科学研究。奖励机制包括物质奖励与精神奖励两大类，通过这一机制，一方面可以促进该研究方式的推行与运用，另一方面最大限度地调动教师队伍的教学类科研工作的积极性与主动性。

（三）提高教师参与生态实践活动水平

不断提高教师参与生态实践活动水平，可以促进教师生态文明实践能力与理论知识的统一，有助于教师对自身所学的生态文明理论知识与其自身所创造的理论进行验证，包括在推动社会发展方面的贡献性与适用性，为培育新时代大学生的生态文化理论自觉与实践自觉提供平台。从作用发挥方面分析，提高教师参与生态实践活动水平，一方面可以提高自身服务社会的意识，另一方面还可以促使学习者参与到社会服务的实践活动中去。

当前我国在学生生态文化培育过程中出现一种重理论轻实践的现象，而提高教师参与生态实践活动水平正是对这一问题的回应，也是解决这一问题的有效途径，该方法有助于教师全方位能力与水平的提升。其一，理论与实践相互转化的能力。只有当理论层面内容转化为现实物质层面内容时，才可以称某一理论真正推动人类社会的进步与发展。教师只有在生态环境治理与生态文明建设中，才可以真正将所学与所创造的生态文明理论应用于实践当中，也只有在真实的生态环境问题中，才能将与之相关的生态技术得以应用与创新。其二，拥有将实践经验转化为教学素材的能力。教师在积极参与各类生态文明实践活动中积累大量实践经验，并从中总结出基于自身理论基础的创新理论，这些理论与实践经验都可以作为其教学活动的教学资源，此类资源的特点是贴近生活、生动有趣，便于激发学生的学习兴趣。其三，通过参与各类生态文明实践活动，不断激发出教师保护生态环境的决心与服务社会的意识。生态文化自觉培育的对象是学生，但是身为该理念的传播者，教师应当首先具备生态文化自觉意识，只有这样才能更好地将其传授给学生，而提高参与生态实践活动水平，就能在很大限度程度上帮助教师树立生态文化自觉意识，从而更好地引导学生服务社会的意识与保护生态环境的决心。

要想提高教师参与生态实践活动水平，应当从以下几方面着手：其一，通过收集近些年国内在生态文明建设与环境治理方面的成功案例，供教师参考与学习，并将其整合成为教学资源，在课堂上以图片、视频、文字等形式向学生展示，增强学生对生态文明建设的信心。其二，与社会环保组织取得联系，加强彼此之间的沟通与交流，带领教师参观各类建设中以及已建成的生态环保项目，让教师在具体的实践活动中真切地感受到理论与实践的适用性与适应性，将独具我国特色的时代前沿的生态理论知识传授给学生。其三，校方要鼓励教师积极参与到生态环保实践类的科学研究项目中去，通过实地勘察对生态环境有一个更为直观的感受，便于教师对生态环境的脆弱性以及生态系统有一个较为清晰与整体的认知，为学生提供更为全面的教学素材，从而引导学习者积极参与到生态环境保护与生态环境治理的具体实践中去。其四，通过开展生态实践研修班，帮助教师意识到当前全球生态危机与生态环境的严重性，培养教师培养学生生态文化自觉的责任感与使命感，不断提升教师队伍的生态文明实践能力与素质水平。

三、供给生态文化自觉培育资源

高质量课程资源是新时代大学生生态文化自觉培育内容的有利补充。培养大学生的生态文化自觉需要以课程作为载体，而课程又需要以课程资源作为基础。新时代培育大学生生态文化自觉的课程资源要求以时代发展与社会生态文明建设为出发点，最大限度地考虑学习者与教师的需求方向与需求特点，既从当前短期发展考虑，又从未来长期发展考虑，通过生态文化资源供给基地的搭建，实现课程资源的有效供给。这一目标的实现应当考虑未来、现实、历史三个维度的内容，具体来说是指通过生态文化智库建设、生态文化教材编写、生态文化资源挖掘等形式实现中西方传统的生态文化理论与实践资源之间的相互转化，推动现代化生态文化理论的实践化，最终把握生态文化的未来发展趋势，从而使课程资源的内涵不断丰富，增强新时代大学生生态文化自觉培育工作的针对性与思想性。

（一）挖掘多样性生态文化资源

实现课程资源供给的前提条件是不断挖掘多元化的生态文化资源。我国当前生态文化自觉培育需要以多元化的生态文化资源作为理论支撑与内容依据。挖掘生态文化资源的多样性既顺应时代发展的要求，同时又符合生态文明培养规律。

通过挖掘不同形式与种类的生态文化资源，可以有效缓解目前我国传统生态文化继承与转化不足的情况，同时也促使我们及时总结以往生态文明建设中的实践经验，并将其科学运用到当前以及未来的生态文明建设中去。回顾以往生态文化资源并对其进行分析归纳，若是从学习用途角度出发，大致可以分为三大类：其一，理论性生态文化资源，通常是指用以培养学习者价值自觉与理论自觉的生态文化，内容涉及中西方现代与传统的所有生态文化资源，其种类丰富、形式多样，是新时代生态文化自觉培育资源挖掘的理论基础。其二，实践性生态文化资源，通常是指通过生态环境治理与生态文明建设获取可操作性、具体性与真实性较强的生态文明资源，其资源内容会随着实践不断丰富，是新时代生态文化培育资源挖掘的补充内容。其三，技术性生态文化资源，通常是指目前已经投入使用或者正在研发的生态技术资源，这里的生态科技资源一方面强调真正的生态科学技术，另一方面从理论角度强调生态科技观念的塑造与培养。新时代生态文化自觉培育应当以上述三种文化资源作为理论依据，因此，需要充分掌握生态文化资源挖掘的策略与方法。

挖掘多元化的生态文化资源应当从如下几方面入手：其一，坚持时代需求原则，在对生态文化资源进行挖掘的过程中，应当考虑文化资源的时代特征，既要符合当前生态环境治理与生态文明建设的需求，又要符合社会发展与时代发展需求，因此，在挖掘多元化的生态文化资源时，应当挖掘那些与时代发展相匹配的生态实践观、生态消费观、生态价值观等。其二，坚持教育服务社会原则，挖掘的生态文化资源应当具有实践性、可操作性。由于实践性生态文明的实践经验作为生态文化资源的一大重要特征，因此，要充分考虑此类经验的可培养性与可复制性，为培养符合新时代生态文明建设需求的“生态人”提供实践基础。其三，坚持向前发展原则，在挖掘生态文化资源时，应当充分考虑该资源是否符合生态文化未来发展需求，因为未来必将是生态文明时代，所以要从未来发展的视角出发，重视全球生态文明建设理论，以及未来生态文明理论与学说。从长远角度分析，挖掘生态文化资源时，一方面应当重视其内容的选择，另一方面又要重视其方法的选取。

（二）编好普适性生态文化教材

实现课程资源供给的具体表现在于编好普适性生态文化教材。当前生态文化自觉培育的课程资源主要来自普适性生态文化教材，此类教材是实现学生与教材对话的重要媒介，是学生进行生态文化相关理论知识的重要参考资源。新时代大学生生态文化自觉培育需要质量优良的普适性生态文化教材作为支撑。

当前我国生态文化自觉培育过程中遇到的教材专业性不足的状况，可以通过普适性生态文化教材的编写得以改善，能够满足不同层次与不同学科学生学习该领域内容的需求。由于教材是学生接受生态文明教育的重要载体，因此，在编写普适性生态文化教材时应当注意如下几方面：首先，处理好普适性教材的基础性与前沿性、知识性与技能性、理论性与实践性、思想性与科学性的关系与占比问题。上述内容是处理教材编写的关键所在。其次，做好普适性教材功能与作用定位。教材面向的群体不仅仅是学校的学生，还有未来社会中的“生态人”，它既是学生学习的参考资料，同时也是生态文化知识的传播媒介与载体，通过教材可以实现学生与生态领域思想家之间的对话，因此，教材内容的观点选取、设置顺序都要注重渗透相关学科知识的重要思想与学习者的学习特点。再次，对普适性教材的呈现方式进行规划。通过趣味性较强的图画以及内容的字体设计、页面的色彩搭配等多种呈现方式，吸引学生的注意力，从而激发他们学习的热情与兴趣。因此，通过生动的图片、契合的案例、纯粹的理论等形式，可以使原本枯燥乏味的普适性教材更具吸引力。

要想编写好普适性生态文化教材，应当从如下几方面入手：其一，强化教材研究，从整体把握教材的编写。普适性生态文化教材的编写是一项需要耗费大量时间、精力的工程，该项工程应当有生态文明教师的共同参与，对教材的具体内容进行科学合理的规划布局，包括概念、理论与案例的定义、阐述与选取，使得每个章节之间的关系紧密相连，环环相扣，教材编写是否合理、严谨直接影响着学生的学习效果，因此，要加强教材研究，为学生接受生态文明教育提供良好的理论基础。其二，加强教材辅助材料研究。辅助材料在学生学习过程中的作用不容小觑，它可以帮助学生进一步理解普适性教材中的课程内容，并对该内容进行回顾与总结。大体来说，教材辅助材料内容涉及学生辅导读本、教学案例解析、疑难问题解析等。未来社会必将是生态文明时代，要求全体社会成员都应当具备生态文化意识，学习生态文化知识，而普适性教材是人类社会接触该领域知识的最直接信息来源。其三，强化教材的实践性。人类社会学习生态文化知识的目的在于实践，将其运用到现实生态环境的治理与保护领域，因此，普适性的生态文化教材应当具有实践性特征，它应当成为该类教材内容的重要组成部分。

（三）创建动态性生态文化智库

实现课程资源供给的重要补充是创建动态性生态文化智库。该智库的创建为教师提供大量的教学素材，用以丰富课堂教学内容。可以说，新时代大学生文化自觉培育的重要工作之一就是创建动态性生态文化智库。

现实教学中，由于部分教师运用先进手段收集素材的能力有限，严重影响了其教学质量，而动态性生态文化智库的建立很好地解决了这一问题，该智库可以有效提供大量丰富的生态文化资源。从本质上看，这是一个结合各类生态文化资源的数据库，具有更新速度快、信息资源丰富、分类明确等特点。创建此类文化智库需要注意以下几方面：首先，数据的选择与维护。从数据选择视角出发，全球优秀生态文化实践成果与理论成果都应当成为生态文化资源的选取对象。从数据维护视角出发，应当注意及时更新全球生态文化理论与实践领域的最新成果，包括部分生态文化建设实践的成功案例。其二，数据的分类与运用。从数据分类视角出发，为了便于教师对于生态文化资源的查找，应该从多个不同角度出发，对资源进行划分，如以理论思想与实践经验进行划分，以生态中心主义、人类中心主义、“双中心主义”进行划分，以中西方生态文化进行划分等。从数据运用视角分析，为了便于教师在较短时间内查找到相关资料，文化智库的设计更具针对性的资源查找方式与呈现方式，以节省教师搜索与查找相关资料的时间，同时要求该智库面向所有教师开放，这就要求生态文化智库系统可以实现不断完善与更新。

要想创建动态性生态文化智库，还应当从如下几方面入手：其一，创建专门的动态性生态文化智库中心，组建相关工作小组，用来解决智库在运行使用中出现的各类问题。其二，与科技公司建立友好关系，共同研发全新的智库软件，延长用户使用时长，扩大智库存储容量。其三，集中生态教学领域教师力量，汇集众多优秀的生态教学与实践资源。我们说，教师既是生态文明的继承者，同时也是生态文化的传播者，更是生态文化资源的汇聚者与创造者，因此，生态文化智库初始数据大多来自优秀的生态文明教师团队。其四，专人负责定期更新与维护数据库。更新的内容选取对象通常是国内外生态文明建设与生态环境治理的成功案例，尤其是一些发生在生态环境脆弱区、破坏区的治理案例，以及最新的实践成果与理论研究成果等。其五，挖掘其他学科中的生态文化资源，将其融入生态文明课程中，使知识能够真正地融会贯通，从而不断丰富生态文化资源的相关内容。总而言之，要想做好动态性生态文化智库，需要不同部门之间的配合协作，包括资源信息的选取与删除、智能软件开发与应用以及后续数据库资源信息的维护与更新等。

四、创新生态文化自觉培育方法

大学生生态文化自觉培育应当最大限度地运用各种方法，推动生态文化自觉培育工作的顺利开展。从现代意义上看，“方法是人们达到预期目的的一种手段、工具、途径、技术和方式[①]。”方法的形式与种类繁多，不同的

---

① 刘书林．思想政治教育学原理专题研究纲要[M]．北京：人民出版社，2018：108．

方法所蕴含的内容也有所区别，然而说到底是为了解决问题本身发展规律而提出来的。因此，在创新大学生生态文化自觉培育方法时，首先要从问题导向角度出发，结合思想政治教育课程的教学特点，创造出切实有效的培育方法，从而促进生态文化自觉培育的发展。具体而言，生态文化自觉培育方法应当做到主导性与主体性的统一、灌输性与启发性的统一、显性教育与隐性教育的统一、课堂教学与实践教学的统一、线上教育与线下教育的统一，不断增强方法的适用性与时代性，创造出良好的生态文化培育效果。

（一）拓展多样化教学形式

要想使新时代生态文化自觉培育得以顺利开展，就应当注重多元化教学形式的拓展。教学形式是指教学的组织形式，不同学科教育需要不同的教学组织形式。由于近些年我国生态文化教育效果甚微，因此，生态文化教育者应当从不同角度研究出形式多样，并且适合生态文化教学工作的方式与方法，用来回应目前生态文化教学效果不明显与教学形式单一的现象，同时从新规范的角度出发，研究出更为科学与合理的教学形式。

拓展多样化的教学模式，一方面可以弥补目前教学形式单一的状况，另一方面可以满足学习者多元化追求的特点。从现实角度出发，目前无论是以信息技术手段为主的网络教学，还是以现场教学方式为主的课堂教学，抑或是以实地参观为主的实践教学，均不能满足当前学习者对多元化的追求。因此，需要教学人员探索与研究出更加多元化的教学形式，当然这些教学形式的呈现方式不仅局限于网络教学、课堂教学、实践教学等单一层面，也可以从二者结合，或者三者融合的角度出发进行综合教学形式的探究，从而使教学效果尽可能实现最大化。从更高层面出发，三者融合的教学形式将成为未来生态文化自觉培育的发展方向，这一趋势判断的依据是当前学生运用现代化电子设备的普遍性，以及获取知识的渠道途径多元化等因素所决定的。因此，为了满足当前学生对知识的期待与渴求，生态文化自觉培育更应探究出越来越多的教学形式以适应这一需求。

要想使教学形式更加多元化，应当从以下几方面考虑：其一，充分发挥网络教学的补充价值，探究多种网络教学呈现形式。网络教学是借助网络信息技术实现教学的一种教学形式，通常是以音频与视频的方式呈现并记录下来，可供学习者反复观看、循环学习。其二，坚持以课堂教学形式为主，不断探索与研究形式多样的课堂教学组织形式。首先，可以增强学生在教学活动中的主体地位，鼓励学生积极参与到课堂教学活动中，增强师生间的互动，可以通过课程体验、分组教学等形式，最大限度地调动学生学习的主观能动性，发挥他们的学习创造性，增强他们的学习参与性。其三，重视实践教学拓展延伸价值，丰富实践教学的呈现形式。通过实践教学有助于学生进一步巩固课堂所学知识，促使学生在实践教学活动中对所学理论知识加深理解，因此，此类有计划性与有组织性的生活联系实际的教学形式，进一步增强教学效果。总而言之，无论是网络教学、课堂教学还是实践教学，都为大学生生态文化自觉意识培育提供有益价值，三者之间是彼此互为补充的关系。

（二）发展信息化教学手段

提升生态文化自觉培育效果的关键举措之一是发展信息化教学手段。教学手段是一种用来传递教学内容的媒介、工具或设备，也是师生间进行教学互动的载体之一。信息化教学手段主要是指将各类电子化的教材与教育器材引入课堂教学，它通常有两种类型：一种类型是硬件设施，另一种类型是软件设施。而当前我国的信息化教学一般指的是对软件设施的应用。

顺应新时代教育场域深刻变迁、教学对象特性变化、知识容量迅猛增长的时代特征，发展信息化教学手段，是我国生态文化自觉培育方法的一大创新。从信息化教学功能层面出发，信息化教学手段的作用多种多样。首先，信息化课堂教学呈现方式可以引起学生学习兴趣。通过引入信息化课堂教学设备，可以丰富课堂教学呈现方式，举例说明，在生态文化自觉培育中，教师可以运用投影仪将与生态文明建设相关的视频资料播放出来，给学生更为直观的印象，加深学生对所学知识的理解与掌握，同时也促使学生更加热爱自然，增强保护自然环境的生态文化自觉意识。其次，信息化的教学手段通过视频、音频录制的形式被长期保存下来，方便学生随时查阅相关知识，其内容链接永久有效。再次，延长师生之间彼此交流的时间，增进师生之间的和谐关系。教师通过制作 PPT 的方式向学习者传授生态文化的相关知识，可以节省教师课堂教授的时间与精力，留出更多时间用来进行师生间的交流与活动。

要想发展信息化教学手段，应当从以下几方面入手：其一，作为新时代大学生生态文化自觉的教育者，应当学会通过运用现代化电子设备提升生态文化教学效果。目前常见的技术手段包括正在发展的云计算、5G、人工智能、大数据等，还包括数据库、线上学习平台、网络直播、翻转课堂等拓展平台，生态文化自觉培育要善于运用现代化技术手段，实现课堂教学效果的提升。其二，学校应当鼓励生态文化教育教师积极运用现代化技术手段。时代与社会的不断发展，促使学校对教师的技能提出更高的要求，当代学生普遍运用现代化信息手段获取知识，这无疑促使教师也应当具备灵活运用现代化技术手段的能力。其三，从众多技术资源中进行筛选，最终将适用于教学课堂的信息化教学手段整合出来，并将其引入具体的生态文化教学课堂之中，如网络游戏、动漫、视频、音频、图片等技术手段，为生态文化教学活动提供便利。总而言之，当前的生态文化自觉培育应当运用信息化的技术教学手段，实现课堂教学活动的信息化。

（三）巩固渗透性教育方式

生态文化自觉培育的重要保障之一是巩固渗透性教育方式。所谓渗透性教育方式通常是指隐性教育功能的发挥。“坚持显性教育和隐性教育相统一”为生态文化自觉培育方式提出了明确的要求，即在重视显性教育的同时，也应重视隐性教育。

巩固渗透性教育方式，既符合了学生潜移默化学习的特点，又符合遵循了思想政治教育方法论原则，“不言之教，无形而心成。”在教学活动中应当将更多的关注点放到隐性教育功能上，同时又要善于在众多教育资源中挖掘出生态文化隐性教育资源。从功能层面分析，隐性教育功能通常是在日常的教学活动中潜移默化地发挥作用，逐渐影响着学习者的行为与思想。从隐性资源潜藏视角分析，生态文化自觉培育的隐性教育资源潜在于生态文化教师的实践行为与思想品德中，存在于节约用水的制度中、存在于整洁美丽的校园环境中、存在于良好的校园学风中等，可以说这种隐性教育资源潜藏于校园的每一个角落，等待着校园内的生态文化教师去探索、去发现，需要教师通过其他教学手段将生态文化相关理论知识间接地灌输给学生。从长远角度考虑，巩固渗透性教育方式，还应当遵循一定的策略与方法。

要想巩固渗透性教育方式，应当从以下几方面入手：其一，善于挖掘隐性教育资源。发挥隐性教育功能的前提是大量隐性教育资源的挖掘。其二，创造隐性教育资源载体。促使隐性教育发挥作用需要借助一定的载体，因此，教师可以创造自然、文化、书本、活动等载体，使隐性教育的功能得以发挥。其三，打造隐性教育平台。平台是学生学习文化知识的场所，隐性教育平台一般情况下会强调平台中的资源，涉及生态文化的实践资源与文化资源，以及生态文明建设中的伟大功绩人物与伟大成就等。隐性教育平台建设应当满足以下几点要求：一是符合学生获取新知的方式特征；二是促使学生在生态文化教学中积极主动地学习相关理论知识；三是促使学生在生态文化学习过程中不断增长对该领域的认知，不断提高自身生态文化自觉意识。

（四）探索精准性教学模式

生态文化自觉培育的重要保障是探索精准性教学模式。精准性教学模式是实现“精准思政”的重要表现，既遵循了“不断增强思政课的思想性、理论性和亲和力、针对性”的要求，又回应了当前生态文化自觉培育过程中对不同专业不同类别针对性不强的问题。要想使生态文化自觉培育充分发挥其培育效果，应当强调精准性教学模式的运用与实践。

精准性教学模式应当具备“三明确”特点，即培育方式明确、培育内容明确、培育目的明确。从培育方式角度出发，生态文化自觉培育的培育方式将是其培育目的实现与培育内容呈现的重要保障，这种培育方式具有针对性与多样性的特点。培育方式的此类特点促使教学模式更具精准性。从培育内容角度出发，生态文化自觉培育就是要培育大学生对生态文化的实践自觉、主体自觉、价值自觉与理论自觉，以认知生态文化基本内容、认同生态文化基本价值观、自觉主动践行生态价值观，从而成为生态文明建设的贡献者与参与者，这是其精准性的培育内容。从培育目的视角出发，就是要培育具有生态文化自觉意识与实践意识的新时代“生态人”，这一时代“生态人”不仅具有生态技能与生态素质，更具有预测未来生态文明发展方向的能力，这是其精准性的培育目的。

要想探索精准性的教学模式，应当从以下几方面入手：其一，结合具体培育目的制定相对合理的教学模式。其中，实践自觉培育以实践模式为主，主体自觉培育以体验模式为主，价值自觉培育以感染模式为主，理论自觉培育则以学理性讲授模式为主。其二，结合学生的专业层次、学龄层次，探寻合适的教学模式。从专业层次角度出发，针对不同的学习群体应采取相应的教学模式，具体来说，对于非生态环境专业的学生要采用普适化教学模式，对于生态环境专业的学生要采用专业化教学。其三，从已有成效的教学模式中获得经验，进行借鉴与参考。如浙江大学的“情景式教学法”、清华大学的“因材施教法”等，有针对性地运用到生态文化自觉培育教学中。

五、营造生态文化自觉培育环境

孟母三迁，充分印证了环境对于个体成长的重要性，同样的道理也适用于大学生生态文化自觉培育方面。从实质上看，生态文化自觉培育环境通常是指与生态文化自觉培育相关的，能够影响人的生态文化素质与能力形成与发展的外在因素，对大学生生态自觉培育的养成起着重要作用。如果没有环境作为载体，生态文化自觉将无法得以顺利开展。环境的好坏直接影响着生态文化自觉培育的效果。因此，新时代要想培育大学生生态文化自觉，就应当重视环境对个体成长所产生的影响，努力为其营造良好的学习氛围，为大学生生活与学习提供便利。具体而言，就是要完善好具有法治化倾向的制度环境、创造好具有清洁化感受的学习环境、建设好具有绿色化氛围的校园环境、营造好具有生态化倾向的舆论环境，将治理恶性环境与建设良性环境结合起来，使生态文化自觉培育环境得以不断优化，增强生态文化自觉培育的实效性。

（一）营造生态化舆论环境

生态文化自觉培育的重要环境支撑是营造生态化舆论环境，它是为生态文化自觉培育创造良好环境的重要途径。生态化舆论环境通常主张为生态文明教育与生态文明建设服务，通常是指充分运用舆论加大对生态文化的引导与宣传，保护人类唯一的绿色家园。

营造生态化舆论环境，既为当前紧迫的生态文明建设提供了发展渠道，又抓住了当前信息传播的主要渠道。从作用体现角度分析，生态化舆论环境的功能与作用是极为突出的。首先，营造良好的保护生态环境的氛围，使整个社会群体都能具有生态文化自觉意识，从而增强生态文化自觉培育的吸引力与关注度。当前网络信息技术较为发达，人们运用网络平台进行信息传播的行为较为普遍，要借助主流平台、主流媒体宣传习近平生态文明思想，使其在全社会范围内形成一种新风尚。其次，促使社会主义生态文明价值观得以快速传播，这对生态文化自觉培育提出了比以往更高的要求。新媒体不断涌现的时代，充分利用网络平台与媒体传播社会主义生态文明价值观，并抓住大学生普遍借助互联网获取新知的特点，有助于大学生生态文化自觉意识的增强。再次，由于舆论的力量迫使高校不得不重视生态文明教育，培养符合时代发展需求的“生态人”，使学校不得不承担起培养时代“生态人”的责任，为社会主义生态文明建设提供坚实的人才支撑。

要想营造生态化舆论环境，应当注意以下几方面：其一，通过主流媒体将习近平生态文明思想传播出去，充分利用主流媒体的影响力进行舆论引导。比如主动与新华网、人民网、中央电视台等媒体的时政类节目进行沟通，制作并播出近些年的生态文明建设成果与生态文明建设中的优秀人物事迹展播，从而不断扩大其影响力。其二，创立生态文明相关学术类期刊，并不断完善其内容结构，为广大生态文明的工作者与教育者提供实践成果与学术研究成果的发布平台，同时也为大学生提供了获取前沿性与基础性的生态文化知识的平台与渠道。其三，加大生态文明建设的宣传力度。要想让更多大众了解习近平生态文明思想，就要善于借助主流媒体进行宣传与推广，包括当前国内外生态环境治理方面以及生态文明建设方面所取得的成就进行常态化报道，让广大民众了解生态文明建设的最新进展，不断增强他们对生态环境保护的信心与动力。

（二）建设绿色化校园环境

生态文化自觉培育的必然要求是建设绿色化校园环境。生态文化自觉培育需要以绿色化校园环境作为依托。目前生态环境治理的紧迫性与生态危机的严峻性，要求校园发挥其环境的隐性作用，因此，当前我国各大高校都应当高度重视绿色化校园环境的建设工作，为培育大学生生态文化自觉意识创造良好的环境氛围。

建设绿色化校园环境，既顺应了未来生态文明时代的发展趋势，又遵循了国内倡导的绿色校园生态文明创建活动的具体要求。从功能体现层面分析，建设绿色化校园具有多样性的价值。首先，生态文化自觉培育价值。引导生态文明价值观的形成是绿色化校园环境建设的目标，就是通过“校园规划设计、绿色建筑、节约能源资源、环境美化绿化、废弃物处理和环境保护”等外在形式，引导大学生逐渐树立起生态文化自觉意识。其次，生态文明实践创新价值。生态文明理念应当融入绿色化校园环境建设中的每个环节，无论是过程维护、资源利用还是校园规划方面均需要遵循这一理念。因此，如何实现资源利用最大化、如何实现绿色化校园建设，是建设绿色化校园首要关注的问题，也是实现文化创新的关键所在。再次，生态文化涵养价值。人与自然和谐共生的生态文化就蕴含在绿色校园的环境当中，通过环境潜移默化地影响大学生的思想，使其生态文化意识在绿色校园环境中逐渐形成，最终实现环境培育人的目的。

要想建设绿色化校园环境，应当注意从以下几方面入手：其一，确立社会主义生态文明价值取向。社会主义生态文明价值观需要通过绿色化校园环境建设得以贯穿落实，应当将社会主义生态文明价值观作为治校理念。以江南大学为例，该校就将生态文明理念贯穿于校园建设中作为治校理念。其二，完善校园物质设施建设。生态文明理念需要借助校园物质设施得以体现，也是大学生充分发挥生态文化意识养成主体作用的重要前提。如果没有校园物质设施，大学生就不会有意识形成的物质基础与感受对象，也就无法使自身的生态文明感知得以实现。其三，结合国内外优秀绿色校园建设的成功案例，从中学习到绿色化校园建设应当注意的关键因素，并从中汲取宝贵经验，再根据自身实际情况，设计出适合自己校园风格的建设方案，让绿色化校园建设能够独具特色，为广大师生创造一个良好的学习环境。总而言之，在进行绿色化校园环境建设过程中要始终贯彻社会主义生态文明价值观。

（三）创造清洁化学习环境

生态文化自觉培育的重要保障是创造清洁化学习环境。所谓清洁化学习环境通常是指能够促进学生主动学习的环境，其包括行为层面与思想层面两个方面。我国目前创造清洁化的学习环境是指大学生可以充分发挥其主体作用，为其在生态文化自觉意识养成以及生态文化知识与技能的学习方面创造良好的学习环境与氛围。

创造清洁化学习环境，较多侧重于对促进大学生生态文化自觉形成的良性环境的完善，以及对阻碍大学生形成生态文化自觉的恶性环境的治理。从思想影响角度分析，由于大学生周边充斥着各种各样的生态文明观念，促使大学生不易形成正确的生态文明价值观。从行为影响角度分析，由于大学生个体容易受到周围群体不良行为的影响，以及部分教师的生态文明行为的错误引导，使大学生无法彻底践行生态文明行为。因此，要使大学生养成正确的生态文明价值观，必须创造清洁化的学习环境，为其行为与思想的养成创造良好的氛围，此外，要求作为生态文明行为的引导者与示范者的教师，严格要求自身生态行为，不断提升自身生态素养，从而更好地引导学生坚持践行生态文明行为，以此形成良性循环。

要想创造清洁化的学习环境，应当从以下几方面入手：其一，辨别思想真伪，创造科学的学习氛围。自人类诞生以来，人类文明的发展就从未停止过，生态文明的发展也随着时代的变迁而日趋成熟与完善，时至今日已经形成了众多不同的思想流派，然而实践证明，只有马克思主义生态文明思想才可以推动人类社会的可持续发展，因此，只有在社会主义文明价值观的学习氛围下，才能真正培养出大学生的生态文化自觉意识。其二，转变思维惯性，创造实践性学习氛围。通常来说，由于教师作为生态文明的传播者，主要是以课堂教学的方式向学生传授生态文化理论知识，因此相对于实践教学而言，教师更加重视课堂教学与理论教学方面，而忽视了实践教学在生态文化自觉意识培养方面的重要性，导致学生难以感受到生态文明治理的艰难性，以及难以感知到生态环境问题的严峻性，因此，教师应当不断加强实践教学，创造实践性的教学环境，促使学生生态文化实践自觉的养成。其三，充分开发网络智库的信息服务功能，面向广大学生开放，遵从新时代大学生获取新知的方式与特点，有助于他们在较短时间内查找到所需内容，提高其自主学习的积极性与主动性。

（四）完善法治化制度环境

实现生态文化自觉培育制度保障的有效举措是完善法治化的制度环境。所谓法治化的制度环境通常是围绕与生态文明建设相关的校园制度来说，包括特殊意义上的人员管理制度与一般意义上的校园管理制度。法治化的制度环境为新时代生态文化自觉培育提供政治保障。

人员管理制度与校园管理制度得以充分落实的重要保障是完善的法治化制度环境。它同时也是生态文化自觉培育效果得以不断增强的重要保障。可以说，完善法治化制度环境在生态文明教育方面起到重大作用。首先，推动生态政策与文明条例落实到位，实现利用制度约束人的目的。高校制订了许多生态文明条例与规章制度，其中最常见的是位于校内厕所与食堂的文明标语，如节约用水、节约粮食等。然而违反这些文明制度与规定的学生仍不在少数，因此，对法治化的制度环境进行完善，有助于学生生态文明行为的进一步规范，从而影响学生的生态文明认知。其次，完善法治化制度环境不仅涉及学生群体，作为生态文明教育的传授者，教师也应当严格遵守校园内各项生态文明制度，只有这样，才能更好地培育出新时代的“生态人”。教师的生态文明教育效果可以通过严格的考核与评价制度得以判断，如果教师没有以培育新时代“生态人”的标准教育学生，那么在期末考评中的成绩则判定为不合格，这就要求教师必须严格按照生态文明教育目标实施教学活动。而这一切都需要以完善的法治化制度环境作为保障。

要想进一步完善法治化的制度环境，应当从以下几方面入手：其一，增强教师对已有生态文明制度的认同与认知。教师对生态文明制度的认同与认知是践行制度要求与遵循制度要求的重要基础与前提，也是教师将生态文明制度内容向学习者进行传递的重要前提。其二，顺应时代与社会发展需求，不断丰富与完善已有生态文明制度，对其进行适度修订，将节约资源作为主题是以往的生态文明制度的具体表现，而当前的生态文明制度倡导人类与自然的和谐共生，以及资源环境与人类社会的可持续发展。因此，完善法治化生态制度环境就是要对生态文明制度的内容不断进行修订。其三，营造制度化的生态环境。制度可以保护生态环境，也可以约束人类生态文明行为，而人类对于生态文明制度的践行与遵循也正是人类践行生态文化与形成生态文化自觉的具体体现，因此，应当通过营造制度化的生态氛围，进一步完善法治化的制度环境。

六、强化生态文化自觉培育机制

机制是保障。大学生生态文化自觉培育同样需要高效的培育机制作为重要保障，而多种要素之间相互协调与统一将是保障得以实现的前提。只有当生态文化自觉培育机制中的构成要素间形成功能耦合、协调运转以及相互衔接，才能确保生态文化自觉培育得以顺利开展。具体来说，新时代生态文化自觉培育机制的强化需要扩大培育投入力度、优化培育践行程序、增强培育发展动力、落实培育主体责任，最大限度地发挥生态文化自觉培育机制功能。

（一）落实培育主体责任

保障生态文化自觉培育的基础环节是落实培育主体责任，它也是实现责任到位的必经渠道。如上所述，公民、社会与国家是新时代生态文化自觉培育的主体，而三者的文化自觉培育目的均是为未来生态文明建设以及为清洁世界和美丽中国贡献自己的一分力量，这也是我国新时代培育大学生生态文化自觉意识的最终目标。

落实培育主体责任，既是对“落实落实再落实”全国教育工作会议精神的遵循，又是对生态文化自觉培育责任主体要求的践行。一方面，作为新时代生态文明建设的接班人，应当认清自身所肩负的治理与保护生态环境的历史使命与责任，并积极践行作为新时代生态文化自觉培育责任主体的责任。另一方面，由于时代与社会发展要求，人类对于美好生态环境的渴求迫使生态文明教育教师自觉遵守与履行相关职责，为新时代“生态人”的健康成长保驾护航。要想实现这一目标，从宏观层面出发，需要政策性的支撑与方向性的引导；从微观层面出发，应该给予精准性的探索与具体性的实践。具体来说，所谓政策性支撑主要是指学校、政府、国家制定的与生态文明教育相关的条例、政策，确保生态文化自觉培育的顺利开展。所谓方向性引导就是指确保新时代大学生树立社会主义生态文明观，坚持正确的政治方向不动摇，并为社会主义生态文明建设做出应有的贡献。所谓精准性的探索主要是指通过对大学生个体以及生态文明时代特点进行分析研究，探索出一种切实有效的教学策略与教学方法，更有针对性地培育新时代大学生的实践自觉、主体自觉、价值自觉与理论自觉。所谓具体性的实践主要是指公民、政府与国家应该积极主动地践行生态文明理念，在实践过程中总结经验，并将其运用于大学生生态文化自觉培育的实践活动中。

要想落实培育主体责任，应当从以下几方面入手：其一，培育主体首先应当明确职责，落实责任的基础是明确主体责任。其中公民肩负着生态实践能力与生态素质养成的责任，社会肩负着生态实践活动组织、生态文明教育、生态环境营造的责任，国家肩负着物质性提供、制度性保障与方向性指引的责任。其二，培育主体要践行职责。主体职责的彰显须以实践得以体现。具体来说，公民要通过积极参与生态文明建设实践、社会要通过各团体之间的合作、国家需要通过制定生态文明教育制度等践行职责。其三，培育主体要求不断反思职责履行情况。如今生态教育问题之所以屡见不鲜，归根结底还在于培育主体职责落实不到位，这就要求作为新时代“生态人”的培育者，在工作中不断反思自身存在的问题，积累教学经验，不断提升生态文化素养，使生态文明教育职责落实到位，以便更好地开展大学生生态文化自觉培育工作。

（二）增强培育发展动力

促进生态文化自觉培育稳步向前的重要保障是增强培育发展动力。外生动力与内生动力共同构成生态文化自觉培育动力，该动力目前存在发展动力不足的问题，这就要求无论是从国家、学校还是教师，均应积极探索与寻求可以不断激发生态文化自觉培育动力的途径与方法。

增强培育发展的内生动力。主体性能动力、主体需求与自我意识动力共同构成生态文化自觉培育的内生动力，要想不断激发培育发展的内生动力，应当把握好以上三方面内容，寻求一种激发动力的有效方法。首先，发挥学生与教师生态培育方面的主观能动性，增强其实践力与创新力。生态文化自觉培育一方面要求教师不断丰富自身的生态文化理论知识，以及及时更新与创新知识传递的方式方法，使教学课堂氛围活跃起来，激发学生的学习兴趣。而作为大学生应当充分发挥自身学习的积极性与主动性，自觉地学习生态文化知识，培养自身生态文化理论自觉与实践意识。其次，引导学生与教师对生态技能的锻炼与对生态素质的提升，激发他们对美好生态环境的渴求。伴随人们物质生活的不断丰富，人们开始将关注点集中在生态环境的保护与治理方面，由于人类前期的肆意开采与利用，导致自然生态系统遭到严重破坏，身为新时代的“生态人”应当积极投身于生态文明建设中去，积极探索与寻求行之有效的生态环境治理与保护的措施与方法，为此，我们更加要求生态文化自觉培育为生态文明建设提供具有高素质、高水平、高技能的新时代“生态人”，促使他们为保护人类共同家园贡献力量。

增强培育发展的外生动力。知识转化动力与实践需求动力共同构成生态文化自觉培育的外生动力。“社会生活在本质上是实践的。”因此，生态文化自觉培育的重要方向性引导既包括社会生态关切与生态实践需求，也可以理解为社会需求是生态文化自觉培育内容的重要参考。其一，要明确生态实践需求的内容与方向。首先生态环境保护与生态环境治理是生态实践的主要内容，生态环境保护主要是要求社会成员都具备生态文化意识，即对环境保护的意识培育，而生态环境治理主要是指对已遭到破坏的生态环境采取一定措施对生态环境的修复，它需要科学合理的治理方案与先进的生态技术作为支撑，无论是生态环境保护还是生态环境治理，二者都需要通过生态文化意识的培育来引导其生态文化意识的践行。其次，要不断提升生态理论转化为实践的能力。生态文化知识作为意识层面的概念，不仅可以作为知识进行传播，通常还可以将其转化为现实实践，从而实现改造世界的作用。针对大学生的生态文化自觉培育，我们首先需要从思想上帮助他们树立正确的社会主义生态观，并由此来提升他们的理论转化为实践的能力，从而推动生态文明建设的不断发展。总而言之，要想实现大学生生态文化意识培养效果，就应当不断增强生态文化自觉的培育动力。

（三）优化培育运行程序

程序即步骤与次序。生态文化自觉培育效用与质量需要培育运行程序的不断优化。为了培育符合时代发展需求的“生态人”，不断增强生态文化培育的实效性，应当以优化培育运行程序为前提。

优化培育运行程序，既是对培育要素协同把握的重要过程，同时又是对生态文化自觉培育效果的保证。要想优化培育运行程序，需要分别从培育运行所处阶段、内容、环节与范围进行把控与践行。首先，要明确把控好培育运行程序的各要素内容。培育运行的阶段分为实践实习阶段与理论知识学习阶段，培育运行内容分为实践自觉、主体自觉、价值自觉与理论自觉，其运行环节涉及组织育人、管理育人、实践育人、网络育人、课堂育人等，运行范围主要指所有高职院校与其内部校园环境。其次，要科学践行培育运行程序各要素的内容。由于生态文化自觉培育的教育内容会随着社会与时代发展而不断变化，其运行的育人方式也会随之进行调整。因此，在生态文明实践实习阶段应当充分重视实践对育人所起的重要作用，通过生态环境治理与生态环境保护的成功事例，培养大学生的生态道德情感，充分激发他们热爱大自然、保护大自然与治理生态环境的决心与信心，促使他们积极主动地参与到生态文明建设中去。

要想使培育运行程序得到优化，应当从以下几个环节入手：其一，制定好生态文化自觉培育的课程大纲。生态文明教育教师会根据课程大纲进行生态文化自觉培育教学活动的内容与时间安排与设计，包括讲授内容的时间安排与教学方法建议等，它是新时代生态文化自觉培育运行程序得以不断优化的关键环节。其二，明确生态文化自觉培育的主体责任。明确培育主体责任的目的在于确保责任的落实。教师是大学生生态文化自觉培育的主体，其次是校园管理者。因此，大学生生态文化自觉培育的直接负责人是教师，而校园管理者充当大学生生态文化自觉培育的间接负责人，教师肩负着大学生生态文化自觉培育的重担，而管理者则通过制定各项生态文化相关规章制度或者校园管理等来影响大学生的生态文化意识的养成。其三，监督好生态文化自觉培育的付出强度。监督的目的在于更好地实现培育效果，因此，对校园管理者建设校园文化程度的监督、对生态文化自觉培育教师付出力度的监督，均有助于增强培育效果。总而言之，要想使生态文化自觉培育的运行程序得到不断优化，就应当从影响其优化的关键环节入手，这样才能达到理想的培育效果。

第六章　机制保障：大学生生态文明教育机制构建

第一节　生态文明教育机制构建的价值

国家注重推行高校生态文明教育并不单单是为了提升当代大学生的文明素养，而是以大学生文明素养的提升为途径来影响和提高周边民众的文明素养，同时大学生通过积极参与建设生态文明社会的相关工作，逐步影响并改善整个社会的生态环境，达成整个社会生态文明素养提高的目的。显然，开展高校生态文明教育至关重要。站在教育机制的立场上对生态文明教育进行深层探索，首要问题就是清楚生态文明教育机制的价值诉求，知晓生态文明教育的本质和核心，同时对生态文明教育机制的创建和运行投入足够的关注和支持，保证生态文明教育获得理想的教育成果。

一、保障高校生态文明教育有效地开展

高校生态文明教育活动的开展需要多种要素的配合，以此为基础形成的高校生态文明教育机制必然要对所有相关要素进行分析，以教育机制的整体性为着手点，不但要重视每个要素的特殊性，还要清楚所有要素之间存在的内在联系，从而能在宏观角度把控高校生态文明教育活动的总体方向。另外，高校生态文明教育机制借助各种教育要素影响着教育活动过程的每个环节和阶段，当有新变化或新情况产生时，它会及时地将教育要素的内在结构以及要素之间存在的内在联系进行恰当的改变，保证教育活动顺利开展。因此，生态文明教育机制其实是一种多层次、多维度的控制系统，它能确保生态文明教育有效开展。

二、促进高校教育机制有效地创新

高校教育机制是高校教育活动和社会之间互动的产物，因此，高校生态文明教育机制和生态文明社会的建设和发展关联十分紧密，更展现了生态文明社会对高校教育和人才培养的相关要求。在这种情况下，高校必须根据生态文明社会对人才的要求树立正确的价值观，同时以此为指导，结合创建生态文明教育机制这一伟大契机，对教育制度、教育体制、其他教育要素进行优化和创新。同时要创设相应的教育管理机构并明确其职权范围，结合生态文明教育制度确定教育主体必须承担的责任、享有的义务和权利，强化师资队伍，创新和改革现有的教育方法、途径和内容。显然，创建高校生态文明教育机制能推动高校教育机制不断创新、与时俱进。

三、对生态文明制度体系建设的补充和完善

从某种程度上来讲，高校的教育制度可以展现高校的教育理念和价值观，指导、规范高校开展各类教育活动，同时协调和保障这些活动顺利进行。建设生态文明教育制度是创建生态文明教育机制的核心内容。该机制的建构不仅需要了解生态文明教育活动相关的学校内部要素与社会外部因素之间的内在联系与运作方式，还需要对这些要素、环节加以规定，使其遵循生态文明教育机制的运行原理。需要对教育行政部门建立明确的责任制度；对生态文明教育教学的教师选拔、使用、培训、管理等方面设立相应的制度，建立合格的教育队伍；建立生态文明教育的监督制度，对该机制的实施过程和实现效果进行全面的考察、分析、比较、鉴别和测定，从而得出客观结论。高校生态文明教育机制的建构有助于推动生态文明教育制度的创新，丰富和完善生态文明的制度体系。

第二节 大学生生态文明教育机制结构要素与功能

通过上文知晓了生态文明教育机制蕴藏的巨大价值，在当今社会，开展生态文明教育活动刻不容缓，为了保证教育活动的高效性，推动该教育机制完美运行，需要充分了解其结构要素和功能。

一、大学生生态文明教育机制结构要素

了解事物的构成要素不能单从整体把握事物的构成，需要详细分析和

探究事物的基本单元和内部关键点，从而清楚地掌握事物的运行规律以及本质属性，生态文明教育机制也不例外。生态文明教育机制的构成要素主要有两部分，即社会外部因素和学校内部要素。本文主要探讨教育主体、教育体制、教育制度、教育理念、社会环境五个要素。

（一）教育主体

在开展教育活动过程中会形成相应的教育机制，而所有的教育活动都是在社会文化环境中开展的，教育主体的文化水平限制了教育活动吸取社会文化中的先进知识。在教育活动中建构教育机制时也会受到建构主体自身因素的限制，如建构主体的教育层次、教育理念、教育目的乃至主体自身的学习境界、文化素质等。显然，建构生态文明教育机制的基础是生态文明教育活动，是将所有影响活动的要素融入教育活动后形成的有机整体，而且在生态文明教育活动中教育主体的教育态度、教育水平、教育认知对建构对应教育机制发挥着至关重要的作用。

生态文明教育机制的教育主体其实就是开展生态文明教育活动的参与者和组织者，可分成两部分：一部分是在教育活动中充当管理者的管理主体，如学校领导、政府教育部分领导等；另一部分是在教育活动中充当主要工作者的实施主体，如政府教育部门工作人员、学校教师等。教育主体层次不同，对应的工作职责和工作性质也不相同，在整个建构教育机制过程中发挥的作用和所处的地位也不相同。因此，在建构生态文明教育机制过程中应以明确教育主体和主体的职责为先决条件，同时注意提升建构主体的专业素质水平，确立其生态文明价值观念。

（二）教育体制

教育体制的组成成分是教育规范和教育机构，教育规范或教育制度多种多样，教育机构更是具有多种级别和类别。生态文明教育活动属于教育行为，因此，教育机制和教育体制一定对其有重大影响。教育机制和教育体制之间存在一定的内在联系，二者不仅具有许多相通点，还具有许多不同点。比如，教育机制和教育体制拥有独属于自身的含义和外延，具有不同的呈现形式，教育机制体现的是教育各种要素的运行方式以及要素间存在的内在关联，呈现形式是动态变化的，而教育体制是教育规范和教育机构的统一体，主要体现的是教育要素的紧密关系，呈现形式是静态的。另外，教育体制是教育机制的组成要素，在整个教育机制中发挥重要作用，两者既同步协调又相互促进。因此，教育体制影响和限制着教育机制的建构和发展，当教育体制发生重大改革时，会促使教育机制不断创新。

与其他要素相比，教育体制从根本上影响生态文明教育活动的开展，主要通过教育制度和对应的教育机构来影响对应的教育机制，从而影响教育活动。换言之，教育制度和教育机构对生态文明教育活动产生根本影响，是通过影响教育活动自身内部的各种要素之间以及内部要素和外部要素之间形成的有机联系，促使教育活动和对应的教育体制展开深层互动，从而影响生态文明教育活动。生态文明教育机制本身展现了教育活动和社会发展之间存在教育关系结构和互动系统，更重视教育组织的高效运营和教育规范的全方面推行。换言之，建构生态文明教育机制必须满足教育体制的相关要求和条件，同时对教育体制内部各个要素以及要素之间存在的运行规律和功效进行深层研讨。

（三）教育制度

对生态文明教育活动来讲，生态文明教育机制有重要作用，如指导作用、规范作用、保障作用、协调作用等，而该机制真正发挥这些作用主要依靠对应的教育制度。教育制度属于生态文明教育机制的重要组成要素，在发挥机制作用方面具有至关重要的意义。以生态文明价值观作为指导观念形成的教育制度能保证开展的生态文明教育活动具有精准的价值导向。而且贯彻落实这种教育制度的所有内容要求，是该机制规范相应教育活动中教育主体的行为以及各个教育要素之间存在的相互作用和内在联系的完美体现。也正因为该机制对教育主体和各个教育要素的规范，使开展生态文明教育活动更协调、更顺利、更有保障。显然，建设生态文明教育制度是建构对应教育机制的关键。

确立生态文明教育制度一定要坚持生态文明价值观的指导思想，以高校各类生态文明教育活动为依托，形成一种和家庭教育、社会教育融合的，同时融入教育主体、教育环节、有关教育要素的制度，便于更好地发挥和展现对应机制的独特作用，规范和促进各个高校积极开展生态文明教育活动。

（四）教育理念

一般情况下，思想理念对人类的行为目的影响极大，当人在确定自己接下来的行为是何目的时很容易受到自身思想理念的影响和限制。同理，生态文明教育理念也会限制和影响人们开展生态文明教育活动。树立正确的教育理念，不但与确定教育目标、方法以及内容有很大关系，还展现了生态文明教育的目标定位和价值判断，更限制和影响了建构生态文明教育机制。

生态文明教育理念在整个教育机制中充当杠杆，发挥调节作用，它通过自身的理性观念来控制所有的感性观念，并用相应的规范实现各个教育要素的联合，从而保证机制的外在结构模式和内在教育价值系统完全统一，彰显生态文明教育机制独特的价值取向。显然，生态文明教育理念不单单是生态文明教育活动的根本，还是建构生态文明教育机制的关键，因为它本身的价值导向是生态文明教育机制的精神力量。

（五）社会环境

在建构生态文明教育机制过程中，需要时刻保持优良的外部环境，因为社会环境也是建构机制的影响因素。此处的社会环境指的是影响学校教育正常开展的环境因素，即影响高校建构生态文明教育机制以及开展相关教育活动的外部因素的集合。社会环境主要包含社会舆论、经济水平、政治形势等因素，这些因素会在高校开展生态文明教育活动时与其进行信息交流，直接影响活动的教育目的并阻碍其顺利开展，因此，建构机制时必须将此因素考虑在内。显然，优良的外部社会环境可以加快生态文明教育机制的建构进程并对其进行优化，如果忽略建设良好的社会环境，必然会影响生态文明教育机制的建构和优化，无法开展高效的生态文明教育活动，实现生态文明教育的健康发展。

这里需要注意，所有要素并非单独存在，它们属于一个整体，存在紧密的联系。而且，生态文明教育机制的概念中反复申明的核心词汇就是“内在联系”，因此，在分析和探究各种要素时，不能单纯地了解某个要素的含义，还要深究其和其他要素存在的内在联系。

二、大学生生态文明教育机制的功能

高校生态文明教育机制的功能指的是生态文明教育机制在高校开展生态文明教育过程中展现的能力、发挥的作用、达成的功效等，完美展现了教育机制在生态文明这一教育领域中的功能。该机制属于一种多维度、多层次的综合性教育关系结构，与生态文明教育的工作原理相符，更顺应了生态文明教育的发展规律。这里我们仅研讨下列四项功能。

（一）引导功能

此功能主要体现在两个方面：第一，生态文明教育机制积极引导高校开展的教育活动并向着教育目标的方向发展。高校开展生态文明教育活动是建构生态文明教育机制的基础，而生态文明教育机制又限制和影响着高校开展教育活动的发展方向，生态文明教育机制的指导思想一直是生态文明价值观，因此，它在运行过程中推动高校开展的教育活动向着生态文明的方向发展，实现高校开展生态文明教育的目标。第二，生态文明教育机制引导高校培养专业的、高素质的人才。高校开展生态文明教育的根本原因是为了提升大学生的生态文明素养，实现大学生全方位发展。生态文明教育机制发挥引导功能，促使高校开展符合人才成长规律以及教育规律的生态文明教育，培养符合生态文明建设和发展要求的新型人才，加强生态文明教育的可操作性、针对性和有效性，确保高校培养生态文明人才的脚步稳定而有序。

（二）规范功能

此功能主要体现在高校生态文明教育机制根据生态文明教育的根本目标制约着高校开展教育活动的组织性和价值性，避免教育活动各个部分的发展出现巨大差别。该机制在运行伊始已经明确方向，但在实际运行过程中很容易受到各种要素的影响，如教育主体心神有恙、教育资源缺乏、社会环境巨变以及教育理念出现偏向等。生态文明教育机制中各个要素具备的整体功能以及不同要素之间存在的内在关联促使该机制的各个要素在遵守教育目的的前提下发挥自身的作用，规范和限制该机制的正常运行，如通过教育理念改革教育体制、通过教育主体规范教育工作、通过教育制度规范教育主体等，完成教育目标。正因为生态文明教育机制具有规范功能，才能确保高校一直遵循固定路径开展教育活动，才能确保教育活动绝对不会偏离教育目标，坚定且有序地开展。

（三）整合功能

此功能主要体现在生态文明教育机制促使高校开展的生态文明教育活动和生态文明社会建设对教育的要求完美地融合在一起，促使影响高校开展生态文明教育活动的所有要素融合成与教育目标要求相符的有机整体。具体表现在生态文明教育中不同具体教育机制整合内部要素的运动和变化过程，确保所有要素达到动态平衡，协调一致，共同推动生态文明教育机制朝着目标方向稳步发展，保证其稳定运行。而且，各个具体机制之间相辅相成、相互促进，组合成一个有机整体，激发出更加强劲的凝聚力，高效开展生态文明教育。正因为生态文明教育机制的整合功能，使得该机制发挥的作用超过所有具体机制发挥作用之和，达到的整体效果同样远超部分效果之和。因此，这种整合功能不但能保证该机制的作用得到最大限度的发挥，还加强了该机制的综合实力、整体效果，使其具有更高的针对性，进而提升生态文明教育的实效性。

（四）协调功能

此功能主要体现在生态文明教育机制通过强化或优化机制运行过程中相关要素的配合，将消极因素转化为积极因素，维持机制正常运转，从而更好地达成生态文明教育目标。在该机制运行过程中，极易受到各种外部因素或内部因素的影响，使机制的运行受到干扰，阻碍生态文明教育活动的有效开展，更有甚者会使教育活动与教育目标产生严重偏向。在此情况下，生态文明教育机制通过主动控制和调整机制的运行阶段、教育结构、相关要素以及教育目标等，确保机制运行的所有环节以及各种要素处于稳定状态，维持机制的有序运行，保证生态文明教育能在复杂环境中始终向着预定目标发展。

这里需要注意，在实际教育中，生态文明教育机制的相关功能同样不是单独存在的，而是相辅相成、相互制约、相互联系的，此处介绍仅用于研究和分析。生态文明教育机制的引导功能对于机制发挥规范功能、整合功能、协调功能有制约作用；规范功能保障机制的引导功能、整合功能、协调功能顺利发挥效用；协调功能使得引导功能、规范功能、整合功能在机制内部处于平衡状态；整合功能更是机制发挥引导功能、规范功能、协调功能的先决条件。各种功能在相互影响、相互作用、相互联系的情况下共同发挥效用组成了生态文明教育机制的整体功能。

第三节　大学生生态文明教育机制构建策略

高校在全力建构和完善生态文明教育机制后，才能开展高效的生态文明教育活动。而高校生态文明教育机制是由多个具体机制形态组成的具有多项功能的教育机制体系，包括保障机制、评估机制、协调机制、动力机制、领导机制等。因此，建构此体系从机制的功能以及组成要素入手，遵循相应的原则，研究和寻找建构体系的有效方法，促使高校生态文明教育的开展更系统化、规范化、科学化。

一、高校生态文明教育机制的建构原则

高校生态文明教育机制的建构原则指的是在建构高校生态文明教育机制的过程中，为了实现生态文明教育目标，提升生态文明教育实效性必须遵守的原则。

（一）结构优化原则

所谓结构优化其实就是通过优化教育机制不同要素的功能，增强不同要素之间的关联性和协调性，促使教育机制结构更加科学、合理，实现更好的发展。生态文明教育机制是高校在开展生态文明教育活动时相关社会外部因素和学校内部要素之间存在关系的整体。因此，建构生态文明教育机制必须从对应的教育活动入手，优化该机制的结构。第一，通过开展生态文明教育活动优化并提升对应机制各个要素的功能。高校在开展生态文明教育活动时，对应机制的各个要素会不由自主地发挥自己的作用，变相展现各个要素的特殊功能，根据不同功能的特点优化并提升对应要素的功能，为优化对应机制的结构打下坚实的基础。第二，增强机制不同要素之间存在的内在关联，理清各个要素在不同层次的组合方式，优化对应机制的结构。在生态文明教育机制中不同要素的功能各不相同，但存在一定的内在关联，当改变组合方式时，整体功能也会发生相应变化，便于寻找对应机制的最优化结构，最大化地发挥机制的作用。

（二）覆盖全面原则

此原则指的是在建构生态文明教育机制时不但要考虑建构机制的方方面面，还要厘清生态文明教育各个层面、各个环节之间存在的内在关联。生态文明教育机制是高校开展生态文明教育活动时相关社会外部因素和学校内部要素的运行方式以及内在关联的有机整体，在高校开展生态文明教育过程中很容易受到自身状况或外部环境等因素的影响，致使相关机制运行出现问题，无法发挥作用。因此，在建构高校生态文明教育机制时一定要全方位考虑，深层探究该机制社会外部因素以及学校内部要素在不同环节、不同层级形成的具体机制，分析其功能和结构，打造多个具体机制协同工作、全面统一的整体格局。

（三）管理科学原则

根据生态文明教育目标的相关要求，建构生态文明教育机制时一定要遵循管理科学的原则。首先，生态文明教育目标要求是建构对应机制的核心要求。换言之，建构生态文明教育机制就是为了使学生树立正确的生态价值观，形成生态行为方式和文明意识，成为建设生态社会的栋梁之材。其次，生态文明教育理念是建构和运行对应机制的关键理论，在遵守生态文明教育机制相关科学规律的基础上，积极开展高效的教育活动。最后，在生态文明教育机制正常运行过程中，实时评估其运行过程和结果并给出反馈意见，持续提升并完善该机制的整体功能。

（四）职责分明原则

高校开展生态文明教育工作想要真正实现规范化运行，需立足于本校实际情况，创建一个具有绝对职权且责任分明的机构专职负责管理相关工作，确保生态文明教育机制高效运行。第一，根据生态文明教育的层次划分整个机构，确定每一层中各项管理工作的内容和责任，同时确定领导人和管理指标，确保该机制在各个层次都能高效运行。第二，明确要求所有和教育工作相关的组织和个人都要积极管理自己的岗位，明确岗位目标，履行相应职责，保证每一个岗位的工作都能做到有责、有序地开展，同时多岗位团结协作、共同努力推动机制完美运行。

（五）关系协调原则

当生态文明教育机制正常运行时，极易受到外界因素和内部要素的影响，为了应对各个要素可能出现的变化，提升和完善该机制的整体功能，需要时刻注意机制各个要素在运行过程中的变化，调节各要素之间存在的内在关联。第一，积极调节生态文明社会建设和高校开展生态文明教育活动之间的内在关系，确保高校根据教育活动建构的教育机制能加快生态文明社会的建设进程，并使其获得进一步发展。第二，积极协调生态文明教育机制不同要素的内在关系，加强各个环节、各个层次的沟通和协作，将各个具体机制融合在一起，提升和完善该机制的整体功效，增强教育效果。

（六）保障有力原则

高校在开展生态文明教育活动过程中需要一定的环境、队伍、资源，这些内容都需要提供对应的教育制度、教育体制，需要强有力的保障。在建构生态文明教育机制过程中，根据需求制定规则，健全相关教育制度和教育体制至关重要，再根据生态文明教育相关制度内容，从资源、队伍建设、规章制度等方面保障该机制的高效运行。只要这样才能保证生态文明教育始终拥有大笔资金注入，积极提升专业教师的综合素养。因此，坚持保障有力原则，能确保生态文明教育机制各个要素正常发挥作用，从而保证该机制稳定运行。

二、高校生态文明教育机制建构着力点

生态文明教育机制是与生态文明教育活动相关的社会外部因素和学校内部要素的运作方式以及各要素之间存在内在关联的有机整体，因此，在建构该机制时必须以生态文明教育理念为指导观念，不但要重视内部各个要素以及要素的功能，还要重视外部社会环境因素的作用，整合生态文明教育的相关要素和功能，提升教育的整体效果。

（一）确立科学的教育理念是生态文明教育机制构建的重要前提

高校在确定科学的生态文明教育理念后，才能真正认识到建构对应教育机制是有效开展教学活动的必要条件，从而更科学地创建该机制，并真正从思想上重视教育活动的开展。这种做法完全符合建构机制的科学管理原则。科学的教育理念对于建构教育机制有重要的指导作用，具有无可比拟的巨大价值，主要表现在两方面：第一，在建构教育机制时优先推动建构主体树立生态文明教育理念，通过建构主体自主参与建构机制过程并开展对应教育活动的行为引导其他人；第二，向全校师生讲解生态文明教育理念，引导他们深入了解生态文明教育的重大价值，知晓培养生态文明人才的重大意义，从而接受或强化生态文明教育理念，从思想上保证建构生态文明教育机制过程更加科学、合理、高效。另外，还要在社会范围内积极宣传生态文明教育，借助社会教育的方式广泛传播该理念，不断扩大其影响力，为建构生态文明教育机制营造一个优良的外部社会环境。

（二）要素构成和功能定位是生态文明教育机制构建的重要基础

生态文明教育机制是由与生态文明教育活动相关的社会外部因素和学校内部要素组成的，因此，并非所有和教育有关的事物都能在建构该机制时充当其组成要素。换言之，生态文明教育机制明确地界定了组成该机制的要素

内容，规范了各要素的功能，同时在教育实践过程中不断地提升和优化各个构成要素的功能，加强各要素之间的内在关联，增加不同层次要素的组合方式，为科学创建和稳步运行该机制打下坚实的基础。这同样是遵循结构优化原则建构该机制的真实体现，是目前解决高校在开展生态文明教育过程中遇到的所有问题的绝佳办法。如果生态文明教育机制没有清楚地界定该机制的构成要素，自然无法深究各个构成要素之间存在的内在关联，自然也无法科学地建构对应的教育机制。而且，如果生态文明教育机制不能精准定位各个构成要素的功能，自然无法在开展生态文明教育活动的过程中提升和优化各要素的功能，使该机制无法在生态文明教育过程中最大程度地发挥作用。

（三）要素联系和功能耦合是生态文明教育机制构建的关键所在

生态文明教育机制并非只有一个构成要素，而是多种要素耦合在一起形成的有机整体。目前，很多高校在开展生态文明教育过程中已经出现构成要素无法完全发挥合力的现象，因此，我们在建构生态文明教育机制的过程中必须从深层把控机制各构成要素之间存在的内在关联，掌握各要素的功能。教育机制的整体功能其实就是将机制各个构成要素及其功能耦合在一起，它不但包括了各要素的内在关联，还包括各要素功能的融合。但是，不同构成要素联系在一起形成的结构模式不相同，不同结构模式组成的机制具有的功能也不尽相同，因此，在建构机制时必须坚持结构优化原则，不仅要积极提升各个要素的功能，还要优化各要素之间存在的内在关联，从而形成最佳的结构模式，组成具有最佳功能的机制。同时要增强各个构成要素的功能耦合，保证生态文明教育机制最大化地发挥整体作用。

（四）社会环境影响分析是生态文明教育机制构建研究的重要组成

建构生态文明教育机制同样会受到外界社会环境因素的影响，因为该机制本身就包括社会因素，而且根据关系协调原则，建构该机制时需要协调生态文明社会建设和生态文明教育活动之间的关系，所以，建构该机制时必须充分考虑社会环境因素。高校开展生态文明教育活动主要涉及的社会环境因素有很多，如社会文化、经济发展、政治制度等，当这些因素突然发生变化，很容易引起生态文明教育过程发生巨大变化。因此，建构生态文明教育机制时一定要对社会环境引起高度重视，当其变化时，及时分析其变化原因以及可能产生的后果，及时调节机制运行过程中各个要素的内在关联以及各个环节的协同工作，尽可能保证机制平稳运行。

三、高校生态文明教育机制的具体建构

高校在开展生态文明教育实践活动中，需要建构并完善多个具体的、不同功能的教育机制，组建成高校生态文明教育机制体系，这个体系不仅是高校开展生态文明教育的必然要求，更是高校顺利、有效开展相关教育活动的有力保障。这里仅探讨生态文明教育的领导机制、动力机制、协调机制、评估机制以及保障机制。

（一）强化教育主体责任意识，创新生态文明教育的领导机制

生态文明教育领导机制指的是在充分了解生态文明教育的重要性基础上，有关生态文明教育的整体决策与责任落实方面的机构设置及其相互协调运作，从一定意义上讲，领导机制是整个教育机制中最关键的结构，它主要发挥领导作用。领导机制创新的关键内容就是加强教育主体对生态文明教育的认知程度，坚决贯彻其教育决策，落实其教育责任，保证生态文明教育顺利开展。生态文明教育的主体包括高校以及各级主管教育的政府部门，对它们来讲，增强建构机制的责任意识是头等大事，接下来就是将这项工作提上部门议事日程，以提升高校全体师生生态文明素养为切入点，在高校人才培养体系中加入生态文明人才培养，借助建构生态文明教育机制来解决高校开展生态文明教育可能遇到的所有问题。领导机制创新还要积极完善相应的教育制度，成立相应的教育机构，明确相关教育主体的职责，落实各教育主体的责任，形成和社会教育实现有机融合的、和当前学校教育体系协调统一的、符合生态文明建设发展要求的生态文明教育体制，综合社会教育以及学校教育的资源和力量推动生态文明教育领导机制的创新。

（二）注重调动内在积极性，强化生态文明教育的动力机制

生态文明教育机制的平稳运行需要持之以恒的动力，这些动力来源可能是机制内部各构成要素相互作用产生，也可能是机制外部各因素相互影响产生，两者共同组成机制的动力机制。机制内部各构成要素的相互作用主要指的是机制内各个教育主体的相互作用，其中影响最大的就是师生之间的相互作用。因此，强化动力机制的核心内容就是增强老师和学生的综合素质，确保在生态文明教育过程中老师发挥主导作用，学生发挥主体作用，不断地优化和协调双方的相互交流和相互作用，使师生之间的相互作用力发展到更高

层次或更广阔的范围，优化并健全其他教育机制。从某个角度来讲，教师在了解生态文明教育的重要性后积极追求其教育目标，并将这种追求融入自身责任感和成就感中，积极培养符合生态文明社会建设所需的新型人才，伴随着责任感和成就感的持续增长，教师更加积极地参与生态文明教育。对学校来讲，需要积极引导并持续强化教师在开展生态文明教育活动过程中展现的责任意识以及成就期待，调动更多的教师参与生态文明教育活动，激发他们主动参与教育的觉悟，同时结合生态文明教育对教师不断增长的素质要求，促使他们积极增强自我修养，实现自我提高。机制外部各因素的相互影响主要指的是社会环境的影响，特别是建设生态文明社会对高校开展生态文明教育活动有很大影响。社会环境持续变化，使得高校生态文明教育时常面临新的挑战和要求，不得不调整生态文明教育活动，使教育机制内部各个要素的功能发生一定变化，生态文明教育机制也随之发生变化，变得更加符合实际情况，从而实现更平稳的运行。

（三）注重教育结构协调性，完善生态文明教育的协调机制

高校在开展生态文明教育活动过程中，生态文明教育机制内部各个要素一定会发生相互作用，由于各个要素的功能各不相同且存在一定的内在关联，它们之间的相互作用可能是统一的，也可能是矛盾的。所谓生态文明教育的协调机制指的是高校在开展生态文明教育活动过程中，必须时刻注意对应机制内部各个要素以及各个环节之间产生的变化，当变化引发矛盾时，及时调整各个要素之间存在的内在关联，增强各要素之间的配合，消除矛盾，促使机制平稳运行，最大化地发挥其功效。高校应制定精准的生态文明教育目标以及目标对应指标，同时要求教育职能部门负责管理教育相关活动，确定该部门职能并落实部门责任，确保教育目标完美达成。想要真正发挥生态文明教育的协调机制的作用，必须完整发挥高校教育职能部门以及各个院系的作用。结合学校确定的教育目标，为职能部门和各个院系制定具体的目标和完成指标，并时刻监测它们在教学过程、教育管理、后勤支援、安全保障等环节完成目标任务的情况，当其执行过程走向岔路时要及时予以纠正，并解决产生的一系列问题，通过不断地整合和完善，保证高校的生态文明教育活动无论是在领导决策、设备保障方面，还是在学生管理、教育教学等方面都能实现高效开展。

（四）注重掌握教育信息，建立生态文明教育的评估机制

生态文明教育的评估机制指的是我们根据生态文明教育目标要求的教育工作执行标准，评估高校生态文明教育工作开展情况所使用的方法、方式、途径的集合。通过评估机制，我们可以清楚地掌握高校开展生态文明教育的实际进度和真实效果，并根据评估内容适当地修正和完善上级主管部门以及高校制定的与开展生态文明教育相关的宏观决策以及详细的管理措施，进一步优化和强化对应机制的引导、保障、协调作用，提升生态文明教育的真实水平，达成生态文明教育目标。另外，正确应用评估机制还能帮助生态文明教育主体强化自我提高、自我教育、自我约束、自我评价等能力。如今，生态文明教育发展并不乐观，缺乏完整的教育设施、规范的教育内容、完善的组织架构以及均衡开展的教育活动，全力推行评估机制迫在眉睫。现阶段，实施评估机制的重点项目应该是生态文明教育的主要问题，如生态文明教育的最终效果，如何有效开展生态文明教育等，切实发挥评估机制在提高教育效果、推动教育活动开展方面的重要作用。

（五）整合相关教育资源，提供生态文明教育的保障机制

生态文明教育保障机制指的是为保证生态文明教育活动顺利开展，提供一系列必要的资源和条件等，如人员、物质、组织、精神、制度等。显然，保障机制其实就是为高校开展生态文明教育活动提供各种必须要素，同时提高和优化活动已具备要素的真实水平，确保活动良性运行。此处仅从师资队伍建设和制度建设的角度阐述保障机制建设的相关内容。

增强高校生态文明教育师资队伍建设是完善和发展保障机制的核心内容。目前，许多高校的生态文明教育还处于初级阶段，开展生态文明教育课程的教师数量远远无法满足需求，而且许多开展生态文明教育的老师的专业素养并不完备。面对这种情况，加强高校生态文明教育师资队伍建设就显得至关重要，因此，高校需实施一系列举措，打造高素质的师资队伍，确保高校有效、有序地开展生态文明教育。在建设优质的师资队伍过程中，必须特别重视教师思想方面的培养，持续增强教师的责任意识，促使他们积极、主动地开展生态文明教育。此外，高校还可以制定相关的政策和制度，督促相关教师参与专业培训、外出进修，确保生态文明教育保障机制切实落地。

生态文明教育制度是高校开展生态文明教育活动必须遵守的规则，是保障机制的重要内容，更是高校对生态文明教育实施规范化管理，提升教育科

学水平的关键要求。建立健全生态文明教育制度，就是通过制度的形式确定生态文明教育的工作要求、职责分工、目标人物、保障措施、检查评估等内容，确保高校在开展生态文明教育活动时有法可依、有迹可循、有章可查，从而切实地执行。因此，在制定生态文明教育制度时必须全方位掌握该制度的所有环节，如明确制度观念的定位环节、确立制度内容的制定环节、展现制度价值的执行环节以及强化价值导向的评价环节等。只有这样，才能保证设立的生态文明教育制度更加符合生态文明社会建设的要求，符合高校的人才培养要求，不但展现了高校在开展生态文明教育活动时具备的严肃性，而且展现了高校在开展生态文明教育和学校素质教育时执行的是统一的要求。

通过上文的分析，可以帮助高校更清楚地知晓和把控建构生态文明教育机制的相关事宜，但是必须要注意，高校生态文明教育机制的各个机制并非是单独存在的，它们之间存在紧密的内在关联，既相互联系又相互影响，使得生态文明教育机制成为完美的有机整体，推动生态文明教育的有效开展。

第七章　路径探索：大学生生态文明教育路径

第一节　大学生生态文明教育概述

一、大学生生态文明教育内容与目标

（一）大学生生态文明教育内容

建设生态文明社会这一宏伟的事业离不开大学生，他们是肩负这一重任的栋梁之材，他们需要竭尽全力学习与生态文明有关的知识，丰富自己的思维，为建设文明中国贡献自己的全部力量。教育在人的成长过程中发挥着无与伦比的重要作用，它能影响人的性格、心理，甚至灵魂都会受其影响，因此，在高校开展生态文明教育，促使习近平生态文明思想传播得更广，大大提升了生态文明社会的建设进程。

1. 生态文明知识教育

当前，全球生态环境持续恶化，可利用的资源越来越少。面对这种情况，党和国家在充分考虑所有情况的基础上提出一个全新的国家战略——全力推进生态文明建设，建设美丽中国。高校开展生态文明教育，首要问题就是让高校大学生知晓生态文明的含义，清楚生态和环境的具体内容，同时让大学生知晓我国环境的真实情况。比如，我国一直以来都是人口大国，人口基数大，再加上每年都有大量的新生儿诞生，以及人们良莠不齐的综合素质，情况并不如意；我国虽然拥有种类极多、总量极大的自然资源，但与我

国的人口相比，人均资源占有量反而偏低，而且许多资源开采十分困难；我国生态环境的真实情况同样不容乐观，虽然整体的恶化趋势已经遏制住了，甚至有些地区的生态环境已经获得显著改善，但总体情况令人担忧。面对这种情况，国家必须在社会上大力宣传生态环境的相关知识，促使人们知晓即将面临的生态危机，知晓这些危机都是人们没有合理运用自然资源导致的。因此，人们必须改变人类当前应用自然资源的方式，以尊重自然、顺应自然为前提，实现人与自然和谐共处，共同发展，从而实现经济发展、社会繁荣。

生态文明的具体内容在《中国生态文明教育研究》一书中有明确记录，且被分成两部分：第一部分是自然生态和资源环境的基础常识，如生态定义、环境定义、生态系统、生态危机、生态平衡、生物多样性等；第二部分是维持生态平衡必须遵循的基本规律，如物质循环与再生规律、生物圈的相互依存和相互制约规律[①]。因此，教育者开展生态文明知识教育，可以通过言传身教将自己知晓的生态环境相关知识的规律教授给大学生，使其充分了解生态文明。

2. 生态文明意识教育

高校在开展生态文明教育过程中，必须不断地传授大学生生态文明相关思想，使其养成生态文明意识，深入地了解和认识自然，从而更好地尊重、欣赏、享受自然。对高校来讲，开展生态文明教育至关重要，它是建设生态文明社会的核心动力。因此，高校应在课堂中、校园中尽力展现生态文明教育的相关内容，促使大学生在潜移默化间形成环保意识、生态文明意识。这样做优点极多，第一，大学生能更深入地了解自然，更加喜爱自然，知山知水；第二，大学生能更加尊重自然，做事时会优先考虑是否符合自然的客观规律；第三，大学生通过实际行动展现自己爱护大自然、保护环境、节约资源的心；第四，大学生会更加珍惜大自然的馈赠，形成绿色、环保、低碳、可持续的消费方式和生活方式。

开展生态文明意识教育其实就是通过教育使大学生从心底喜爱大自然，更清楚地认知人与自然之间存在的内在关联，形成绿色、环保的生活方式。用习近平生态文明思想指引大学生树立正确的生态文明观，详细阐述自然规

① 杜昌建，杨彩菊．中国生态文明教育研究[M]．北京：中国社会科学出版社，2019：141.

律是客观存在的、不可违背的，保证其所有行为都自觉遵循客观自然规律，更加尊重大自然，实现人与自然和谐共处、共同繁荣。

3. 生态文明道德教育

党的十九大报告中指出："加强思想道德建设，提高人民思想觉悟、道德水准、文明素养，提高全社会文明程度。"如今，高校开展生态文明教育必须以人与自然和谐共处理念为指导。高校开展生态文明道德教育，能提升大学生的生态文明道德素质，养成生态文明道德观念，主要包含两个层面：第一，帮助大学生养成生态文明道德意识。高校通过对大学生开展科学、合理、有序、系统的生态文明道德教育，使其养成生态文明道德意识、觉醒大局观意识和责任意识，承担建设生态文明社会、建设美丽中国的重担；第二，帮助大学生树立正确的生态文明道德观念。高校通过道德教育使大学生在思想品德形成过程中融入建设生态文明社会的道德理念，从而更全面地看待人与社会、人与自然以及人与人之间的内在关联，树立保护生态环境的道德观念。

在整个生态文明教育过程中，生态文明道德教育是至关重要的组成部分，因为它能从道德层面帮助人类清楚自然的唯一性和先在性，舒缓当前人类和自然之间存在的敏锐关系，改正人类错误地对待自然的行为，从而使人类的行为更符合生态文明。

4. 生态文明法制教育

我国坚持依法治国的根本大法是《宪法》，坚持依法治国的基本要求是有法可依、有法必依。2018 年，"生态文明"被写入《宪法》，这一举措意义重大，代表我国生态文明受到法律保障，国家可通过强力的法律措施保护我国的生态环境和自然资源。高校开展生态文明法制教育，目的是帮助大学生更好地了解生态文明，提升自身法制观念，自觉遵守相关法律法规，不但能在建设生态文明社会的过程中严于律己，还能运用法律的武器与破坏环境的行为做斗争。

高校开展法治教育的核心内容应该是国家相关法律和法规，方便大学生更清楚地感受和认知我国生态的相关法律，铭记于心。比如，2018 年 10 月 26 日修订的《中华人民共和国节约能源法》中就明确写到"为了推动全社会节约能源，提高能源利用效率，保护和改善环境，促进经济社会全面协调可持续发展制定本法。"同日修订的《中华人民共和国循环经济促进法》的总则指出“发展循环经济是国家经济社会发展的一项重大战略，应当遵循统筹规划、合理布局，因地制宜、注重实效。”同日修订的《中华人民共和国大气污染防治法》也明确指出“防治大气污染，应当以改善大气环境质量为目标，坚持源头治理，规划先行。”外国开展环境教育的时间早于中国很多年，也曾出台过多项保护环境的法律，如《环境违法和处罚法》（澳大利亚颁布）、《联邦土地法典》（俄罗斯颁布）、《环境法典》（法国颁布）等。高校开展生态文明法治教育，其实就是通过让大学生学习保护环境的相关法律，知晓保护环境的重要性，提升其法制观念，增强法律意识，保护生态环境和大自然。

5. 生态文明实践教育

实践是所有认知的落脚点，高校在依次开展过知识教育、意识教育、道德教育、法制教育后，必须进行实践教育，实现认知和实践的完美融合，通过不断改进自身行为，提高保护环境的能力。高校开展生态文明实践教育的本质是通过教师引导大学生积极参与生态文明建设实践活动，教师在实践过程中主动发挥自己的创造力和主观能动性，帮助大学生在活动中合理运用自己掌握的相关知识，以“知”促“行”、以“行”促“知”，最终实现知行合一。在整个过程中，最重要的一点就是帮助大学生将知识转换为实际行动，即将从实践中获得的知识再应用到实践活动当中，实现真正的知行合一。马克思指出：“全部社会生活在本质上是实践的”，恩格斯认为：“文明是实践的事情，是社会的素质”。显然，高校开展实践教育，不但能帮助学生更好地和生态环境交流，还能使学生和环境形成一种十分和谐的关系，更主动地接受生态文明教育。整个实践过程实现了人对自然的认知由感性认识到理性认识的升华，由理性认识到实践行为的质的飞跃，经历了认知由浅入深，从实践到认知、从再实践到再认知的全过程。

高校开展生态文明实践教育不但要充分发挥学校的作用，还要发挥社会的作用。换言之，鼓励大学生从室内到室外，由课堂到社会，走进自然、亲近自然，使大学生身临其境地感受自然，对自然形成客观认知，从心底自由萌发保护环境、保护大自然的意念，承担保护环境、建设生态文明社会的重大责任。

（二）大学生生态文明教育目标

1. 帮助大学生掌握丰富的生态文明知识

高校开展生态文明教育首要解决的问题就是让大学生学习生态文明知识，通过教授大学生相关知识，帮助大学生概括、深入地了解、认知生态文明。生态文明的内容十分广泛，不单单包括自然生态和资源环境的基础知识，还包括生态系统中维持生态平衡必须遵从的内在规律。当大学生充分了解并掌握这些知识后，才能真正清楚人与自然之间存在的本质关联，才愿意主动改正自己的思想，接受生态文明教育，真实落实高校开展的生态文明教育。除了让大学生了解大自然以及人与自然的内在关联外，还要让大学生了解并掌握生态文明相关的法律法规，持续扩充大学生的认知，使其主动参与生态文明社会的建设。

"生态兴则文明兴，生态衰则文明衰。"当大学生充分了解并掌握生态文明的所有知识后，自然能清晰地、全方位地掌握当前大自然的实际情况，知晓开展生态文明建设已是离弦之箭，更方便大学生高品质、高质量地建设美丽中国。因此，教授大学生生态文明知识是开展生态文明教育的基础，能帮助大学生更清楚地知晓开展生态文明建设的重大意义和内在价值，帮助他们树立远大的理想和抱负。

2. 帮助大学生树立牢固的生态文明意识

所谓意识其实是人脑对客观物质世界产生的主观反映在脑海的显化。生态意识是人与自然存在的内在关系以及两者关系出现变化引发的哲学反思，也是对现代科学发展成果的总结和概括。生态文明意识其实就是人对于人与自然之间存在内在关系的想法和理解，是人对生态环境的观点和看法，是人对生态文明知识以及维持生态系统平衡的内在规律的认知。

大学生是当今社会的中流砥柱，是中华民族的未来，更是生态文明建设的重要组成，因此，高校开展生态文明教育的关键目的就是帮助大学生树立正确的生态文明意识。在开展生态文明教育课程时，可以将我国生态文明建设的宏伟蓝图告知学生，使他们清楚我国生态文明建设的实际情况，了解生态环境的疏漏之处，从而更精准地、更完善地建设美丽中国。当人们心存危机，才会积极主动地去改变，正确的生态文明意识可以使大学生更加认同我国当前的生态文明建设，更愿意付出努力，贡献自己的全部力量。另外，大学生生态文明意识的强度对我国未来的社会主义建设水平和方向有重要影响，因此，帮助大学生树立坚实的生态文明意识，能极大地缓和当前人与自然存在的尖锐关系，促使他们成为实现中华民族伟大复兴，创造生态文明宏伟蓝图的先锋。

3. 帮助大学生明确承担的生态文明责任

党中央明确提出要建设美丽中国，建设社会主义生态文明，建设“五位一体”全面发展的社会主义现代化国家。中国梦是历史的、现实的、也是未来的；是我们这一代的，更是青年一代的。如今的大学生作为新时代的中国青年，是实现生态文明建设和美丽中国的架海金梁，因此，必须要敢于挑战未来，承担责任，成为合格的新时代青年。中华民族正经历着从站起来、富起来到强起来的伟大征程，大学生作为新时代的脊梁，绝对不能辜负党和人民的殷切期盼，必须承担起实现中国梦的重大责任。

高校开展生态文明教育就是希望大学生在这“两个一百年”奋斗目标交汇的历史性时刻搞清楚自己的任务目标，知晓自己的伟大使命，承担自己的历史责任，全身心地投入到社会主义生态文明建设当中。如今的大学生，在成长阶段始终接受党的光辉的照耀，他们不会退缩，只会迎难而上，从先辈手中、肩头接过实现中华民族伟大复兴的重任，拼搏向前，绝对不会辜负党和人民的信任。他们会将生态文明建设放在肩头，将人民利益牢记心头。因此，帮助大学生清楚自己承担的生态文明责任，会促使大学生成为民之希望、国之栋梁，使其为建设美丽中国贡献自己的全部力量。

4. 帮助大学生养成良好的生态文明行为

在如今的时代，大学生是整个时代的中流砥柱，是整个时代的真实体现，如果大学生不参与建设社会主义生态文明，对于生态文明建设的整体进程以及最终成果会有重要影响。

大学生在接受生态文明教育后可从多个方面保护环境，开展生态文明建设。比如，在学校积极参与植树造林活动，为祖国打造绿水青山贡献绵薄之力；平时生活中注意节约用水，珍惜水资源，并做好模范带头作用，大力倡导节水意识；在出行时尽量选节能、绿色、环保的方式，如公交车、地铁等，为节约能源、打造绿色中国贡献自己力量，还能降低二氧化碳排放，减缓温室效应，保护地球。大学生作为新时代的主人翁，一言一行都代表着整个群体的思想，影响力巨大，帮助大学生养成良好的生态文明行为能加快我国生态文明建设进程。而且大学生拥有良好的行为习惯，不但能降低能源消耗，减少污染，还能推动美丽中国建设，实现中国梦。因此，帮助大学生养成良好的生态文明行为可以在建设美丽中国的过程中最大化地体现大学生的带头作用，在高校范围内、社会范围内营造良好的生态文明氛围。

二、大学生生态文明教育理念与原则

（一）大学生生态文明教育理念

教育理念的本质是指关于教育方法的观念。它会为教育者指明教育目标和发展方向；为受教育者起到指导和规范的作用。因此，高校在开展大学生生态文明教育教学过程中融入科学的教育理念，必定能大幅度提升教学成效。其中“绿色发展理念”“全面发展理念”“知行合一理念”有利于大学生形成良好的道德素养，为大学生生态文明教育的快速发展打下坚实的基础。

1. 绿色发展理念

绿色发展是涵盖和谐、持续和效率为发展目标的一种社会发展方式；是以环境保护为中心实现可持续发展战略的一种新型发展模式。绿色发展已成为世界各国普遍认可的主流趋势，其中许多地区将发展绿色产业作为推动经济结构调整的重要举措，同时绿色发展与各个国家或地区的实际相结合，形成科学理念在民众中宣扬与倡导。绿色发展理念是遵循人与自然的和谐共生关系，以“绿色、低碳、循环”为衡量标准，以生态文明建设为主要途径。倡导人们从我做起，从小事做起，改变有悖生态文明的行为，营造一种有利于保护生态环境、合理利用资源，从而维持生态平衡的生活方式。

为了实现“建设人与自然和谐共生的现代化”的目标，需要践行“绿色发展理念”，以“节约、环保、可持续”为指导方针，坚持人与自然和谐共生。加快生态文明建设，可以促进资源有效节约，改善周边自然环境，符合绿色发展理念。因此，“绿色发展理念”可以作为学校开展生态文明教育的核心和基本内容，反之，学校开展生态文明教育可以成为倡导“绿色发展理念”的主要途径。大学生作为国家未来的建设者和接班人，是生态文明教育的主要群体。在高校中以“绿色发展理念”为指引，开展大学生生态文明教育，可以明确教育内容与方向，从而提升大学生生态文明教育效果。“绿色发展理念”可以渗透到大学生生态文明教育的各个方面，是高校开展生态文明教育的核心与灵魂。通过“绿色发展理念”的指引，易于让大学生在生态文明教育中养成文明健康的消费观念、形成低碳环保的生活方式。总之，坚持绿色发展理念是全面推行大学生生态文明教育的必然选择和前进动力。

2. 全面发展理念

全面发展理念是依据马克思所论述的“人的全面发展”理论衍生而出，从而形成人的一种固定意识形态。马克思主义关于“人的全面发展”学说的研究从人和现实的生产关系作为切入点，明确了全面发展的手段、条件及途径。所谓“人的全面发展”理论，是指人的劳动能力得以全面发展，即实现人所拥有的体力及智力的充分统一发展。同时，也包括人所养成的才能、志趣及道德品质等多方面协调发展。

党的二十大报告提出“全面贯彻党的教育方针，落实立德树人根本任务，培养德智体美劳全面发展的社会主义建设者和接班人”。基于此，新时代青年学生应树立远大理想，担当时代责任，热爱伟大祖国，勇于砥砺奋斗，锤炼品德修为，使自己在德智体美劳等方面得到全面发展，成为社会主义事业的合格建设者和可靠接班人。我国一直都非常重视关于“人的全面发展”理论的应用，早在新中国成立初期，毛泽东同志在确定我国教育方针时，便强调“应使受教育者在德、智、体几方面都得到全面发展，成为有社会主义觉悟及文化的劳动者。”2004 年我国政府确立了“以大学生全面发展为目标”的大学生思想政治教育指导思想，要求将大学生塑造为全面发展的高素质、综合性人才，不单是掌握科学文化知识，还要具有健康的身心，更要具备良好的思想道德素养。大学生的全面发展追根溯源是一种和谐的发展，应包含其自身与他人的和谐发展、自身需求与社会需要的和谐发展以及自身与大自然的和谐发展。其中大学生与自然的和谐发展是与他人及社会和谐发展的前提和基础。因此，面向大学生实施全面发展的教育理念，是建立大学生与自然和谐共生关系的重要途径。而构建人与自然和谐共生关系又是大学生开展生态文明教育的根本目的，因此，全面发展理念可以指引大学生开展生态文明教育。高校在开展生态文明教育的过程中将全面发展理论融入生态文明教育理念当中，能大大改善高校开展生态文明教育的途径和方式。例如，第一，在高校生态文明教育课堂教学中融入全面发展理论，能开拓大学生的眼界，形成“大课程、大课堂”的教学思想，意识到生态文明教育不是单一教育，而是一种综合性教育、全方位教育、可持续性的教育，是面向大学生行为及思想的全面改造，可以帮助教师明确教学目标，从而大幅度提升教学质量。第二，将“全面发展理念”融入大学生生态文明教育教学内容中，有助于教学内容符合时代性、前瞻性的特征，紧跟当今世界经济与社会发展的潮流和趋势，能够及时反映时代的主流思想。第三，大学生生态文明教育实质是整体性教育，几乎涉及各个学科领域。因此，利用“全面发展理念”有助于高校形成完整统一的大学生生态文明教育体系。

3. 知行合一理念

“知行合一理念”在我国最早由宋末元初时期的学者金履祥所提出，在其《论语集注考证》中著有：“圣贤先觉之人，知而能之，知行合一，后觉所以效之”，他认为掌握大量知识的圣贤，能将其形成的想法付之于行为，将在民众中起到榜样的作用。明代思想家王守仁首先将“知行合一理念”运用到教育学领域，并作为其重要的教育思想广泛传播，成为中国传统文化关于“理论与实践相结合”概念的重要论证。

随着时代的前行，社会不断发展，关于“知行合一理念”的传统认知受到了现实的冲击，其承载的传统道德内涵无法适应当代教育教学的需求。因此，“知行合一理念”的内涵需要进行重新定义，使其能够突破传统道德内涵的束缚，转向符合时代要求的现实意蕴。结合新时代的发展特征，“知行合一理念”赋予了新的内涵，“知”和“行”的辩证统一主要表现为：第一，“知”成为“行”的先导。在参与社会实践之前，人们会不自觉地对相关问题进行思考，即在认知的前提下根据相应判断而发生行为活动；第二，“行”是“知”的推动力。思想观念来源于社会实践，脱离了社会实践活动，思想观念就如同“无源之水”，失去了基础支撑。教育的根本目的在于“育人”，培养学生树立正确的世界观、人生观和价值观，让其“知行合一”，最终形成良好的品德。而我国当前的教育主要重视“应试教育”，对“思想品德教育”开展力度不足，使当今学生的行为表现比较欠缺。因此，学校有必要对学生开展“知行合一理念”的教育引导，促使他们养成良好的性格，塑造高尚的品质，从而提升学习的积极性和主动性。

如今我国大部分高校在大学生培养教育过程中并不重视思想政治教育，以至于思想教育成为形式，效果也不理想，无法有效提高学生的思想认知水平，进而无法约束学生的行为。因此，在高校的思想政治教育中融合“知行合一理念”，有助于促进高校思想政治教育教学模式的变革，从而全面提升思想政治教育教学效果。大学生生态文明教育作为思想政治教育的特殊形式，“知行合一理念”的渗透会帮助大学生更快地完成“知”与“行”之间的转换，换言之，帮助在课堂上生成生态文明理念的大学生更快完成生态文明理念到实际生态文明行为的转变。但是由于高校运用“知行合一理念”，致使大学生在生态文明教育过程中不但要注意培养生态意识，还要注意引导生态行为，二者相互依赖、相互促进。

“知行合一理念”对大学生的行为取向和价值观有重要影响，对大学生接受生态文明教育过程有更多新要求。比如，要求老师不但要高度重视大学生养成生态文明观念，还要重视大学生养成生态文明行为习惯，保证学生的日常行为始终处于生态文明观念引导；还要求老师通过指引大学生积极参与实践活动，将其生态文明观念转变成环保、节约等良好的生态文明行为，形成生态意识等。同时该理念会引发教育者教授生态文明教育的方法出现新变化。比如，教育者可以在教学过程中加入实证案例的教学方式，借助案例呈现生态问题现状，深化学生对生态文明观念的直观理解；教育者可以根据教学内容布置调研任务，通过问题的调研，学生能直观掌握生态文明现状，并加强生态责任。总之，在大学生生态文明教育中渗入“知行合一理念”，形成主观和客观、理论和实践、知和行的辩证统一，促进大学生自身价值观的塑造，从而将践行生态文明与实现人生价值紧密结合。

（二）大学生生态文明教育原则

大学生生态文明教育的原则是遵循人与自然关系的发展规律和环境科学的本质特征，结合高校教育的实际情况和大学生生态文明教育的性质特点，在依照大学生生态文明教育过程中的基本要求和指导思想的基础上而制定的准则。

1. 教育内容的综合性原则

大学生生态文明教育的内容包括自然科学知识以及跨学科性和交叉性的社会科学知识。高校实际开展的生态文明教育教学的基础内容是生态德育教育、生态素质教育、生态意识教育，高校坚持教育内容必须具有全面性、综合性、多角度的特点，以此来培养大学生具有优秀的生态文明行为，养成生态文明习惯。大学生接受的教育内容需要具备特定的立场和原则，不但需要包含各种生态文明知识，并将生态文明意识融入生态文明知识中，还需要把多学科的内容进行整合，将教育学科由单一的、简单的内容转变为包含美学、历史、哲学、艺术、经济、文化、技术、科学、伦理学等多方面学科的综合内容。然后将这些内容交叉融合，最终形成多向度、立体式的学科资源，从而帮助大学生从更加全面、科学的角度获得生态文明的意识、知识和技能。

2. 教育方法的多样性原则

高校开展生态文明教育的主要对象就是大学生，他们是一个具备高水平理解力和分析判断力的优秀青年群体，他们思维敏捷，充满活力和创造力。目前，高校进行课堂教育的主要方式是讲授课堂知识，教学形式十分单调，对大学生这一群体并没有显著的教学效果。因此，可根据教育方法多样化原则，选择更为合理的教育方法。换言之，大学生在接受生态文明教育过程中可以使用传统的教育方法，还可结合受教育者的特点，挖掘更多的科学合理的教育方法，不但能刺激大学生更具学习热情，还能获得显著的教育效果。

在大学生生态文明教育中坚持教育方式方法的多样性原则还要做好以下几方面的工作：第一，要将生态文明知识化整为零渗透到相关的各个学科和校园活动当中，使大学生在各门知识的学习中获得生态知识，培养生态意识；第二，在教育教学的过程中，也可收集与生态文明有关的各项教育内容，从中梳理出符合社会主义生态文明建设的观点和内容，将这些内容进行分析，形成一门独立的课程，直观全面地传授给大学生；第三，可以根据教学的需要，组织并指导学生探访大自然、参观生态文明教育基地、实地考察环境资源破坏地区或采用实验分析的方法，获得第一手的生态环境状况资料，来帮助大学生直观生动地了解和学习生态文明知识。

3. 教育主体的发展性原则

发展性原则其实就是站在发展的立场深入研究大学生生态文明教育。生态文明教育的固有属性是发展，因为作为生态文明教育主体的大学生必然会经历形成生态文明意识到养成生态文明行为的过程，即每一名学生都经历着从生理成长到心理逐渐发展成熟的过程。教育的发展推动着个体思想的进步，发展的流动性和向前性带动着教育内容和方法的不断发展和完善。时间在流逝，社会主义生态文明建设的理念在时间流逝过程中不断创新、进步，使接受生态文明教育的大学生不断提升自己的生态素质，各种生态意识水平逐渐向更高层次推进，教育的发展性原则一直渗透和贯穿于教育的整个过程中。可持续发展的理念是生态文明教育的前进动力。面对现实的生态环境问题以及疾病肆虐、物种灭绝、灾害频发、人口膨胀、资源耗竭等危机问题，人类已经发现它们正在不断地呈现出新的变化，并严重威胁着人类的生存与发展。于是，国际社会提出可持续发展理念作为人们看待事物和处理问题的生态意识，为解决各种危机问题提供精神动力和智力支持。从经济社会科学发展的角度，我国也将可持续发展的理念纳入到整个社会主义生态文明建设的实践中来，坚持人与自然、人与社会的协调可持续发展原则，以前瞻性、超越性的发展理念为指导，不断以先进的生态文明教育目标、内容和方法引导大学生，在生态文明教育理念中融入发展意识，推动我国生态文明教育事业持续向前发展。

4. 教育途径的实践性原则

在开展生态文明教育过程中不断培养大学生的生态文明意识和生态文明观念，指导大学生应用课堂上学到的生态文明理论来解决具体生态问题时，使“知”落于“行”，这是大学生生态文明教育途径实践性原则的基本要求。具体来说，就是在各项实践活动中，培养大学生保护生态环境的忧患意识和责任意识，通过鼓励他们积极参与到生态环境保护事业中，增强大学生对生态环保问题以及生态危机局面的反思能力。对这些问题感同身受地理解，促进他们更加积极地学习和掌握解决生态环境问题的技能，最终形成保护生态环境的习惯。2018 年我国“6・5”环境日的主题是：“美丽中国，我是行动者”。该主题旨在推动社会各界人士积极参与生态文明建设，携手行动共建美丽中国。历史经验证明，只有人类尊重自然、顺应自然、保护自然，积极参与生态环境事务，加快形成绿色生产方式和生活方式，才能让绿水青山就是金山银山的理念在公众的心里生根发芽，在祖国的大地上充分展示。因此，大学生只有刻苦学习生态环保知识和生态环保技能，广泛参与各种环境保护事业，与大自然零距离接触，才能从根本上实现大学生生态文明教育的目的和意义。

三、大学生生态文明教育的价值取向

（一）大学生生态文明教育是大学生增强生态意识的重要途径

工业文明时代，人类通过工业化创造了海量的财富，但大量资源被消耗，环境受到极大破坏。这一代大学生是在中国高速发展阶段出生、成长，经历了我国最初的经济发展不平衡、资源运用不合理的阶段，这种情况对他们的成长过程有一定影响，影响其意识和思维形成。但大学生作为现代社会的中流砥柱，是生态文明建设的主力军，他们不但具有丰富的知识，还具有锲而不舍的精神、澎湃的生命力，提升大学生的生态文明意识可以为大学生建设社会主义生态文明打下坚实基础。意识属于人脑的机能，是人脑对于客观物质世界的主观映像，意识能反作用于客观物质世界，当想要改变客观世界时必须改变意识。

大学生生态文明教育是21世纪高校的必修课程，通过此课程，大学生不但能学到中国传统的“天人合一”理念以及马克思追求共产主义批判资本主义的理念，还能学到共筑中国梦的理念，经过如此多理念的冲击，大学生的思维方式不仅会发生本质蜕变，甚至自身喜爱大自然的情怀也得到充分激发，而且还丰富了其生态文明意识。生态文明教育涉及层面十分广泛，包括理论层面、实践层面以及政治层面，通过科学、系统的生态文明教育能帮助大学生养成良好的生态文明习惯，提升生态文明意识。

（二）大学生生态文明教育是思想政治教育的全新使命

当代大学生基本都属于“95后”“00后”，他们的成长刚好处于我国经济腾飞、迅猛发展的年代，他们更是身处网络新时代，处在全球化一体化时代，眼界无比开阔，更是触及无数新鲜的、奇异的事物，他们的思想观念正逐渐走向复杂。因此，为保证大学生具有正确的思想观念，必须开展思想政治教育，而我国开展的思想政治教育一定是符合时代的、与时俱进的，面对当前社会生态问题如此严重的情形，开展生态文明教育绝对是思想政治教育的核心。

传统的高校思想政治教育重视的内容基本都是人与社会之间的关系以及人与人之间的关系，并没有特别重视人与自然之间的关系，而如今的高校思想政治教育因为融合了大学生生态文明教育，不但使思想政治教育充满勃勃生机以及丰富的内容，还能保证高校有序开展生态文明教育。高校开展生态文明教育能使高校思想政治教育内容更加完善，高校德育内容更加丰富，推动思想政治教育更深入、更广泛地开展。高校开展思想政治教育的核心目标就是将在校大学生培养成为一个合格的理性生态人，这不但是生态文明社会的要求，还是时代赋予的重要使命。

（三）大学生生态文明教育是高校文化建设的发展导向

大学生在校园中会参加大量校园活动，校园文化对大学生的生活有深远影响，更是在潜移默化中影响着学生的价值观和人生观，这种影响远远超过普通课程教育带来的影响。因此，绿色、健康、向上的校园文化能促使大学生养成优良的品格，更能帮助大学生拓宽眼界、提升道德素养，使其成为符合社会发展要求的高素质人才。另外，绿色、优质的校园文化不仅对大学生养成健康的生活方式有帮助，还能加快高校生态文明教育进程。在构建校园文化的全部环节都需要结合生态文明教育，用绿色、健康的生态文明教育理念引导高校开展绿色、健康的校园文化活动，同时全力开展生态文明宣传工作，提高大学生的生态文明素养，使他们更清楚地了解自然的实际情况，了解人与自然的关系，知晓人应该怎么做才能与自然和谐共处。高校的校园文化充斥在整个校园，可以看作校园的灵魂，潜移默化地影响着在校大学生的观念和思想，而健康、和谐、绿色的校园文化不但拥有极强的影响力，还具有极强的感召力，如果在校园文化中融入生态文明教育理念，不仅能帮助大学生养成良好的行为习惯，还能指导他们未来生活的方向。高校的校园文化是高校开展生态文明教育的有效介质，而大学生生态文明教育同样为高校建设校园文化指明方向，当建设校园文化过程中融入生态文明教育，不仅能使学生养成优良的生活习惯，还能树立正确的生态文明观，保证他们成为实现美丽中国梦、构建社会主义生态文明的传播者以及实践者。

（四）大学生生态文明教育是建设美丽中国的内在体现

中共十八大提出“美丽中国”这个概念，同时重点指出生态文明建设的重要性，显然，党和国家对建设美丽中国十分重视。中共十九大提出“加快生态文明体制改革，建设美丽中国”的要求。单靠某个人、某个组织的力量来实现“美丽中国”这一远大目标属于无稽之谈，必须整个社会一起行动，从点滴做起，从小事做起，从自身做起，全面建设美丽中国。但是，美丽中国并非在短时间内就能实现，整个过程都不能松懈，因此需要引领者和传播者，用他们自身蕴藏的丰富知识和正确的价值观带领所有人。

近些年，大学生人数连年递增，群体持续壮大，群体力量不断提升，而且大学生年纪不大，活力满满，还具备十分敏捷的思维，必然是承担建设美丽中国重任的不二人选。所谓美丽中国其实就是还大自然青山绿水，营造完美的生态环境，这就需要大学生快速成长，积极完成自己的使命，保证全国人民都能享受到自然的美，感悟生命的内在美。建设美丽中国以及生态文明建设需要所有人的力量和实际行动，建设美丽中国必须以习近平生态文明思想为指导，引导人们形成生态文明意识，知晓生态文明责任，并付诸实践行动，加快美丽中国建设进程。大学生本身作为新时代的主人翁、社会的主要成员、中华民族的未来，必然是建设美丽中国的中坚力量，具有更崇高的使命、更重大的责任，当其接受生态文明教育后，不仅掌握了大量的生态文明知识，还具备了历史唯物主义以及辩证唯物主义的生态思想，生态文明意识得到进一步提升，才能在建设美丽中国时发挥主导作用，成为美丽中国的传播者和实践者。

第二节　大学生生态文明教育的现实意义

一、大学生生态文明教育承载建设美丽中国的伟大梦想

生态就是资源，生态就是生产力。中共十九大在面对当前生态环境持续恶化、资源逐步枯竭的实际情况时提出“加快生态文明体制改革，建设美丽中国”，以及包含“生态环境基本好转，美丽中国目标基本实现”在内的“把我国建成富强民主文明和谐美丽的社会主义现代化强国”的奋斗目标。以上种种体现了党和国家对建设美丽中国的期望和态度，以及开展生态文明建设的恒心和决心。大学生作为新时代开展生态文明建设的中坚力量，接受生态文明教育更能感悟绿水青山的自然环境之美、“五位一体”的社会发展之美以及人与自然和谐共处的生命之美，实现美丽中国的中国梦。

（一）有利于实现绿水青山的自然环境之美

生态兴则文明兴，生态衰则文明衰。翻开历史画卷，古中国、古埃及、古巴比伦等古老文明，基本都是从拥有优良生态环境的地区兴起的，如周边田野肥沃、森林茂密、水量丰沛等，当生态状况急转直下时，巴比伦、玛雅等一度兴盛的文明也由盛转衰，甚至毁灭。对于如今荒凉的太行山脉、渭河流域以及黄土高原地区，我国都有详细史书记载，它们也曾是山清水秀之地，土地适宜耕作、水草适宜养殖牲畜。但由于乱砍滥伐、大肆开采，生态遭到了严重的破坏。历史告诉我们，人类伤害、征服自然，实际上就是伤害人类自己，只有尊重自然、顺应自然、保护自然，科学开发利用自然资源，才能够白云依旧、青山永驻、绿水长流。当前，我国经过改革开放 40 多年来发展，经济总量已经跃居全球第二位，国内城乡居民收入水平大幅度提升，实现从解决温饱问题到全面建成小康社会的跨越，7 亿多贫困人口成功脱贫，占同期全球减贫人口总数的 70% 以上，这对于我们这样一个拥有 14 亿多人口的最大发展中国家来讲是多么伟大。但在飞速发展的同时，环境问题日益凸显，大气污染、水资源污染、固体垃圾污染、土地荒漠化问题、生物种类锐减等等这一系列的生态环境问题也是我们不得不面对的严峻态势，因为我们用 40 多年走完了西方发达国家 200 多年的工业化历程，但在发展

的同时，发达国家上百年阶段性出现的环境问题在我国近二三十年中集中爆发。面对糟糕的居住环境、严重的自然污染，实现自然环境之美不仅是人民群众的呼声，更是建设美丽中国的题中之义。

当代大学生作为生态文明建设的主力担当，有责任和义务去实现绿水青山的自然环境之美。如今，环境恶化局面依然十分紧张，大学生作为新时代的主人翁，必须深刻把握“绿水青山”的重要思想，绝对不能牺牲环境来换取经济增长，更不能把发展与保护对立起来。高校开展生态文明教育，不单单是在当前生态环境情况基础上开展的国情教育，更是为了修正人们对环境保护和经济发展错误认知开展的生态教育，帮助大学生形成正确的生态观念，增强自身保护环境的责任感。党的十八大召开后，我国的生态文明建设稳步向前，美丽中国建设不断进取，主要是以习近平生态文明思想为指引进行生态文明建设。通过对大学生阐述习近平关于生态文明的一系列重要论述，学习习近平生态文明思想，有利于大学生从认识论、实践论、方法论等各个角度深刻理解建设美丽中国的最终目标和路径方法，牢固树立建设美丽中国的思想自觉和行为自觉，更好地投身于绿水青山的生态实践活动中，为实现绿水青山的自然环境之美做出贡献。

（二）有利于促进“五位一体”的社会发展之美

生态文明建设与人民福祉、民族未来有深厚关联，是一项与人民长远利益有关，需要长时间坚持的关键举措。党的十八大报告中明确提出包括生态文明建设在内的“五位一体”的中国特色社会主义事业总布局；党的十九大报告在全面总结经验、深入分析形势的基础上，从经济、政治、文化、社会、生态文明五个方面制定了新时代统筹推进“五位一体”总体布局的战略目标，作出了战略部署。生态文明建设融入经济建设中，要坚持走可持续发展道路，就是将全面推动绿色发展，把解决突出生态环境问题作为民生之本，有效防范生态环境风险，加快推进生态文明体制改革落地，提高环境治理水平，真正做到保护好老百姓的米袋子、菜篮子、水缸子，让老百姓吃得放心、住得安心。生态文明建设融入政治建设中，就是要将生态文明理念融入政府执政的基本理念之中，营造良好的“政治生态”，提升党员干部自我净化、自我完善、自我革新、自我提高的能力，坚持不断把反腐败斗争引向深入，下大力气拔“烂树”、治“病树”、正“歪树”，努力做到“人人是环境，个个是生态”。只有政治生态风清气正了，党和国家治理体系才能走向现代化，全面依法治国战略才能实现，民主与法制建设才能稳固。党的二十大报告提出“推动绿色发展，促进人与自然和谐共生”。大自然是人类赖以生存与发展的基本环境，应该尊重自然、顺应自然、保护自然，这也是全面建设社会主义现代化国家的内在要求。人类必须牢固树立和践行“绿水青山就是金山银山”的理念，站在人与自然和谐共生的高度谋划发展。要推进美丽中国建设，坚持山水林田湖草沙一体化保护和系统治理，统筹产业结构调整、污染治理、生态保护，有效应对气候变化，协同推进降碳、减污、扩绿、增长，推进生态优先、节约集约，实现绿色低碳发展。

生态文明建设融入文化建设中，要充分发挥教育的基础作用，提高人民的参与感，发挥人民群众的积极性，将生态文明建设与文化建设融为一体，发挥二者合力，推动文化建设和生态文明建设齐头并进、一同发展。高校对大学生开展生态文明教育不但能加快生态文明建设融入文化建设的进程，还能推动社会“五位一体”有序发展。大学生接受生态文明教育，有利于形成生态类人格，提升建设生态文明社会的创新能力，增强自身建设的驱动力，促进社会经济增长方式发生转变。大学生经过不断学习，将生态文明理论不断转变为实践行为，能最大化地激发自身保护环境的责任感，更主动地参加社会生态文明建设。党的十九大报告指出生态文明建设是实现中华民族长远发展的大计，作为新时代的大学生，未来担当民族复兴的时代新人，有责任担当起这一时代重任，将生态文明建设融入自身的精神思想、生活行为中去，从衣食住行的各个方面贯彻保护自然、顺应自然、尊重自然的生态文明理念，真正理解经济、政治、文化、社会与生态文明之间存在的内在关系，在步入社会以后，用过硬的专业知识与文化素养投身于促进“五位一体”的社会发展中去。

生态文明建设和社会建设是紧密相关的。一个良好的生态环境是社会发展和人民幸福的基础，同时一个健康、稳定和公正的社会制度也是生态文明建设的重要保障。生态文明建设的目标是实现可持续发展，包括保护生态环境、提高资源利用效率、促进经济发展等方面。在实现这些目标的过程中，必须考虑社会的需求和福祉。例如，推动清洁能源发展可以减少环境污染，同时能为社会提供更加可靠、廉价的能源供应。同时，生态文明建设需要社会的参与和支持，需要建立公正、透明的环境监管和管理制度。社会建设的目标是实现社会和谐和社会进步，一个稳定、和谐的社会才能够更好地保护环境和资源，避免环境破坏和资源浪费。同时，社会建设也需要考虑生态环境的保护和可持续发展的要求。例如，在城市规划和建设中，应当优先考虑公共交通和环保设施，而不是单纯追求经济利益。综上所述，生态文明建设和社会建设是相辅相成、紧密相关的，只有在这两方面取得平衡和协调，才能实现可持续发展的目标，从而促进人的全面发展和社会的全面进步。

（三）有利于构建人与自然的生命和谐之美

党的十九大报告指出“建设生态文明是中华民族永续发展的千年大计”，明确将“人与自然和谐共生”作为新时代中国共产党坚持和发展中国特色社会主义的十四条基本方略之一，揭示了新时代生态文明教育的历史责任。人类社会从人对自然有天然恐惧和崇拜的原始社会到开始利用自然和靠天吃饭的农业社会，再到后来的大规模改造自然和主宰自然的工业社会，直至发展到生态文明社会，其中一个重要的标志就是人与自然的关系。党的十八大报告将生态文明理念阐述为“尊重自然、顺应自然、保护自然”，坚持人与自然和谐共生，不仅是新时代坚持和发展中国特色社会主义的基本方略之一，更是建设美丽中国的意蕴之一。促进“人与自然和谐共生”，首先要改变人类的观念，帮助他们充分了解自然界发展的内在规律以及自然界生物的生存准则，分辨人与自然存在的内在关系，从征服自然到尊重自然。其次，在正确认识人与自然关系的基础上约束自身的行为，将自身行为约束在自然可承受的范围内，取之有度。最后，将自然看作是人类的朋友，正确地利用自然，使自然更好地为人类服务。

党的十九大报告明确指出：“我国社会的主要矛盾已经转化为人民日益增长的美好生活需要和不平衡不充分的发展之间的矛盾。”并提出“要建成富强民主文明和谐美丽的社会主义现代化强国”的奋斗目标。面对当前社会存在的主要矛盾以及中国发展的伟大目标，作为生态文明建设的重要参与者与贡献者，新时代的大学生要有能力承担起这份责任。人民对于美好生活的需要既包括物质与精神的满足，更包括对生活环境的满足。无论是优美富足的生态环境，还是美丽的社会主义强国，毋庸置疑的都必须要在“人与自然和谐相处”的基础之上。加强大学生生态文明教育研究，实现人与自然和谐共生，是整个社会的共同心声。因此，高校对大学生开展生态文明教育，帮助大学生了解并掌握自然的发展规律，用自然之魅力、地球之美丽唤起大学生美丽中国的意识，达成美丽中国的共识。面对世界成千上万顷森林的消失，面对地球上无数物种的灭绝，面对全球变暖、垃圾污染带来的一系列灾害，用真实的数据与科学的知识使大学生更好地尊重自然，在人与自然的和谐相处中以身作则，将保护和对待自然生态环境上升到保护和对待自己生命的境地。

二、大学生生态文明教育突出高校人才培养的时代使命

如今，高校开展教育的重要使命和核心内容就是培养人才。开展大学生生态文明教育不仅使高校在发挥育人职能的基础上更好地培养人才，还有利于促进高校思想政治教育的革新，对高校的建设具有重要意义。

（一）有助于高校更好地发挥育人职能

教育可以帮助大学生重新塑造人格，甚至改变其灵魂。开展生态文明建设必然离不了生态文明教育，它不但在培养健全生态人格、树立正确的生态文明理念方面有重要作用，还在创建生态文明制度、改正人们生活方式以及重组经济生产方面发挥重要作用。高校开展生态文明教育是其承担社会责任、适应时代发展的重要体现。生态文明教育的本质是改变人类文明发展方式的教育。长期以来，我国高校为祖国发展和民族进步培养了大量专业知识人才和一大批高素质社会精英，为我国的蓬勃发展源源不断地注入了无穷动力。但随着中国特色社会主义进入了新时代，环境问题成为不可避免的关键问题，急需大量生态文明建设人才，在这种情况下，高校受到社会责任以及现实需要的双重要求直接将开展生态文明教育放在突出的位置，使其融入所有学科、所有专业，更要融入人才培养的全过程，实现高校自上而下、由里到外的彻底转型，打破原有规则，创新教育体制，探寻出一条高校生态文明教育的新路子。

自 1978 年以来，我国经济迅速发展，城市化与工业化的不断进步对环境造成了巨大的压力，面对生态的现实状况与经济社会的可持续发展，人们开始反思生态文明教育。传统的生态教育比较薄弱，学校对生态问题关注较少，学生的生态意识较弱。新时代在面对社会需要的基础上对大学生系统地开展生态文明教育，使其有针对性地解决社会问题，直接体现了高校人才培养的现实意义。通过生态文明教育，一方面可以增强大学生对于自身建设美丽中国肩上责任的意识，通过教育的知识传播与素质培养迅速使其明白我国生态文明建设的实际情况，明确知晓当前生态文明建设的机遇与挑战，从理论知识层面提高学生的认识。另一方面，教育能够培养人的人格与素质，对大学生进行生态文明教育有助于培养健康的生态人格，规范学生行为，从根本上扭转生态恶化态势，引导学生树立正确的生态观和价值观，通过生态素养课程提高学生的生态素养，引导学生树立远大的目标，增强学生的时代责任感和历史使命感，从思想层面促进学生良好生态道德观养成，内化于

心，外化于行。因此，加强大学生生态文明教育有助于高校更好地发挥育人职能。

（二）有助于高校思想政治教育的革新

在党的十九大以后，中国特色社会主义进入了新时代，思想政治教育也面临新任务。新的形势下，为了更好地解决人民对美好生活向往和现实需要中的物质问题、精神问题以及文化需求问题等，思想政治教育作为马克思主义理论指导实践的重要一环，应当始终与社会发展同呼吸共命运、与社会变革同程共进。思想政治教育应该牢牢把握住社会需求与人民需要的结合点，实现思想政治教育的革新。思想政治理论课是传播马克思主义理论、强化价值引领和维护国家意识形态安全的主战场，为了更好地落实党的十九大精神与全国高校思想政治教育工作会议精神，高校思想政治教育应当承担起对大学生进行生态文明教育的时代使命，通过加强大学生生态文明教育，帮助解决社会主要矛盾，促进自身革新发展。生态文明教育作为思想政治理论课中的重要组成部分，不仅在思想政治教育内容上进行丰富，同时在思想政治教育的方式与目标上也进行了相应的创新。

我国的高等教育面向的群体是大学生，大学时期是广大青年学子形成正确的人生观、价值观、世界观的重要时期。当前，大学生关于生态问题的认知以及关于生态实践行为都有所偏差，生态文明知识素养不够，生态文明教育效果不明显，这些都要求我们要牢牢抓住思想政治理论课这一主渠道，确立问题意识，坚持思想政治教育问题导向，通过转变思想政治教育方式回答和解决生态文明教育中的具体问题。第一，加强大学生生态文明教育，有助于培养大学生正确的生态道德观，这不仅丰富了大学生自身的道德素养，同时也契合了高校思想政治教育立德树人的神圣使命，拓展了新时代思想政治教育的新视角，开辟了思想政治教育发展的新视野。第二，在思想政治教育中融入生态文明教育，通过对大学生价值观的培养，使其能够正确认识拜金主义、享乐主义，从而真正理解绿色发展。环保主义不仅丰富了思想政治教育的内容，符合新时代发展的规律，同时还为思想政治教育提供了教育新思路。第三，生态文明教育与思想政治教育在目标上存在一定的契合，加强生态文明教育有利于强化思想政治教育的教育效果，促使教育目标更好更快地实现。由此看来，加强大学生生态文明教育，不仅拓展了思想政治教育的新视角，还强化了思想政治教育的教学效果，有助于高校思想政治教育的创新发展。

（三）有助于促进大学生素质全面发展

青年的理想担当代表国家和民族的希望。自近代社会以来，大学生一直担当着全社会的先锋角色，把国家前途命运寄托在大学生身上，这不仅是人类社会发展的规律，更是对当代大学生综合素质的政治考量。对大学生实施素质教育是根据社会的发展需要，以提高全民族的素质为目的，培养受教育者德育、智育、体育、美育、劳育等素质的全面发展，使其形成良好的态度、能力及行为习惯等，让他们成为社会所需要的人才。培养德智体美劳全面发展的社会主义建设者和接班人，不仅是大学生自身的追求目标，更是我国实现中国特色社会主义教育发展的必由之路和最终目标。

加强大学生生态文明教育，有助于大学生身心健康发展，提升大学生的德育和美育，促进大学生全面素质的提升。首先，高校要构建生态文明教育的教学体系，深入贯彻学习国家生态文明建设的方针政策，优化学科建设与布局，将生态文明教育融入各个学科、专业，在提升大学生生态文明理论知识的同时增强了生态素养，有助于促进大学生德育与智育的发展；其次，高校要拓展生态文明教育的实践路径，培养大学生理论与实践相结合的学习方式，开展丰富多彩的绿色环保活动，推动大学生生态环保组织的建设，组织形式多样的实地调研，使大学生提升生态实践本领的同时真切地感受祖国大好河山的美景，有助于促进大学生体育与美育的发展。再次，高校要构建生态文明教育的校园文化体系，注重熏陶教育功效，利用校园报栏、长廊、展示墙以及校园广播等增强大学生生态文明教育的内驱力，推行“尊重自然、顺应自然、保护自然”的生态文明理念，推进绿色校园的建设，使大学生通过绿色校园的建设赋予“一花一草、一湖一景”生态的魅力，感受生态文明教育的真正含义，有利于促进大学生美育与劳育的实现。席勒曾经说过：“有促进健康的教育，有促进道德的教育，还有促进鉴赏力和美的教育。”德智体美劳是教育中相对独立又紧密相连的五个方面，共同作用于个体的全面发展。生态文明教育则融合了“德智体美劳”，包含素质教育的各个方面。因此，加强生态文明教育，有助于促进大学生素质的全面发展。

三、大学生生态文明教育契合培育时代新人的任务要求

党的十九大报告指出：“要以培养担当民族复兴大任的时代新人为着眼点”。这一论述充分回答了今后一个时期党和国家关于“培养什么样的人、如何培养人以及为谁培养人”的根本性问题。高校作为人才培养的基地，必

须牢牢把握住新时代的新要求，培养符合社会需要的时代新人。面对严峻的环境形势及人民对于美好生活的需求，高校加强生态文明教育不仅适应了新时代生态的现实需要，还有利于时代新人自觉担当起建设美丽中国的历史责任，从根本上契合培育时代新人的任务要求。

（一）时代新人应满足新时代生态文明建设的现实需要

生态文明建设是关系中华民族永续发展的根本大计。人类要牢固树立社会主义生态文明观，推动形成人与自然和谐共生的现代化建设新格局，为保护生态环境做出贡献。大学生作为担当民族复兴大任的时代新人，要认真把握社会主义生态文明观的深刻内涵，更要深深将社会主义生态文明观内化于心、外化于行。新时代需要生态文明建设的人才，加强生态文明教育符合培育时代新人的使命任务，促使大学生适应新时代生态文明建设的现实需要。

一方面，为了更好地适应新时代生态的现实需要，时代新人应牢固掌握生态文明理论知识。在思想观念高度上和理论指导上坚定生态文明发展理念，强化自身的生态认知、生态情感、生态权益、生态价值取向，从而使大学生真正做到“尊重自然、顺应自然、保护自然”，进而提高人们保护生态环境的自觉性和使命感。只有加强生态文明理论知识教育，才能使社会主义生态文明观在人们手中真正成为指导我国生态文明建设的行动指南，帮助每一个人一步步从生态文化自觉到生态文化自信，再到生态文化自强，真正将绿色发展理念贯穿到大学生生活、学习的方方面面中去，真正做到适应新时代生态文明建设的需要。另一方面，为了更好地满足新时代生态文明建设的需要，时代新人应该具备关于生态文明建设的强大本领。同时，青年正处于学习的黄金时期，应该把学习作为首要任务，作为一种责任、一种精神追求、一种生活方式，树立梦想从学习开始、事业靠本领成就的观念，让勤奋学习成为青春远航的动力，让增长本领成为青春搏击的能量。我国生态文明建设迫切需要一批具备生态素养、生态道德、强大生态文明建设本领的时代新人，这批新人既要有敢为人先的创新精神，又要有刻苦练就的真实本领，不断加强学习生态知识，丰富自身知识储备，做到深入学、持久学、刻苦学、带着问题学、联系实际学，更要深入到人民群众中去，对影响大家日常实际生产生活的生态污染问题和环境保护问题进行研究分析，切实让人民群众对美好生活的需要得以实现。只有加强生态文明教育，才能使时代新人掌握生态文明理论知识，具备生态文明建设的强大本领，更好地适应新时代生态文明建设的需要。

（二）时代新人应自觉担当起建设美丽中国的历史责任

一个时代有一个时代的主体，一代人有一代人的担当。中国特色社会主义进入了新时代，新时代有新时代的担当，新时代面临新的机遇和挑战，同时也赋予青年新的希望。当代大学生作为和新时代共前进、同发展的一代，是承担起新时代中国特色社会主义事业建设的一代，更是扮演我们国家建设“美丽中国”主力军和先行者的一代，同时这一代人也必将成为担当起民族复兴大任的时代新人，在面对严峻的生态文明建设形势时，应该敢于应对挑战，攻坚克难，解决矛盾，自觉承担起建设美丽中国的历史责任，真正展现当代大学生作为时代新人的担当与力量。

使命呼唤担当，责任引领未来。首先，加强大学生生态伦理与生态道德教育，有利于实现大学生对自身主体性的认识。大学生在掌握生态文明理论知识与自然规律的基础上，更好地了解马克思主义生态文明观，理解人作为活动的主体具有质的规定性，通过实践可以去实现和创造自我价值。同时在对自然规律尊重、理解的基础上，充分利用自然、把握自然，做到能够正确处理与自然之间的关系，努力把自身脱离非理性的实践行为，成为一个在人与自然的关系中能够理智思考、自主做出正确选择的个体。其次，加强生态价值观教育，有利于提升时代新人的责任感和担当精神。“有责任、勇担当”自古以来就是中华民族的传统美德，也是中国共产党人身上鲜明的标签。正是因为无数英雄先烈的担当精神，才有了现在国家富强、人民幸福的好时代。因此，面对新时代建设美丽中国的艰巨使命，大学生也应该像无数先辈一样勇于扛起肩上的担子，肩负起属于新时代的担当。对大学生进行生态价值观教育，不仅能使其更加深入地理解生态环境对于我们人类的生存以及社会发展具有至关重要的作用，而且能使其树立起正确的生态价值观与道德观，最重要的是可以使他们更好地意识到自身所应该承担起的责任与担当。最后，我国社会主要矛盾的转变以及建设美丽中国的时代要求体现了人们对美好生活的向往，严峻的环境污染已经不能满足人们对生活环境的需求。面对严峻的环境形势以及人民群众对于良好环境的期待，大学生作为“有理想、有本领、有担当”的时代新人必须义不容辞地承担起生态文明建设与改善生态环境的历史责任。只有加强对大学生进行生态文明教育，才能真正使大学生将生态文明内化于心、外化于行，自觉承担起建设美丽中国的历史责任。

第三节 大学生生态文明教育的实现路径

一、全面构建课程体系，强化大学生生态文明教育引导力

课程是实现教育目的和目标的手段或工具，是决定教育质量的重要环节。在新时代大学生生态文明教育中，课堂教学仍然是各大高校普遍运用的主要途径。课堂教学中教育者通过知识的讲授，使大学生能够最快最便捷地掌握生态文明相关知识。要想在课堂教学中更好地发挥教育效果，就必须充实理论教育，发挥思政课堂主渠道作用；创新教育方法，提升高校教师的教育水平；基于课程思政，构建全方位的育人大格局。只有这样才能全面构建课堂体系，强化大学生生态文明教育的引导力。

（一）充实理论教育，发挥思政课堂主渠道作用

理论是对某些自然现象和社会现象进行逻辑化的概括和总结。理论来源于实践的同时又指导实践。理论知识掌握得牢固，可以使学生在学习和实践中少走弯路。因此，大学生生态文明教育的首要环节就是强化生态文明教育的理论基础，完善生态文明教育内容，使学生打好坚实的理论基础，为以后的实践做好充分的准备。当前，我国高校生态文明教育主要依赖于思想政治理论课这一主渠道。高校思想政治理论课承担着高校主要的德育任务，在指导大学生树立正确人生观、世界观、价值观等方面扮演着极其重要的角色，也是落实立德树人根本任务的关键课程。将生态文明教育更好地融入思想政治理论课程，通过思想政治理论课强化新时代大学生的生态文明理论基础，不仅契合了思想政治理论课的特征，还满足了国家与社会的发展需求。强化生态文明的理论教育，首要任务就是要加重思想政治理论课中生态文明板块的分量，切实丰富和完善生态文明教育教学内容，使学生做到“有书可寻、有章可依”。这就需要思想政治理论课在马克思主义基本原理概论、毛泽东思想和中国特色社会主义理论体系概论、形势与政策、思想道德修养与法律基础、中国近现代史纲要的课程中逐一深入挖掘生态文明教育资源，完善生态文明教育内容，建立各门课程既相互衔接又各具特色的生态文明教育内容体系，切实强化理论教育，从而使思想政治理论课真正成为生态文明教育的主阵地。

第一，《马克思主义基本原理概论》包括马克思主义的科学体系和本质特征，深入阐述了物质世界的本质规律，蕴含了丰富的马克思主义哲学原

理。马克思辩证唯物主义可以使学生明白人类社会是自然界长期发展的产物，人类社会的任何活动都离不开自然界，在对自然界的认识和改造中都必须在尊重自然规律的前提下进行，如果过度地开发自然，自然界会加倍进行报复。把握马克思主义基本原理概论课的特点，加强关于马克思主义经典作家生态文明思想理论知识的学习。第二，《毛泽东思想和中国特色社会主义理论体系概论》包括马克思主义理论与中国实际相结合的两次飞跃，凝结了马克思主义中国化的实践经验和集体智慧结晶。根据本课程的特征，加强新时代中国特色社会主义生态文明建设的理论内容，使学生从理论层面更加了解我国生态文明建设的谋篇布局，明确我国生态文明建设的总体思路，为之后生态文明建设的实践奠定理论基础。第三，《思想道德修养与法律基础》是对当代大学生进行社会主义法律以及思想道德教育的课程，对于促进大学生德智体美劳全面发展具有重要意义。在把握本课程的特征基础上，加强生态道德教育和生态法律法规方面的教育，树立大学生保护环境的意识，培养大学生的生态文明素养。第四，《形势与政策》是在马克思主义理论的指导下，紧密结合国内外形势和大学生的实际情况，对大学生进行比较系统的党的路线、方针和政策的教育。结合本课程的特征，应该结合现阶段国内外生态文明建设的现实状况，从理论层面深刻分析生态文明建设中存在的问题，依据国家的大政方针政策，引导学生进行思考。第五，《中国近现代史纲要》是总结中国一代又一代的仁人志士和人民群众为救亡图存和实现中华民族的伟大复兴而英勇奋斗、艰苦探索的历史。根据本课程的特点可以充分挖掘生态文明建设的历史经验，尤其是可以利用历史上破坏生态环境的负面教材，吸取前人在生态环境保护问题上的经验和教训，从而促进大学生形成社会可持续发展的社会责任感和历史使命感。

（二）创新教育方法，提升高校教师的教育水平

在全面构建课程体系当中，教师的角色必不可少。教师是人类灵魂的工程师，承载着传播知识以及塑造新人的时代重任。培育人的问题是高校的首要问题，只有新时代的教师才能培育出时代新人。高校教师作为生态文明教育的组织者和引导者，是传授生态文明课程内容、选择生态文明课程活动方式、完成生态文明课程目标的重要支撑。教师的理论素养直接影响着学生的理论知识水平，教师的一言一行直接影响着学生的生态责任意识与生态行为。要想更好地取得生态文明教育成效，提升教师的教育水平，创新生态文明教育的方法是优化生态文明教育的关键所在。

提升高校教师的教育水平，首先要提升教师的自身生态素养。第一，加强对教师生态文明知识与技能的培训，提升教师的教育水平。教师要想教好学生，自身要有强大的知识储备。这就需要高校定期对承担生态文明教育的教师队伍进行培训和进修，充实和巩固教师的生态文明知识，提升教师的生态文明教育技能。可以通过本校内生态相关专业的教师对其他教师进行培训，使教师能够在学术层面对生态文明教育理论知识有一个全面的了解，在此基础上还可以通过生态环保等政府部门聘请专业人士对当前我国生态文明建设的大政方针政策进行解读，同时结合生态文明建设中的实际案例与实际问题对教师提出的生态文明教育问题进行解答，从根本上提升教师的生态素养与生态能力。第二，鼓励各类专业的教师进行生态文明的相关研究和自我教育。生态文明属于包容性很强的概念，从问题指向来看，生态文明是人类解决全球性问题、统筹人与自然和谐发展、贯彻和落实可持续发展战略过程中形成的一切理论努力和实践探索的总和。由此看来，生态文明可以与各个学科进行联系，包括社会学、农学、教育学、文学、心理学等各个学科。高校应该鼓励各类教师在自身专业的基础上进行生态文明的相关研究，拓展生态文明教育的渠道，丰富生态文明教育的资源。同时要为教师提供必要的关于生态文明教育的进修机会，积极推进教师进行自我教育，不断增强自身的社会责任感与时代担当感，用自身的行为去影响感化学生。

教师在教育过程中要根据学生的具体情况选择适当的教育方法，对学生进行生态知识普及时，教师可以采用讲授法，层次清晰、内容合理地讲授内容，同时，还要考虑到生态文明教育的特殊性，列举大量的实例，寻找我们日常生活息息相关的话题，充分激发大学生的求知欲和参与度，当进行生态实践教育时，教师可以采用榜样示范法，引导学生走出文本，打造生态文明教育典型事件以及典型人物，激发大学生群体的朋辈效应，增强生态文明教育的感染力。作为培养时代新人的新时代教师，要不断更新教育观念，有效利用新媒体技术提高自身的教学能力。针对思想政治理论课大班级教学模式，在传统课堂教学中融入新媒体教学方式，可以通过“雨课堂”“微课堂”等小程序产生与学生间的线上沟通与交流，提前上传教学计划、教学资源，实时反馈教学评价。通过微信、QQ 等社交软件以及慕课、智慧课堂等学习软件与学生间建立有效的沟通渠道，实现教师全方位多角度对学生的引导，解决传统教学辐射范围小的局限性。

（三）基于课程思政，构建全方位的育人大格局

当前，我国生态文明建设正处于压力叠加、负重前行的关键期，已经到了要满足人民日益增长的优美生态环境需要的攻坚期。面对当前的社会形势，生态文明教育已经到了要进行大力推进的快速发展时期。在大力推进生态文明教育的形势下，仅仅将生态文明教育融入思想政治理论课中已经不能满足社会对于生态人才的迫切需要。思想政治理论课中涵盖生态文明知识的章节有限，教育内容也不够丰富，这就使大学生生态文明教育的供需不平衡，要想使生态文明教育成效显著，要基于“课程思政”的视野，将生态文明教育贯穿于教育教学全过程。它不仅要立足于思想政治理论课的主渠道，还要在专业课、通识课，选修课等领域推广渗透，这样才能真正基于课程思政，构建全方位的育人大格局。

一方面，将生态文明教育渗透到各个学科和各个专业中去。目前，专业“课程思政”建设已逐渐推广至高校，为实现思想政治教育目标与专业课程知识点的精准对接打下了良好的开端。这充分说明高校应该将生态文明教育渗透到专业课堂教学中，丰富教育资源。在各门专业课中要充分挖掘自身的生态文明教育资源，合理地将生态文明渗透到专业课教学中，例如，在英语专业中可以选取国外一些生态主题的文章，了解不同国家生态环境保护与环境教育的进程，吸取国外相关生态文明建设的经验；在艺术专业教学中，多带学生到大自然写生，感受大自然，树立尊重自然、顺应自然、保护自然的生态文明观；在法律学专业中，多涉及一些生态环境保护、自然资源法等相关法律知识，使学生明白在环境保护中什么能做、什么不能做；在经济学专业中及时增加生态与经济发展的辩证关系板块，正确处理经济发展与自然环境之间的协调推进，使学生认识到我国当前的发展现状，树立既要金山银山，也要绿水青山的生态文明理念；在生物化学专业中讲述生物多样性锐减、生物繁衍离不开自然生态的平衡、化学制剂对生物的危害等，打破学科壁垒，充分加大专业课程的渗透力与引导力。

另一方面，在发挥专业课程渗透能力的基础上，加强选修课程的拓展力。思想政治理论课作为通识课程，只能对大学生起到普及引导作用，不能作为学生学习生态专业素养的方式。要想提升学生学习生态文明知识的兴趣，提高学生的生态素养，高校应该整合各种专业课程的资源，增加生态文明周边教育的选修课程，让学生根据自己的兴趣自由选择，给学生提供更多接受生态教育的机会。为了提升学生学习的热情，高校可以适当调整生态文

明选修课的学分，规定所有大学生在校期间必须选修一门生态文明相关课程。例如，可以开设关于生态城市、生态社会、生态经济、环境教育、环境文明史、环境社会学等生态文明专业的选修课程，也可以开设生态哲学、生态价值观等生态理论课程，有条件的高校还可以开设生态实践课程，切实提升学生生态实践能力。此外，高校还可以开设习近平生态文明思想选修课，使学生在思想政治理论课学习的基础上，更加深刻把握习近平生态文明思想的精髓要义，了解“绿水青山就是金山银山”“构建人类命运共同体”等重要论述。在习近平生态文明思想的引导下，明确作为一名大学生在生态文明建设中的责任与义务，更好地为建设美丽中国服务。

二、广泛开展实践活动，提升大学生生态文明教育行动力

马克思曾经说过：哲学家们只是用不同方式解释世界，而问题在于改变世界。这充分说明理论与实践的重要关系。生态文明教育不同于一般的学科教育，它不仅停留在对学生进行理论教育的层面，其最终目的是要引导人们在实践过程中践行生态文明理念，从而创造出积极、进步的生态成果，为我国生态文明建设添砖加瓦。因此，大学生生态文明教育要在进行理论教学的同时，通过丰富校园主题活动、构建社会实践基地、组织生态志愿活动，达到创设绿色学习生活方式、加强学生生态情感体验、培养学生生态主体意识的目的，以此提升大学生生态文明教育的行动力。

（一）丰富校园主题活动，创设绿色学习生活方式

实践不仅能使人们充分展现自我的精神世界，还能在最大程度上发挥主观能动性。苏霍姆林斯基认为要研究学生的精神世界必须通过活动来展开。高校作为生态文明教育的主阵地，要想丰富大学生的精神世界，可以通过开展丰富多彩的以“生态文明”为主题的校园活动，围绕“人与自然和谐共生”为话题，使大学生在接受课堂教学基础上，创设绿色学习生活方式，更好地做到“知行合一”。丰富校园主题活动不仅可以使大学生在课堂中学到的理论知识及时应用，加快知识的吸收与转化，还能在主题活动的实践中不断检验学到的真理，从而在实践活动过程中不断更新认识。

高校开展大学生喜闻乐见的校园生态文明主题活动，真正使大学生能够创设绿色学习生活方式。首先，“学生社团组织”作为大学生生态文明教育的有益补充，是在学校的许可下，以学生为主体，以学生的兴趣为主导，利用课余时间开辟第二课堂为载体的学生团体。学校可以引导学生设立关于生

态、环保、环境的社团，定期举办社团活动，宣传生态知识。通过举办与生态文明有关的各类活动，调动学生学习生态文明相关知识的积极性，激发学生的学习兴趣，营造校园学习的浓厚氛围。比如，生态演讲比赛、生态主题辩论赛、生态文明知识竞赛、环境绘画比赛等活动。通过丰富校园主题活动，使学生在学习的课余时间能够感受到生态文明的魅力，引导大学生创设绿色学习生活方式，将生态文明理念牢记心中。其次，以关于生态的重要节日为依托丰富校园主题活动。据统计，一年中有25个关于生态环境保护主题的节日，如果我们牢牢把握住节日的契机，通过举办各具特色的活动对大学生进行生态文明教育，有助于激发大学生保护环境的热情与责任感。例如，在世界环境日、世界地球日中学校团委可以举办摄影展、画展以及组织开展征文比赛、诗朗诵等形式的主题活动，让大学生近距离地了解我们赖以生存的地球，更清楚人与自然和谐共生的真正内涵；世界水日、世界土地日、世界粮食日在全校范围内开展以“节约资源”为主题的校园活动，使大学生从自身做起，从不浪费一滴水、一粒粮食开始，培养大学生的节约意识和环保观念；在国际动物日、国际生物多样性日以班级为单位组织观看学习关于地球生物繁衍的影片，了解更多的濒危物种，真正明白生物多样性背后的含义，知晓当前生物多样性锐减的原因，使大学生增强保护生物多样性的意识；在国际湿地日组织大学生到当地湿地公园参观，在此前课堂教学中已经对湿地系统有了一定了解的基础上，实地参观，学习湿地主题的生态环保知识，有条件的高校甚至可以让更多的大学生参与到学校建设小型湿地的设计建设中来，大学生在选址、设计、施工、项目规划中会得到实质性生态实践锻炼；通过节日的契机，开展各类实践活动，使学生在主题活动中感受生态文明建设的重要意义，真正将生态文明融入学习生活中来。

（二）构建社会实践基地，加强学生生态情感体验

“在情感的视角，教育是人类的一种情感实践。”社会实践是教育的重要组成部分，是将理论与社会实际相结合的重要一环，也是增强学生情感体验的重要方式。生态社会实践是在马克思主义实践观的指导下进行的教学活动，是以实践作为生态文明教育的载体，以社会作为课堂，以实际问题为教材，通过对学生动手能力的培养，加强学生的生态情感体验。开展社会生态实践活动也属于高校广泛开展活动的重要一环，有利于提升生态文明教育的行动力。要想在社会实践中加强学生的生态情感体验，高校可以通过构建社会实践教育基地的方式来开展实践活动。生态教育社会实践基地是高校与社

会交流合作的重要形式，在科学规范的活动规则指导下，通过组织学生进行实地考察并组织一系列的社会实践活动，加强学生的生态情感体验，促进学生生态实践能力的提高。

高校作为大学生社会实践的发起者，要充分发挥其主导作用，整合校内外资源，制定详细的实践计划、方式、目标等，以保证学生的安全与实践任务的顺利进行。首先，学校可以与当地的自然保护区、野生动物园、国家森林公园、湿地公园等部门合作，构建高校社会实践基地，通过定期带学生进行实地参观考察，使学生认识到人与自然和谐相处的重要含义。在参观考察中，可以聘请专业的人员或教师对生态知识进行讲解，使学生在与大自然、动物、植物的亲密接触中获得知识，加强学生的生态情感体验。还可以与当地的生态旅游区、生态园、采摘园、农业示范区合作，将其当作高校社会实践基地，组织学生实地调研考察，在实际感受中了解当地的生态理念、生态系统以及生态与经济的有效结合，真正使学生明白经济发展与生态建设的关系。其次，在构建社会实践基地时，可以从专业角度出发，与当地政府与企业的生态部门合作，形成定点合作单位，利用寒暑假的时间，挑选学生代表以社会实践的形式深入政府与企业，对大学生给予指导和帮助，使其完成一系列生态环保实践工作，激发大学生创造力、创新思维，使大学生在完成环境污染治理、社区生态系统规划等实践工作的同时，实实在在地提升大学生生态实践能力。最后，在构建生态文明教育社会实践基地的同时，充分利用生态文明基地中的硬件及软件设施，拓展学生的知识面，使学生获得更多书本、课堂上没有的知识。同时加强与政府组织的合作，组织学生进行生态文明社会实践调查，通过对生态示范村、生态文明城市等实地地探查与问卷调查，不仅能够使学生利用课余时间更好地接触祖国的大好河山，还可以在掌握一手资料的同时提升学生的情感体验以及对生态文明的认同。构建社会实践基地，组织大学生进行社会实践，就是通过“理论认识——生态实践——理论认识”的循环往复，引导大学生感悟大自然，在一次次的环保实践中体会人与人、人与社会、人与自然的关系，最终达到生态文明教育的目的。

（三）组织生态志愿活动，培养学生生态主体意识

联合国教科文组织认为：“志愿服务是一种利他行为，是指人们在非私人的场合，在一段时间内自愿、不计报酬的为他人、为社会奉献自己的时间和专业知识，以帮助他人实现他人所需”。随着大学生自身素质的不断提高，越来越多的大学生开始参与到志愿服务的队列中来，想要为社会和他人

贡献自己的一分力量。大学生志愿服务以“奉献、友爱、互助、进步”为行动理念，在大学生志愿服务中融入生态文明教育具有重要意义。组织生态志愿活动，不仅在活动中提高了生态意识，同时还有利于培养大学生的生态主体意识。

第一，在组织生态志愿活动中，高校应充分发挥“青年志愿者协会”的职能与作用。通过高校青年志愿者协会组织一系列关于保护环境的社会志愿活动，带领更多的大学生自觉地参与到城市生态文明建设的志愿活动中去。可以定期组织学生走向社区、街道，进行公益的生态文明知识宣讲活动，发放宣传手册等等。还可以与社会福利机构进行合作，深入到养老院、儿童福利院等组织进行生态文明知识宣传，使大学生在宣讲中提升自身的生态文明素养，在公益活动中获得生态情感的升华，增强生态文明建设主人翁精神，提升生态文明责任担当意识。在开展志愿活动时，可以加强与当地其他高校的联合，共同组织生态文明志愿活动，为绿色城市建设贡献大学生的力量。比如，2016年南昌市在“美丽南昌幸福家园”环境综合整治的引导下，继续常态化开展“青清行动”生态文明志愿服务活动。联合来自南昌大学、江西财经大学、江西农业大学、华东交通大学、南昌航空大学、江西科技师范大学、江西中医药大学等11所高校2200余名青年志愿者集中在赣江两岸开展垃圾清理行动。这些志愿活动不仅用实际行动美化了城市环境，同时也在活动中增强了大学生生态文明建设的主体意识。第二，高校生态文明志愿者可以积极把握中国环境日的主题，围绕中国环境日主题，贯彻落实党的生态文明精神，更好地开展志愿宣传活动。比如，2017年的中国环境日主题是“绿水青山就是金山银山”，2018年则是“美丽中国，我是行动者”，2019年为“应对空气污染”，2022年“6·5”环境日主题是“共建清洁美丽世界”。这些主题不仅体现国家生态文明建设的总要求，凸显中国国情下生态文明建设面临的问题，同时也与我们的生活息息相关。通过中国环境日的契机，将大学生联合起来共同行动，使大学生身体力行地参与到美丽中国的建设当中，在实际行动中意识到自身作为生态文明建设的青年主体力量，有责任与义务为生态文明建设贡献自身力量。

三、深度融合媒体资源，增强大学生生态文明教育传播力

随着时代的进步，有必要使互联网这个最大变量变成事业发展的最大增量。伴随着互联网的快速发展与媒体时代的到来，大学生生态文明教育迎来了新的发展机遇。因此，把握新时代的发展趋势，深度融合媒体资源，通过

促进传统媒体与新兴媒体有机结合以及线上教育与线下教育的强强联合，增强大学生生态文明教育的传播力。

（一）传统媒体与新兴媒体有机结合，拓展教育渠道

在当今信息化发展迅猛的条件下，网络技术、数字技术、移动通信技术等新媒体在悄悄改变着人们的生活习惯和思维方式。相比之前已有的报纸、杂志、广播、电视等传统媒体，新兴媒体呈现出传播主体自由性、传播内容海量性、传播时效即时性、传播方式多样性等特征。大学生作为使用智能手机的密集人群，几乎人手一部手机，面对海量的网络信息与媒体资讯，他们的思想和行为早已经被新兴媒体所影响，随之而来的就是他们接受生态文明教育的方式也逐渐被更新。将生态文明教育融入媒体之中，不仅是满足大学生生理、心理特点的大势所趋，更是高校生态文明教育适应新时代发展的必然要求。要想更好地突出媒体的价值，把控媒体发展的趋势，就要促进传统媒体与新兴媒体的有机结合，拓展教育渠道。

推动媒体融合发展，要做大做强主流舆论，为实现中华民族伟大复兴的中国梦提供强大精神力量和舆论支持。首先，充分利用传统媒体开展生态文明教育。坚持运用传统媒体等手段，充分利用图书馆的相关杂志报纸、高校的学报、校园广播电台等传统媒体形式，培养大学生正确的生态价值观。在传统媒体中紧紧跟随主流媒体的方向，可以组织学生观看中央电视台或地方卫视播放的关于生态的纪录片、公益广告、环保纪实节目等，提高学生对于生态文明的关注度。其次，在传统媒体引导的基础上，配合新媒体的宣传，使生态文明教育具有更强的传播力和感召力。可以充分地运用校园网站平台，发布关于我国生态文明建设的重大方针政策以及本校开展的生态文明实践活动，加强学生对于生态文明重要性的认识。除了校园网站等平台，高校还可以通过微博、微信等学生常用的社交软件，创建并发布关于生态文明实践活动、生态文明知识、生态文明人物事迹等公众号。相关工作完成后，便于学生更加便捷地了解到关于生态文明的动态。最后，由于网络是把双刃剑，网络舆论与社会舆论同频共振，如果不能及时净化网络环境，进行正确的引导，不只危害大学生的身心健康，国家的文化与意识形态安全也面临着威胁。因此，健全网络监管机制，要牢牢把握主流媒体的监督引导作用，加强主流媒体的舆论引导能力，占领网络生态思想文化阵地，及时发现不良信息，进行有效引导，为社会营造健康的社会舆论环境，使生态文明教育真正深入人心、融入脑中。

（二）线上教育与线下教育强强联合，增强教育效果

进入新时代，随着信息科技的不断进步，新兴媒体的快速发展，越来越多的高校在教育中开始引入信息技术、数字技术、互联网技术等手段。通过网络对学生进行线上教育，确实改善了线下教育形式陈旧单一、教学方法不够灵活、时间地点具有限制性等问题，但线上教学并不能代替传统的课堂教育，由于大学生生理与心理还处于发育的阶段，没有足够的自制力与能力进行线上自我教育，所以传统的线下教学仍然是当下高校教育的核心。但我们并不能因此忽略互联网线上教育带来的优势，因此，我们应当提倡“课堂为主，线上为辅”的教育模式。线上教育与线下教育强强联合，实现教育成果的共享，保证生态文明教育的教学成效。

首先，要想进行线上教育与线下教育联合，就必须发挥教师的引导作用。提升学生自我教育的能力与学习的积极主动性。苏霍姆林斯基曾说过：“自我教育是学校教育中极重要的一个因素，没有自我教育就没有真正的教育，唤醒人实行自我教育，按照自我的深刻信念，乃是一种真正的教育”。要想生态文明教育取得良好的成效，就必须发挥学生的主体意识，提高学生自我学习的能力，无论在线上还是线下，对学习采取积极主动的态度，而不是被动地接受。其次，充分把握线上线下的生态文明教育资源，建立和完善高校生态文明教育成果共享资源库，使学生在学习时有资源可寻找。教师在线下对学生进行教育时，不仅要充分利用生态文明教育资源，还要坚持从文字、音频、图片等多方面丰富教育成果，实现网络共享。同时，可以借助名师工作室、思想政治理论课教师研讨会、学术会议等形式，促使不同学校的教师间线上线下共同探讨，对教育资源进行共享，将好的实践经验与案例进行网络共享。高校应该充分利用网络的力量，为大学生及教师提供优质的教育资源，共同促进生态文明教育的成效。最后，高校教师与学生应充分将线上教育与线下教育强强联合，实现双向共同发力。在进行生态文明线下教育中，教师应多注意对学生情感价值观的引导以及学生语言表达能力的培养，学生应该充分利用“学习强国”“慕课”“易班”等优质网络教育资源进行线上自我学习，扩充自身的知识储备。在教师进行线下教育时，应充分把握住机会，提出自己的疑惑与问题，这样“线上学习，线下讨论”或“线上讨论、线下学习”的方式不仅激发了学生对生态文明教育的兴趣，还能有效提高学习效率，巩固学习成效。

四、切实完善教育制度，保障大学生生态文明教育持续力

大学生生态文明教育体系是一个内涵丰富的有机整体，它不仅需要多方力量的参与配合，更需要自身建立完善的教育管理体系。因此，要想保障新时代大学生生态文明教育的持续力，就必须明确管理层级体系，落实评估建设机制，构建“三位一体”模式，从“三个角度”出发，推进生态文明教育规范性，提升生态文明教育有效性，保障生态文明教育联动性。

（一）明确管理层级体系，推进生态文明教育规范性

制度好可以使坏人无法任意横行，制度不好可以使好人无法充分做好事，甚至走向反面。可见，制度问题带有根本性、全局性、稳定性与长期性作用。强化大学生生态文明教育成效，要从制度入手，用健全的规章制度保障大学生生态文明教育的持续力。构建高校生态文明教育管理体系，首先要提高高校对于生态文明建设的重视程度，要想更好地保障生态文明教育的开展，高校的领导要做到统一思想，党政工青齐抓共管，明确高校生态文明教育管理层级体系，规定各方人员的责任与义务，形成一整套符合学校实际、方便、实用和有约束力的组织机制，落实到位，责任到人，促进高校组织管理的科学化与规范化。

明确管理层级体系，推进生态文明教育规范性。一方面，要明确规定学校、职能部门、学院的职责范围，授予相应的管理权限，建立权责一致的管理体系。在此基础上要赋予每个管理人员相应的职务、职权、职责，做到分工明确、职责清晰，避免出现发生问题互相推诿的现象。高校的组织管理部门分为高层领导部门、中层管理职能部门、基层学生管理部门。在高校生态文明教育过程中，以校党委为核心的高层领导部门应该统一领导全校的生态文明教育工作，在新时代的总体要求下制定总体规划，发挥全面部署的计划和组织职能；以组织部、宣传部等为代表的中层管理职能部门应贯彻落实学校党委的部署决策，在生态文明教育中起到承上启下的协调作用，发挥职能部门的职责与优势，积极配合生态文明教育的开展工作；以学院党委、团委等为代表的各学院的基层管理部门，应该在学校党委的领导与各部门的协调帮助下，更好地完成生态文明教育任务，加强对本学院教师与学生的管理与引导，促使其更好地完成生态文明教育任务。另一方面，明确高校生态文明教育管理层级体制，不仅各个部门要明确管理分工，恪尽职守，同时各方人员也要明确自身的责任与义务。高校行政管理人员要具备全面的生态文明管

理理念，树立“一切为学生”的意识，做到“管理即责任、管理即服务”。后勤管理服务人员要加强对大学生生态文明教育的支持与帮助，切实保障好学生在校的饮食安全、住宿卫生、生活环境等问题，提供良好的生活保障。高校教师作为大学生生态文明教育的直接实施者，应明确自身责任，在教学中不断进行反思，提升自己的教学业务水平，保障教育过程的顺利实施。大学生作为生态文明教育的参与者，应该树立主体意识，自觉承担起生态文明建设的重任，丰富自身生态理论知识，更好地为我国生态文明建设贡献自身力量。高校根据新时代生态文明建设与学校的实际情况，明确高校生态文明教育管理层级体系，规定各方人员机构的责任与义务，通过明确管理层级体系，推进生态文明教育规范性，为保障大学生生态文明教育持续发力。

（二）落实评估建设机制，提升生态文明教育有效性

在明确高校生态文明教育管理层级体系的基础之上，落实高校生态文明教育评估机制，可以切实提升生态文明教育的有效性。教育评估主要是指高校有组织、有目的地通过收集相关信息，对教师以及学生的生态文明教育成果进行量化评估。评估机制的设立不仅能直观地反映出大学生生态文明教育的现状，还能从客观上促进生态文明教育的发展。要想真正地落实好高校生态文明教育评估机制，就必须遵循一定的评估原则，把握好评估对象，选择正确的评估内容，并在此基础上建立相关的奖惩制度。

首先，高校生态文明教育评估机制要遵循一定的原则，包括科学性原则、可操作性原则和现实性原则。科学性原则是指在生态文明教育评估机制的设立过程中，要坚持以人为本，对于评估体系的设计、评估标准的选择要符合学生的身心发展规律，符合国家生态文明教育的标准要求，从被评估对象的整体出发，全方位多角度地进行科学评估。可操作性原则是指在生态文明教育评估机制的执行过程中要具备明确的评估者、被评估者，根据不同年级不同专业的学生制定不同的评估标准，防止评估机制流于形式，尽量能够进行量化处理，便于评估的实施与执行。现实性原则是指根据高校所处的地区经济文化的发展情况，结合本校现有的管理资源，从实际角度出发设立教育评估机制，防止各个高校存在一刀切的现象，保证评估结果的有效性与说服力。其次，高校生态文明教育评估机制要把握好评估对象与评估内容。高校生态文明教育评估机制的对象不仅局限于大学生，还包括教师。对于学生的评估不单单包括生态文明知识的掌握程度，还可以包括大学生参加生态实践活动的情况。将大学生参与生态实践活动、社团活动纳入对学生的综合素

质评价中去，以此提升大学生的主观能动性。对教师评估的内容可以从理论教学、实践教学、教学成效评估等几方面展开。理论教学可以通过对教师生态理论素养的测试以及开展生态文明教育的课程等进行量化评估。实践教学可以通过学生的实践能力的检测以及教师组织带领学生参与生态实践活动的实际成效进行评估。教学成效评估可以通过学生考试成绩以及问卷调查等形式从正面和侧面两个角度进行评估，不仅可以进一步明确生态文明教育的具体内容与实施要求，还能看出在教育过程中存在的问题。最后，在构建完善的生态文明教育评估机制的同时要建立相应的奖惩制度。在科学分析评估结果的基础上，学校应对表现突出的教师、学生、学院、部门等进行一定的奖励，尤其是对在生态相关比赛中、生态社会实践中取得骄人成绩的学生、教师，应给予一定的物质奖励，这样可以激发相关部门、学生、教师的参与热情，也能更好地保证生态文明教育评估机制的有效性。

（三）构建“三位一体”模式，保障生态文明教育联动性

我国伟大教育学家陶行知师从杜威，提倡实践教育，提出的“生活即教育、社会即学校”就是指教育是一个系统工程，家庭、学校、社会三者共同构成教育的体系，三者相互配合，相互依托，实现全方位的育人体系。把生态文明建设这一关系中华民族永续发展的战略思想融入育人全过程，是教育对生态文明建设应有的贡献。这充分说明加强大学生生态文明教育不仅是学校的责任，也是家庭和社会的责任。只有着力构建“三位一体”模式，才能保障生态文明教育的联动性。

第一，家庭教育是所有教育的起点和基础，在孩子的整个教育过程中都充当着不可或缺的角色。家庭的生态文明教育不仅可以帮助学生养成良好的生态文明习惯，同时也能优化孩子的心灵，培养孩子正确的价值观。在家庭教育中父母作为孩子的引导者，要以身作则，充分发挥榜样作用。在日常生活中，时刻注意倡导绿色低碳的生活方式，比如关紧水龙头、实行垃圾分类、自备购物袋购物、选择公共交通出行等。这些看似生活中的小事却能潜移默化地影响孩子，这些看似微不足道的细节却能对孩子产生更加深刻的影响。家庭教育不仅是父母对子女的教育，也是子女影响父母的双向互动过程。作为一名大学生，已经接受过高等教育，拥有一定的生态理论素养，大学生要通过在学校学习的生态文明理论与方法指导家庭进行生态文明建设，帮助父母提升生态文明素养，从小事做起，共同营造勤俭节约的家风与文明和谐的家庭氛围，为生态文明教育出一份力。

第二，学校教育是生态文明教育的主阵地，是实施教育的中心环节。学校教育有固定的场所、专门的教师、严密的组织安排、系统完善的教学计划以及明确的教育目标，与相对松散的家庭教育相互配合。在学校期间学生接受比较系统的知识教育，在家期间通过父母接受情感价值观教育，优势互补，共同促进孩子的健康成长。加强学校教育，高校可以通过“第一课堂”实现对大学生生态文明知识教育，加深大学生对于生态文明建设内涵的把握和理解。同时，开展“第二课堂”，通过邀请国内生态文明建设方面的专家到学校进行相关主题的讲座及报告会，举办校园生态文化主题活动、生态环境调查实践活动等，提高大学生的生态文明主体意识，深刻认识到环境改善的复杂性、艰巨性、长期性和进行生态文明建设的必要性、紧迫性。在协同推进“第一课堂”与“第二课堂”的过程中，加强高校教师与学生家长的沟通，实行家校互联，进而帮助学生更好地接受生态文明教育。

第三，社会教育作为大学生家庭教育和学校教育的延伸与补充，为大学生生态文明教育的实践提供了重要支撑。大学生的成长离不开社会环境，在对大学生进行生态文明教育时，应充分利用社会资源，整合政府、社会企业、民间生态环保组织等相关方面的资源与力量，创设良好的社会生态氛围。比如，政府应该制定与生态相关的政策法规，从政策角度加强生态文明的宣传力度，提高大学生对生态文明的重视程度。企业也要承担起自身的社会责任，积极配合当地高校的生态文明实践活动，依据自身情况适当为大学生提供社会实践机会、就业创业机会等，扩大大学生生态文明活动的面积，提升大学生生态实践能力。民间生态环保组织与社会生态研究机构等也应加强与高校的合作，共同举办与生态相关的活动，进入校园对大学生进行相关的培训与指导，强化大学生生态文明的素养与能力。

家庭、学校、社会三方面教育各具特色，在大学生的成长中都不可或缺，既相对独立又彼此联系，分工不同却又互为依托，生态文明教育是一个复杂的工程，家庭、学校、社会三方面要相互协调、相互配合，形成家庭、学校、社会三位一体的联动模式，发挥共享、共建、共育的重要作用，为大学生生态文明教育长足发展创设有利条件，打下坚实基础。

第八章　大学生生态文明教育的多元融合

第一节　生态文明教育与校园文化建设融合

一、生态文明教育与校园文化建设

（一）校园文化的概念及内容

1. 校园文化的概念

对校园文化来讲，无数专家学者都从自己认为的最佳角度展开深层研究，并提出各种各样的理论，但这些说法中没有任何一个说法被公认为校园文化的准确概念。这些说法主要分成三类：第一类是从广义的角度阐述校园文化，即校园文化是校园中所有物质文化和非物质文化的集合；第二类是从狭义的角度阐述校园文化，即校园文化指的是在校大学生在课余时间参加与美育教育相关的各类活动形成的文化，此类说法不仅范围狭窄，还有极强的目的性；第三类是位于广义和狭义中间的一种，即校园文化指的是高校内所有成员在校园形成的情感、观念、意识、思想以及传统习惯等非物质文化。显然，每个专家都对校园文化有自己的认知，他们提出的这些观点仔细分析存在一定道理，而且还与其他观点有相通之处，这代表专家们一直在研究，只不过研究方向各异、阐述角度也不相同。此处仅分析第一类。

2. 校园文化的内容

高校校园文化内容十分宽泛，为了符合时代特征，同时为了研究得更透彻，将其分成五个部分，即物质文化、制度文化、行为文化、精神文化、网络文化。在整个校园文化中，这五个部分都具有独属于自己的重要作用，因此，高校校园文化影响校内所有个体的方式也是通过发挥五个部分的相互作用来实现的。

高校物质文化指的是高校范围内一切物质的集合，是高校校园文化最显著的外在体现，不仅包括教学楼、训练设施、高校植物等固定物质，还包括景观设计、建筑规划等半虚拟物质，主要负责对校内所有个体开展隐性教育。制度文化指的是高校内所有的规范以及长时间形成的习俗文化，如规范高校所有个体平日生活和学习的准则、管理条例、规则制度等，主要目的是帮助高校个体养成良好的行为习惯。行为文化指的是高校内所有个体的行为，是高校所有个体的外在表现，不仅包含教师开展教学实践活动和学生参与实践活动的行为，还包括高校内其他工作人员的正常工作行为等。精神文化指的是高校的学风教风、校训校风、办学理念等精神内容，宛如高校的灵魂，是校园文化的核心内容，展现了高校的特殊风格、精神面貌以及深厚的历史积淀。网络文化指的是高校的学生、老师、领导以及其他工作人员在信息化时代使用网络技术开展教育活动、实现相互交流的文化，是校园文化在信息时代的扩展，是校园文化不可或缺的组成部分。在高校校园文化中，网络文化因为和时代联系更为紧密，更具多元性和开放性，不仅扩展了校园文化的形式和内容，还增强了校园文化的广度和深度，推动校园文化的现代化建设。

上述五部分校园文化的集合可以看作完整的校园文化，它们不但拥有特殊的性质，还存在一定的内在关联。物质文化为其他四种文化的生存和发展提供必要的物质基础；制度文化的主要作用就是规范其他四种文化，便于高校形成良好的文化氛围；行为文化是高校校园文化中最活跃的，是动态变化的，它既受到制度文化的约束，又是精神文化最主要的外在表现；精神文化是高校校园文化的灵魂，代表着高校文化的内在，彰显了高校所有个体的价值观、人生观、世界观，在某种程度上可被高校个体外化成行为文化；网络文化是多元的、开放的、普遍的，它的基础构成网络是高校所有个体进行交流的主要渠道，因此，它在高校校园文化中的主要作用是充当辅助。网络不仅能让师生之间进行日常交流，还能实现师生向高校管理者提出建议和意见的操作，网络文化完美地展现了高校校园文化的先进性和现代化。

（二）生态文明教育与校园文化之间的逻辑关系

高校校园文化和生态文明教育之间关系十分紧密，在建设高校校园文化过程中融入生态文明教育可以实现双赢，因此，为更好地实现两者有机融合，必须详细分析两者存在的内在逻辑关系。

1. 高校校园文化为生态文明教育提供载体

高校是开展生态文明教育以及形成校园文化的主要阵地。要实现高校开展生态文明教育活动的根本目的，只能从教学路径以及教学方式入手，确保生态文明教育具备更强的针对性、亲和力以及吸引力。高校校园文化充斥在整个高校环境中，虽然看不见摸不着，但持续发挥感染作用，它建立在校园物质文化基础上，对高校内个体持续发挥潜移默化的影响，促使他们树立正确的生态审美观，养成保护环境、节约能源的生活习惯。高校校园文化包含五部分，都对生态文明教育有重要作用。高校制度文化可以规范高校内个体的相关行为，使他们在学习以及工作中形成正确的生态意识，养成良好的生态行为；高校行为文化可以通过一定行为在高校内创建实行良好生态行为的气氛；高校精神文化能使校内个体不断思考如何实现人与自然和谐发展；高校网络文化可以为高校开展生态文明教育耕耘出新的阵地。

显然，如果高校开展生态文明教育能合理运用校园文化这一重要载体，不但能使校内人员树立正确的生态文明观念和意识，还能增强生态文明教育的制约力、感染力、推动力等，促使高校有效开展生态文明教育，且教育更加全面。因此，高校开展生态文明教育必须注重如何应用校园文化这一重要载体。

2. 生态文明教育有利于高校校园文化建设的良好发展

高校开展生态文明教育的主要目的就是教导在校人员保护自然、尊重自然、遵从自然规律，将生态文明概念更广阔的扩散，推动社会生态文明建设。生态文明教育不仅是高校思想政治教育的关键组成，也是高校搭建生态文明教育体系形成校园文化的核心，不但对高校建设和发展优质校园文化有很大帮助，还能加快“两型”社会建设进程。高校在建设校园文化过程中融入生态文明教育，不但能帮助校内人员更好地融洽彼此关系，改善学习和工作的环境，还能保证校内人员在受教育后积极发挥主观能动性，实现校园文化内容的不断创新。至此，校园文化建设和生态文明教育形成完美闭环，开展生态文明教育不但能加快高校校园文化建设进程，还能为校园文化的发展指明方向。

显然，在高校校园文化建设过程中融入生态文明教育，能同时推动生态文明教育以及校园文化建设的发展。

3. 生态文明教育与高校校园文化建设相互需要

古语有云："少年智则国智"，高校作为培养大学生的摇篮，必须注重生态文明教育和校园文化建设。高校大学生是新时代的接班人，是建设社会主义的专业人才，是我国所有行业的未来主力军，更是我国未来科技创新、经济发展的中流砥柱，在生态文明建设过程中地位极高，甚至直接影响其实际进程。因此，高校必须重视对大学生开展生态文明教育。

为了保证我国生态文明建设有效、长久开展，对大学生进行生态文明教育就显得尤为重要，通过教育不但能帮助他们掌握必要的生态技能，养成正确的行为习惯，还便于他们在实际工作中坚持以生态文明观为指导，真正展现生态文明教育的伟大成果。基于此，高校开展生态文明教育必须充分运用高校的校园文化。

高校属于社会的重要组成部分，是社会系统中的子系统，高校校园文化当然也是社会文化的一部分。在建设高校校园文化过程中融入生态文明教育，不但可以对高校内所有人员开展隐性教育，还能在一定程度上将生态文明教育扩展到周边环境和民众。如今的生态文明教育具备长期性、全民性、急切性等特性，对于高校这一主要阵地有较高的要求，即高校必须高度重视生态文明教育相关情况。因此，将生态文明教育融入高校校园文化建设，不但能为开展生态文明教育扩展新的道路，还能提升校内人员的生态文明水平和素质，使高校周边的更多人接受生态文明教育，实现生态文明观念在社会的广泛传播，提升整个社会的生态文明素质。

（三）生态文明教育融入校园文化建设的必要性

高校在建设校园文化过程中同步开展生态文明教育，不仅能提升高校的环境质量，还能增长校内人员的生态文明素质。大学生是高校的主要成员，具有较高的文化素质，面对新事物时能更快地理解和接受，而且程度更深，他们可以在高校开展生态文明教育时更快地接受生态文明知识，养成生态的行为习惯，并在平常生活中用学到的知识和习惯一步步影响家人、邻居以及其他人，毕业后同样能在日常工作时一步步影响同事，使家人、邻居等全都了解生态文明的概念，养成生态习惯，推动当前社会向两型社会转变，显然生态文明教育融入高校校园文化建设具有重大意义。

1. 有利于大学生的全面发展

马克思主义指出人要全面发展，此“全面发展”并非简单地全方位发展，它还包括和谐发展、充分发展以及自由发展。每个人都要经历从无到有的发展历程，在整个发展过程中可依据不同的目标分成多个阶段，每个阶段都需要高度重视全面发展、均衡发展，如果因某个过程没有实现全面发展，导致出现缺陷或短板，很容易影响自身长久发展，甚至影响周边环境乃至影响社会。因此，在高校校园文化建设过程中融入生态文明教育不但能使大学生在了解和掌握生态文明教育的基础上更好地营造校园环境，还能使大学生养成绿色、环保、健康的生态意识，实现全面发展。

（1）大学生需要的全面发展

每个人在发展过程中会有各种需求，根据需求内容不同可将其分成两部分：一部分是基础的生理需求，另一部分是上层建筑的精神需求，也叫社会需求。生理需求指的是人生活需要的居所、衣物、食物等必需品，具有自然性；精神需求指的是满足人发展过程中情感变化以及维持社会安定等社会性需求。当人的生理需求和精神需求都获得满足后，人才会开始思考为实现长久目标努力，为社会发展贡献自己的力量。人作为社会的关键组成，只有个人的需求获得满足并开始发展才能推动社会发展。

将生态文明教育融入高校校园文化建设，不仅能使生活在校园环境中的大学生持续受到校园文化的影响，还能促使他们的生理需求和精神需求向生态化方面发展，如改变自身饮食结构，食用绿色、健康的事物，养成绿色的消费观，合理利用废物等。另外，大学生在接受生态文明教育后会自觉遵守校园相关的规章制度，养成生态行为习惯，成为符合生态文明建设的专业人才。

（2）大学生能力的全面发展

大学生能力实现全面发展指的是大学生不断发展自身的潜力、社会力、自然力、智力、体力以及个人现实能力等能力，并在实际生活和工作中完美发挥这些能力的作用。在所有能力当中，智力和体力是最关键、最重要的能力，因为大学生主要通过脑力劳动和体力劳动来满足自己的发展需求，而且这两种能力还能推动其他能力的发展，如增强人的劳动能力、发掘人的内在潜力、提升人的创新能力、增强现实能力等。换言之，大学生通过某些能力的发展推动能力全面发展，从而在建设生态文明社会时发挥更重要的作用。

将生态文明教育融入高校校园文化建设，不仅丰富和完善了高校搭建的课程体系，还大大充实了高校开展社会实践的形式和内容，使大学生同时接受理论教育以及实践教育，养成生态文明意识和行为习惯，提升个人能力以及社会竞争力，为将来生活和工作奠定坚实的基础。

（3）大学生社会关系的全面发展

社会是由所有个体组成的有机整体，社会的每个人都在发挥自己的作用。假设社会是一个网络，那每个人就是网络中实现交流沟通各个直线的交点，社会网络中每条直线的传输方向都是双向的，但经过每个交点的直线数量各不相同，这意味着每个人和周围人形成社会关系的数量不同。一般情况下，人具备的社会关系数量与其自身全面发展的程度呈正相关关系，显然，人想要实现全面发展，必须注重提升自身的社会关系数量。

将生态文明教育融入高校校园文化建设，不但能使校内人员具备较强的生态责任感以及社会责任感，还能使高校创建一个生态的、和谐的校园氛围，实现人与人的友好沟通。高校和小学、中学有很大区别，高校的社会关系更为复杂，你和校园内所有人（如陌生人、教职工、同学、教师等）形成的社会关系并不相同，大学生可不断增强自身的社交能力和表达能力，在日常相处时不断扩展自己的社会关系网，同时向网中的所有人讲解自己掌握的生态文明知识，真正做到内化于心、外化于行。

（4）大学生个性的全面发展

人的个性的发展指的是每个人在不受其他客观因素影响的情况下，一直按照自身喜好和预定计划持续地完善和发展自己。每个人的个性都是唯一的、特殊的，正因如此才会有性格各异的人类，但如果每个人都按照自己的想法去发展自己的个性，会对整个社会的发展有很大影响。因此，每个人在确定自己个性的发展方向时必须与社会发展需求相结合，这样做不但能促使个人的个性实现全面发展，还能以自己的发展带动社会发展，为社会建设贡献自己的微薄力量。

将生态文明教育融入高校校园文化建设，扩大了大学生个性发展的选择方向，便于他们结合自身需求选择恰当的方向，同时为他们毕业后选择就业方向以及建设生态文明社会奠定坚实基础。

2. 有利于绿色大学的建设

近些年，学术界对于建设绿色大学的研究开展频繁，也收获了许多成果，其中就包括了许多和绿色大学建设有关的设计和策划研究。全国各地都有高校在积极开展创建绿色大学活动，并为其他高校开展相关建设提供借鉴和参考。高校开展绿色大学建设不仅要加强校园文化生态化建设，还要加强校园文化现代化建设。

（1）提升高校校园文化建设的生态化

无论高校的办学类型是何种定位，它都是我国开展各类教育的主要场所，是开展生态文明教育的重要阵地，因为高校承担的是我国培养人才、传承文化、科学研究的重大历史使命。因此，高校校园文化建设的生态化能全力推动新时代高校校园文化发展和进步以及我国教育事业不断发展。

将生态文明教育融入高校校园文化建设，能积极促进和实现高校校园文化建设的生态化。比如，在校园物质文化建设中融入生态文明教育，能通过构建生态校园直接改变校园的真实形象，有助于校园文化的生态化建设；在校园制度文化建设中融入生态文明教育，能通过相应制度规范校内成员，使其养成生态的生活方式和行为习惯，并在校园内营造一种和谐的气氛；在行为文化建设中融入生态文明教育，可通过开展生态实践活动督促大学生积极参与生态实践活动，同时结合品牌效应广泛宣传生态文明教育；在精神文化建设中融入生态文明教育，可以在高校发展过程中始终坚持生态文明意识，从精神层面实现生态化，并发挥其潜移默化的影响；在网络文化建设中融入生态文明教育，可以使高校的网络空间实现生态化，充斥生态气息。由此可知，只有将生态文明教育融入校园文化的每个部分，才能真正培养出拥有生态文明意识和较高综合素质的、实现全面发展的新时代大学生，同时在高校营造一种高效的、生态的管理氛围，从而提升高校校园文化建设的生态化，保证当代大学生承担培养生态价值观和生态文化的特殊使命。

（2）推进高校校园文化建设的现代化

当前，我国的社会主义生态文明建设已经从最初阶段迈入攻坚阶段，面临的关键问题就是如何满足人们应用绿色产品、实现生态生活的实际需求，这也是高校校园文化建设出现创新、实现现代化的重大机遇，因此，高校推进校园文化建设的现代化迫在眉睫。

将生态文明教育融入高校校园文化建设，能推进高校校园文化建设的现代化。比如，在校园物质文化建设中融入生态文明教育，可选用更先进、科学的建筑材料、设计方案、校园规划等，直观地展现校园文化的现代化建设；在校园制度文化建设中融入生态文明教育，可监督高校制定更民主、更科学的制度，彰显校园制度文化的与时俱进；在校园行为文化中融入生态文明教育，可以督促校内所有人员将自身具备的生态文明意识转变成生态文明行为，扩展了生态文明教育的形式，使高校文化建设具有新时代意义；在校园精神文化建设中融入生态文明教育，充分展现了高校对当前存在的各项社会问题具有敏锐的感知力和较高的重视程度，在社会发展过程中不断发挥自身的积极作用，凸显校园文化现实作用；在网络文化建设中融入生态文明教育，是在直观体现其现代化特性的基础上扩展生态文明教育的影响力和吸引力，推进高校校园建设的现代化。

总而言之，在对生态文明教育形式和内容进行大胆创新后，再将生态文明教育融入校园文化建设的各个部分，不但能完善和扩展高校创建的生态文明教育体系，实现校园文化现代化建设，还能使在校大学生成为具备生态伦理理念、生态文明意识和掌握生态文明知识的为中国特色社会主义现代化建设贡献全部力量的接班人。

3. 有利于美丽中国的目标

我国实行改革开放政策已经四十多年了，经济发展势头迅猛、成绩斐然，但由于最初采用的粗放型经济增长模式致使我国的环境、资源使用不合理，出现环境恶化、资源不足的危机，面对这种情况，党和政府提出建设资源节约型、环境友好型社会，加快社会生态文明建设进程，中共十九大报告中明确指出“加快生态文明体制改革，建设美丽中国”。在高校校园文化建设中融入生态文明教育不仅能增强校内所有人员的生态文明意识，还能促使大学生承担起社会主义生态文明建设的重任。

（1）生态文明建设是“五位一体”总体布局的重要内容

中共十八大报告中指出：“全面落实经济建设、政治建设、文化建设、社会建设、生态文明建设‘五位一体’总体布局。”这意味着党和政府从更全面、更深层的角度精准把控中国特色社会主义建设和发展。因此，我们在实现社会主义现代化的过程中需要详细分析和掌握总体布局中五个要素之间存在的辩证关系，将生态文明建设提升到和其他建设同等重要的地位，并将其完全融入其他建设当中。

生态文明建设作为“五位一体”总体布局中新增的内容是由时代发展决定的，它是社会主义生态文明建设的核心内容，是保证中国特色社会主义事业实现可持续发展的坚实基础，因此，它同样是“五位一体”总体布局的重要内容。我国积极开展生态文明建设不但能确保在全球范围的生态文明建设中发挥引领作用，还能作为重要参与者贡献自己的力量。

（2）绿色发展理念需要贯穿我国发展始终

1973 年 8 月 5 日，由国务院委托国家计委（现发改委）组织的中国第一次全国环境保护会议在北京召开，会议结束后，国务院环境保护领导小组成立，拉开了成立中国环保机构的序幕。1983 年，第二次全国环境保护会议在北京召开，持续时间长达一周，此次会议后大约每隔六年就召开一次环境保护会议，时间基本维持在一周内。2006 年，第六次会议更名为全国环境保护大会，会议时间也缩减为两天。2018 年，第八次会议更名为全国生态环境保护大会，负责组织和召开的机关更改为中共中央，同时，根据会议名称可知，国家逐渐重视环境的“生态”观念，重视生态文明建设。

中国属于发展中国家，不但积极借鉴和参考其他国家在生态文明建设方面提出的相关理论以及获得的实践成果，还在我国传统文化中不断搜寻更加契合我国生态文明建设的理论知识和实践活动，同时坚持马克思主义理论这一指导思想，在马克思主义生态文明观的基础上反复强调生态文明并提出各种和生态文明建设有关的理论，从最初的改善环境、节约资源到更改经济发展模式，再到制定可持续发展战略，坚持科学发展观，将生态文明建设融入社会建设的各个方面，实现生态文明的理论发展和实践创新，中共十九大明确指出“坚持人与自然和谐共生”，这一切都彰显了中国特色社会主义生态文明建设不但坚持生态平衡，还坚持生态和谐，同时为高校结合生态文明教育开展校园文化建设提供了理论指导。

（3）中国特色社会主义建设需要人与自然的和谐

2004 年，中共十六届四中全会在北京召开，会上首次完整地提出“构建社会主义和谐社会”。所谓社会主义和谐社会指的是在社会主义中国内人与自然、人与社会、人与人之间实现和谐共处的社会。其中，人与自然之间和谐共处是维护社会安定、实现社会和谐的核心内容，而美丽的生态环境是社会始终健康并不断发展的先决条件。

党的十九大报告中明确提出“人与自然是生命共同体”，这个理论一经提出即代表着我们已经充分意识到大自然对人类的重要性，地球的生态环境是由自然界创造的，人们在自然界中生存、生活，人与自然是共生关系，因此，人类在发展经济时必须重视大自然，保护生态环境，坚持“生命共同体”这一生态文明核心观念。

我国的发展经历多个阶段，从最初的站起来到富起来再到强起来一直都遵循生态文明理论。在站起来阶段，我国多次改变和调整发展方向；在富起来阶段，坚持可持续发展，树立科学发展观；在强起来阶段，以绿色发展为基调制定“坚持人与自然和谐共生”的方针。

二、生态文明教育融入校园文化建设的路径

将生态文明教育融入高校校园文化建设必将经历繁杂的过程，需要大量的理论研究和实践。本文从校园文化的五个部分入手，深入研究和探索两者实现完美融合的可行性和合理性，找寻最适宜的、符合时代特征的融合模式和路径。

（一）优化高校物质（环境）文化建设

高校的物质文化是校园文化的基石，是最主要的外在体现，它不仅要保证高校顺利开展各项教育活动，还要保障高校培养正确的人文精神，展现自身特性。因此，高校必须从自身历史和文化出发选择合适的建筑位置，制定恰当的方案、规划，建设和优化校园物质文化。

1. 科学合理的校园选址

高校在创建之初的首要问题就是选址，恰当的地理位置有利于校园物质文化建设，有利于生态校园建设。通常情况下，高校选址有三个原则：第一是当地政府给予大力支持；第二是周边设施相对完善；第三是具有优美的生态环境。

在高校选址前期，需要当地政府给予一定支持，在确定校址后进行规划、设计、修建以及建成后构建安全防护、交通道路等同样需要当地政府支持和配合。如果当地存在大学城规划，对高校物质文化建设将有很大帮助。

高校选址应该考虑周边的基础设施完备情况。比如，高校周边的交通要足够便利。高校不能位于远离市区的山林，它应该考虑高校工作人员是否会受到通勤时间过长的困扰，也要考虑在校学生在课余时间自由出行是否便捷，更要考虑高校周边的公共交通是否具有足够承载力等。一般情况下，高校应有本校专属的公交站牌，距离功能完整、市面繁华街道的路程不应超过一小时。再如，高校周边必须具备足够的资源。2021 年教育事业统计数据结果显示，全国普通高等院校、职业院校共有本专科在校生 3496.13 万人，而一所高校少则几千人多则上万人生活在某个区域，必需的水、电、暖以及衣、食、住、行等资源必须齐全，绝对不能掉链子。

高校的主要目的是培养人才以及开展科研工作，因此，高校应尽量远离高端购物中心、特别繁华的街道、工业生产区等区域，尽量选择那些具有人文景致、优良生态环境的区域。

2. 合理的校园功能分区

为确保校内人员在正常生活和学习之外积极提升工作质量和效率，高校内应包括多个功能区，且各个区域应根据功能合理分配，如维持高校正常运转的教学区和办公区、高校开展科研活动区、教职工和学生的生活区以及供人们放松的休闲娱乐区。

由于当前很多高校十分重视物质文化建设，所以许多条件相对优渥的高校会将教学区和办公区区分开来，在教学区中间单独设立一个办公区，不但方便高校工作人员为教学活动服务，还便于他们更好地管理高校各项事宜，有利于提升工作效率。高校经常开展科研活动可单独设立科研区域，应和实验区域紧密相邻，与教学区不能间隔太远，同时应留有专门的外出通道，既能避免实验出现危险无人应对，又能方便校外人员和校企展开深层研究与合作。生活区应单独设立，靠近教学区即可。休闲娱乐区主要用作学生和工作人员放松，应靠近生活区，稍稍远离教学区，地势足够平坦，便于进行跑、跳等相关运动。

3. 生态优先的校园环境

高校校园环境不但要重视选址和功能划分，还要重视自然环境区域的划分，如校园绿化的分布情况、校园道路的规划情况等，在综合考虑的基础上尽量对整个自然环境进行细化和深化。

校内天然的自然景观是构成校园生态环境最重要的区域，可在完整保留山势、水流、树林、植被的基础上搭建恰当的建筑物，形成景观，不仅能保留原汁原味的大自然，还能使校内人员亲近大自然，感受大自然的美，实现人与自然和谐相处。另外，还能在校内建筑物的屋顶、墙面等区域覆盖植物，如爬墙虎等，种植更多种类的植物，既能提升校园的绿化面积，还能通过绿色高低之差形成立体感和错落感，充当装饰。在种植时可优先考虑当地的植物类型，因为这些植物的生长环境没有改变，所以成活率更高，且后续的维护、管理不需要大量成本，能降低生态成本，彰显生态校园的价值观。

在校园内，合理的道路规划至关重要，道路是交通的具体表现，是整个校园规划的坚实支撑，它能使学生更便捷地往返各个区域。一般情况下，道路规划主要遵从三个原则：第一，人车分离原则。校园内主要的通勤方式是步行以及骑自行车，使用汽车的只是少数，因此校园道路规划的主体是步行道路，车辆所用的道路应单独规划且设定规定速度。步行道路规划时不但要便捷，还要保证安全，同时高校也要鼓励学生上课最好选择步行或骑单车，在各个区域的主要干道应限时禁行汽车。第二，高通达性原则。这一原则是整个道路规划的核心，因为规划道路的主要目的就是为了实现各区域的通行，高通达性意味着设定道路不仅能快速通行，还不会超过道路承载能力。第三，生态功能原则。这一原则主要指的是规划道路时应注意结合校园的绿化，完善生态功能，结合道路的功能不同，选择搭配合适的绿化，如不同种类的植物、不同层次的绿化等。还可将道路设计成廊道式景观，不仅能发挥道路的通行功能，还能发挥景观作用，使道路成为优美风景，成为生态环境的一分子。另外，停车场也是校园不可或缺的关键区域，分为放置自行车的地上停车场和放置汽车的地下停车场。地上停车场应紧邻生活区和教学区，方便学生使用和高校管理；地下停车场应靠近高校正门，不仅方便外来车辆和高校工作人员停放，还可避免在校内冲撞学生。

4. 适当超前的生态基础配套设施

高校的主要目的是培养人才，因此，各种基础设施必须齐全，还可适当配备一些先进的生态基础设施，既能方便学生在生活和学习中应用，还便于实现高效管理，更能展现高校具备的先进科研能力，创建现代化的、生态化的智能校园。

在修建校园过程中，选择建筑材料、装修材料以及电路材料等材料时应注重材料的耐用性和环保性，既能降低材料对人体和大自然的伤害，建造生态、绿色建筑，还能延长使用寿命。选用科研设备、教学设备、网络设备、监控设备等设备时首要考虑的问题是设备的应用性能和耐用性能，这些设备一经安装必然会长时间使用，避免出现过多的维修，降低维护成本，节约工程造价。校园的给排水系统同样要遵循生态化原理，高校一般使用市政供水，可根据市政供水管道合理设计校园生活用水管道，设计消防用水池，排水系统负责收集生活污水和雨水，经过处理后用于灌溉校园绿植，还可直接实现中水回用。为了节约电力资源，大部分学校都会限制学生宿舍的用电时间，从而限制其用电量，学校还要制定相应的规章制度限制教室用电，如投影仪、照明设备等。冬季，北方大部分学校都需要集体供暖，学校可选择中深层地热能无干扰清洁供热技术，这种技术优点十分明显，无排放、高能效。优性能、少干扰、分布广，属于生态化技术。此外，高校还应注意使用遵循垃圾分类制度的垃圾桶，分布在各个出入口，不但能减少垃圾乱丢现象，还能帮助学生学习垃圾分类的相关知识，养成垃圾分类的生态习惯，能更好地实现垃圾的废物再利用。

科技在不断进步，高校在监控和管理方面可以应用先进的环境感知技术，如视频监控、二维码、射频识别等具有感知能力的设备和技术。应用视频监控设备监控学生的相关行为，通过在校园一卡通上应用射频识别技术对学生出入教室和宿舍进行高效管理，在图书上应用射频识别技术便于学生自助借还图书。另外，高校如今正逐步应用5G技术，这类技术不但极为可靠，传递信息速度极快，还不需要大量能耗，延时也较低，能大大提升教学能力和管理能力，使高校校园实现生态化、智能化。

（二）强化高校制度文化建设

高校制定了各种各样的制度，约束着校内所有部门和人员。在开展学习活动以及展开工作时必须遵守相应的规范和秩序，保证高校稳定运行。强化高校制度文化建设，必须将制度化的生态文明教育融入校园内的各项制度，创建恰当的制度，约束校内人员的行为，提高其生态文明素养，形成民主、人本、科学的校园制度文化。

1. 建设民主、人本、科学的高校制度文化

第一，高校的制度文化一定是民主的。高校教师和在校大学生的素质水平普遍较高，他们强烈表达的诉求一定是民主的。因此，高校只有制定符合实际的、民主的、合理的制度，才能确保校内人员严格遵循制度内容。另外，高校必须严格执行已经制定的制度，若有错，必罚；若有过，必惩，而且制度公布后，切忌反复更改，当领导者变动时也不要直接抹除该制度，从而保证制度的稳定性、连续性、严肃性。

第二，高校的制度文化一定是人本的。高校是培养人才的基地，为顺应时代发展，高校的制度文化建设必须遵循“以人为本”。“以人为本”是和谐发展观的本质和核心，是马克思主义关于人的全面发展的基本观点的充分体现。在高校中存在数量最多的就是人，人是高校最重要的资源，是高校具有强大竞争力的主要力量，因此，高校实现发展的关键是人，而高校不断发展的目的也是为了实现人的发展。显然，高校不断进行发展和改革是为了人，工作的起点和终点都是为了人，“以人为本”就是高校的宗旨。高校制定各项制度的出发点不单单为了规范校内人员开展各类活动，从某种程度上讲也是为了维护在校师生的利益，必然具有人本特性。

最后，高校的制度文化是科学的。高校制定的制度并非永恒不变，当

时代变化或客观环境发生变化时，制度需要出现相应的变化。高校的制度文化建设应以我国国情为基础，考虑高校的实际情况，遵循科学性、政策性原则，不违背教育教学的相关规范，合规、合理、合法，还要透过制度文化的内在展现本校的精神文化。

高校在制度文化建设过程中必须融入生态文明的相关理念，通过制定一系列制度规范校内人员的行为，使他们在生活、学习、工作当中形成生态文明意识，养成生态行为习惯，并通过自身保护环境的行为提升周边群体的生态文明素养。

2. 完善大学生生态文明教育制度

高校在完善校园制度文化建设时可积极创建校园的生态文明教育制度，实现生态文明教育与高校制度文化建设完美融合，生态文明教育制度包含管理制度、评估制度、激励制度以及反馈制度。高校通过以上一系列措施为高校开展生态文明教育奠定坚实基础，另外，高校还要重视当前教育制度的时刻更新以及大胆创新。

高校在创建生态文明教育相关制度之前，需要以当前国内外生态环境的实际状况为基础，充分考虑国内外开展生态文明教育的所有相关信息，立足于本校大学生的真实水平，创建出符合中国国情的、有本校特色的生态文明教育制度。这里需要注意，此制度并非单一的制度，是管理、评估、激励、反馈四种制度的集合体，它能通过评估和反馈知晓高校在开展生态文明教育过程中存在的疏漏，便于针对性解决，确保高校取得教育教学的最终成果。另外，高校可结合时代发展，运用现代化的媒体手段大胆创新，完善生态文明教育制度。

3. 建立大学生生态文明教育评价制度

在生态文明教育制度中最重要的组成部分就是评价制度，高校必须创建一个有效的、合理的、全面的评价制度。因此，高校需要在评价制度中融入生态文明教育的理论内容和实践活动，创建出包含多个参与主体、拥有立体化指标的评价制度，在测试学生综合素质水平或量化学生德育分数时充分展现制度包含的生态文明观念，在最大程度上发挥评价制度的作用。这样做能使大学生更加重视生态文明教育，更容易接受制度的限制和影响，从而增强自身的生态文明意识，提高自身社会责任感和生态责任感，养成良好的生态文明行为。

（三）重视高校行为文化建设

高校在完善校园行为文化建设时可通过一系列行为实现生态文明教育和校园文化的完美融合。比如，对学生开展生态文明教育促使其养成生态文明消费观；树立优秀的学生榜样，通过榜样的力量影响大学生，使他们养成生态行为；在校园成立生态环保志愿服务队，邀请大学生参与并指导其积极参与实践活动，通过实践增强教育。此外，这类实践活动还能使学生对周围人产生一定影响。

1. 生态文明消费观教育

马克思指出人为了在社会中长久地生存必然要消费，它是由人的本质决定的。所谓生态消费观指的是一种生态式的消费观念和生活方式，遵循这种消费观念的行为不仅能满足人们最基本的生存需求，还能在不破坏生态环境的基础上发挥生产力的最大效用。高校开展生态文明消费观教育必须以当前大学生的实际消费状况为参考，确立生态消费观教育的教育目标和教学任务，促使学生养成适度消费、节用消费、绿色消费的消费观，同时积极追求精神消费。

所谓适度消费指的是大学生在消费时尽量不要超过自身实际条件，避免损坏生态环境。适度消费的标准并不固定，当消费者遵循的消费标准不但能满足自身生活，还不会损害生态环境、浪费资源时，就属于适度消费。高校通过生态教育推动学生养成适度消费观念，就是为了使大学生在消费时能考虑到此次消费是否有益于维持生态平衡以及节约资源，从而更加理性。为达到此目的，大学生需要清楚自身的实际条件，了解自身的消费能力，严格把控消费数量，重点关注质量，尽可能地避免自身消费与资源、生态环境出现冲突。

两千年前，墨子先生就提出过“节用”的消费观念，如今，节用消费更是推动时代发展的关键动力。党的十九大报告明确指出“倡导简约适度、绿色低碳的生活方式，反对奢侈浪费和不合理消费”，这提示人类要加大宣传引导力度，大力弘扬中华民族勤俭节约的优秀传统，大力宣传节约光荣、浪费可耻的思想观念，使厉行节约、反对浪费在全社会蔚然成风。高校开展节用消费教育就是为了使大学生在日常生活和学习过程中养成节约的良好习惯，从而避免校园出现奢侈消费、两相攀比以及浪费食物的现象。

如今，社会经济发展一直讲究“绿色发展”，受此影响产生的绿色消费必然是未来的发展趋势，它还是当代人们的生态消费观最直观的体现。高校开展绿色消费教育就是为了使大学生在平常生活中更喜爱使用绿色产品，在消费时更乐于选择绿色产品，同时还能使大学生对资源的高效应用或废物的二次利用进行深层研究。

所谓精神消费指的是所有不属于物质消费的能提升人的审美情趣、思想觉悟、道德修养的消费，完整的生态消费观必然是绿色物质消费和精神消费的有机结合体，两者处于动态平衡。当人们过于重视物质消费，很容易在社会中形成一股歪风邪气，如一味追求奢侈品、贪图物质享受等，长此以往，人们会丧失追求精神幸福的动力。高校鼓励学生追求精神消费就是为了使大学生不受物质消费的侵害，避免其沉迷在物质享受产生的快乐当中，通过教育能使大学生主动改善自身的精神状态，提升自身的人生境界，从而脱离物质享乐带来的低级趣味，获得长久的精神享受。

2. 积极宣传校园先进人物、典型事迹

对于大学生群体来讲，如果高校将某些宣传生态文明的人树立成先进人物，宣传的事迹成为典型事迹时，其他人自然会心生仰慕和钦佩，生出主动效仿之心。因此，可以在校园内广泛宣传生态文明的先进人物和相关事迹，扩散生态文明教育的影响力和吸引力，从而帮助其他大学生树立正确的价值观。

至于如何评选先进人物和事迹，需要注意下列几点：首先，评选的人物和事迹一定是大学生在平常生活中可以接触到的。所有评选的先进人物和相关事迹一定要和学生生活沾边，绝对不能脱离生活，给学生一种榜样就在身边的感觉。因此，可以从宿舍、班级、社团等集体着手，通过自下而上的推选方式来选拔，如在班级内投票选举“身边的生态文明榜样”等。在评选过程中，所有参与者都会主动和获选者进行行为对比，了解双方存在的差距并反复自省，对自己的生态行为越来越重视，同时努力向榜样学习，产生生态文明意识，推动整个班级乃至整个校园都实行生态文明行为。其次，高校可通过校园活动进行评选。评选先进人物和事迹一定要遵从生动、具体、真实等原则，因此，可通过生态知识读书会、生态文明先进事迹报告会等校园活动来评选，这样选出的人员和实际一定是真实的，能展现获选者的人格魅力，不但能缩短感化其他人的时间，还能大大提高其他人的生态素养。最后，高校也可通过社会实践活动来评选。高校的大部分学院都会在休闲时间开展一系列社会实践活动，因此，高校可以以生态文明建设为中心开展一些特殊的社会实践，通过这些多样化的活动评选出优秀的个人和事迹。这样做不但使评选先进个人和事迹的方式实现创新，从而更精准地定位出合适的人员和事迹，还能通过直观的视觉感受激起其他参与者的认同感，使其他参与者的内心产生一种向他们学习的急切感受以及主观愿望。

3. 打造大学生生态环保志愿服务队

高校可以组织一支专门从事生态环保的队伍，大学生自愿选择是否参与，此队伍的主要目的是保护生态环境，定期组织队员开展生态环保实践活动。通过实践活动能使队员亲近自然，从而产生顺应自然、尊重自然、保护自然的生态意识，活动反复开展会不断加深队员的意识深度，增强践行生态环保概念的行为，更能对队员身边的人产生一定影响，大大扩散生态文明教育的影响力。

高校课程应从下列几个角度着手组织专业的大学生生态环保志愿服务队：第一，通过与各类实践案例的互动式交流开展环保实践活动。高校创建队伍过程中多多使用互动学习、案例分析等方法，开展更科学、更合理、更有效的志愿服务，同时注意结合各类实践案例，如创建环保志愿服务银行、热点分析小组等，使整个队伍更具针对性、战略性、前瞻性。第二，举办各种文化主题活动，高校可在大学生闲暇时间举办一系列文化主题活动，通过这些活动增强学生的生态意识，形成生态观念，并通过多层评选，选择出那些有生态意识、社会担当以及人文情怀的学生，将他们组织在一起成为一支服务队伍。这样做不仅能激起所有队员内心存在的荣誉感和成就感，有利于队伍长久发展，还能刺激其他大学生争相加入队伍，主动扩充自身对生态文明的认知，掌握更多知识，提升自身的生态素养。

（四）推动高校精神文化建设

高校的精神文化是高校的灵魂，能展现校园的精神面貌和个性特点，也能凸显校园的办学宗旨以及培养目标等。因此，高校在开展精神文化建设时融入生态文明教育能大大缩短精神文明的建设进程。

1. 充分发挥思想政治理论课的主渠道作用

在高校中，大学生接受生态文明教育的主要途径是通过思想政治理论课，因此高校可通过此类课程引导学生增强、完善生态文明教育。对于思想政治理论课程，高校需要不断提升重视程度，便于充分发挥该课程宣传生态文明教育的重要作用。这就要求所有教授该课程的教师掌握生态文明的内在真意，在授课过程中不断激发学生学习生态文明的兴趣，对开展生态文明教育有很大帮助。当前我国高校的思想政治理论课程包括《马克思主义基本原理》、《毛泽东思想和中国特色社会主义理论体系概论》、《思想道德修养与法律基础》、《中国近现代史纲要》、《形势与政策》五门。

教师在讲授《马克思主义基本原理》时要特别注意马克思主义中蕴藏的生态文明观念，使大学生从马克思主义生态观的角度剖析和探究人与社会、人与自然以及人与人之间存在的内在关联。《毛泽东思想和中国特色社会主义理论体系概论》一书包含“建设社会主义生态文明”的章节内容，因此，教师在教授该章节内容时要注意结合中国几代领导人的重要讲话，分析讲话中存在的生态文明思想，使学生养成生态文明意识，成为建设社会主义生态文明的中流砥柱。教师在教授《思想道德修养与法律基础》时可通过书本基础知识对学生进行生态法治教育、生态道德教育以及生态文明观教育。教师在讲授《中国近现代史纲要》时，可详细分析我国开展生态文明建设的全部过程，特别是十八大和十九大等提出许多和生态文明建设有关报告的重要会议更要详细分析，通过文字向学生展现我国在发展社会主义市场经济时对生态环境造成的破坏以及产生的影响，同时知晓我国对保护和改善生态环境做出的努力，加强学生保护环境的思想建设。教师在讲授《形势与政策》时需在整个教学过程中积极宣传生态价值观。教师通过在课堂中详细地讲述我国当前面对的环境实情，使大学生萌生生态文明意识，知晓保护生态环境已经迫在眉睫，而大学生作为新时代的接班人，更应该勇于承担生态文明建设的重任，提升自己的生态责任感，积极开展保护生态环境的实践活动。此外，教师还能在讲授过程中运用实际的案例阐述当前环境存在的严重问题，不仅能使空洞的教育内容充满真实，还能激发学生的学习兴趣，获得更好的教育效果。

2. 发挥专业课、选修课教学的渗透作用

如今很多高校只是单纯地将生态文明教育作为思想政治理论课程的内容之一，完成它只是授课教师的任务，教学目标也仅仅是完成授课内容，使学生学到相关的知识，专业课同样如此，这种现象直接导致专业课教育和生态文明教育成为分离的“两张皮”，不利于实现培育人才的终极目标。因此，高校必须对讲授该类课程的专业教师开展生态文明教育培训，使所有教师都对生态文明教育有更深的认识，更加重视该教育，从而将生态文明教育的相关内容完美地融入自己的教学过程以及课余活动当中，以身作则并发挥带头作用，使大学生全面发展。

高校还能单独开设一些与生态文明教育有关的选修课程，如生态环境科学选修课、生态哲学选修课等，由学生自由选择是否学习该课程，如此做能使生态文明教育突破专业局限，扩大教育受众面，使非环境类专业的学生也能接受生态文明教育，变相地提高了所有大学生的生态素养，使大学生充分掌握生态文明理论的所有知识，增强自我能力，主动投身到保护生态环境的大军之中。

3. 在高校各理念中体现生态文明内容

每一所高校都具有独属于自身的精神文化，如教风、学风、校风以及办学理念等，这是高校的内在文化，也是高校的灵魂。因此，在高校精神文化中融入生态文明建设，必须从学风、教风、政风等方面着手。学风指的是在学习过程中通过学生使用的学习方法以及学习态度展现的风气；教风指的是在教学过程中通过教师使用的教育方式和教育态度展现的风气；政风指的是高校管理工作者在工作过程中使用的方法以及出现系列行为所展现的作风、态度。学风、教风以及政风三者其实就是该校校风的直观体现，是校园精神文化的核心内容。

（1）加强生态学风建设，努力提高高校大学生的学习能力

古语有云“近朱者赤，近墨者黑”，优秀的学风不但能保证在校大学生拥有良好的学习氛围，从容地学习知识，养成好的学习习惯，保持优良的治学态度，还能保证高校教育和科研活动健康发展。因此，高校在加强生态学风建设过程中应高度重视思想政治教育，保证大学生在刚入学时就能养成正确的学习态度，便于在后续的生活中养成正确的生活习惯，更好地享受大学的生态氛围，度过愉悦的大学生活。

（2）加强生态教风建设，努力提高高校教育者的育人本领

学校的教风主要从教师开展教学活动以及科研活动的过程来展现，因此，高校在加强生态教风建设过程中可从下列两方面入手：第一，对教师开展思想政治教育工作。高校对教师进行思想政治教育能增强教师的使命感和责任感，使其具备生态意识，在教授学生相关课程时能自然地融入生态文明教育的相关内容，以身作则，发挥自身的榜样作用。第二，提升教师的综合素质。随着时代的持续发展，人们对高校教师的要求越来越高，为满足人们的要求，也为了更好地教育学生、培养人才，高校自然要不断提升教师的综

合素质以及教育水准，从而更好地开展教风建设。

（3）加强生态政风建设，努力提高高校管理者的服务水平

所谓政风其实就是高校管理者的综合管理水平以及其他服务人员的服务意识，能引导校风的发展方向。因此，高校在加强生态政风建设过程中可从下列三方面着手：第一，高校组织校内所有工作人员学习生态文明相关理论。高校组织校内工作人员特别是管理者以及开展思想政治教育工作的人员学习生态文明相关的理论知识，提升自身的综合素养和专业水平，当高校管理者对生态文明知识知之甚深时，才会对生态文明教育引起重视，实现高校精神文化和生态文明教育的完美融合。第二，加强校内所有工作人员的作风建设。高校加强生态政风建设其实就是加强校内所有人员的作风建设，此时就需要高校领导者发挥自身的引领作用，使校内人员养成爱岗敬业、无私奉献的精神；要求管理者围绕基层开展各项工作，如到基层进行调研，了解大学生和其他工作人员在学习和生活过程中遇到的困惑以及想表达的诉求等；要求所有工作人员洁身自好，不贪腐、不受贿，尽心竭力为高校所有成员服务，保证体系和体系、人与人之间的生态和谐，为形成良好的校风奠定坚实的基础。第三，在校园管理工作中凸显民主化。高校管理者在开展管理工作的过程中应注意加强民主化管理，如高校在制定和修正与人事管理、教学管理相关的制度时，可在校园内公开征求大众意见，使高校管理更具协调性、民主性，同时便于要求校内所有人员主动遵循制定的相关制度，此举还能使他们产生主人翁的感觉，不但能增强校内所有工作人员的工作积极性，还能避免高校管理者在管理过程中遇到高难度事件，将管理精力分散到其他事务中。

（五）加强高校网络文化建设

2012 年，我国着手教育信息化建设，提出创建“三通两平台”，随着时代的进步和发展，当前我国已经步入网络信息化时代，高校中应用网络开展相关教育的现象愈演愈烈，而教育信息化也逐渐成为评定高校教育发展水平的重要指标，因此，高校校园文化中网络文化的重要性不可忽视，高校内的教育者和受教育者都属于其中的组成部分。

1. 营造生态的高校网络氛围

高校想要在网络文化建设过程中融入生态文明教育，必须构建生态化的网络空间，可从下列两个环节入手：

第一，对本校的网络文化建设进行合理、科学的设计和规划。高校在开展网络文化建设之前，必须要进行合理、科学的设计和规划。高校的网络系统不单单包括教师开展教育活动以及工作人员完成各部门基础工作等功能模块，还包括实现校内人员沟通与交流的校园服务、领导信箱等功能模块，只有两者相结合才能真正解决高校在开展教育活动过程中遇到的各种问题，才能实现大学生和校园管理部门的有效沟通。从某方面来讲，高校网络系统其实就是高校管理者以及校内学生和工作人员开展自身工作并进行相互交流的自留地。高校通过一定的手段合理设计和规划本校的网络文化建设，能从网络上广泛宣传生态文明观念，同时抢占舆论的制高点，控制舆论向生态方向转变，使校内所有人员积极接受生态文明教育，塑造生态文明思想。

第二，在校内网络中创建生态的舆论阵地。首先，高校管理者要成立一个官方的生态网站，此网站为高校在网络中开展生态文明教育的核心地域；其次，管理者在建设生态网站时注意结合大学生的实际需求，运用网站的舆论发挥引导作用，实现学生与管理者、工作人员与管理者的深度交流，使生态网站始终处于活跃状态；最后，网络管理人员还可将一些与生态有关的先进事迹和热点问题挂在网站上，吸引校内人员参与讨论，但一定要注意网络的言论，切忌出现不健康、不合规的言语，始终维持生态的网络氛围。

2. 运用手机载体实现实时生态文明教育

时代在不断发展，科技日新月异，网络工具同样频繁更新，大学生人手一部的手机已经成为他们学习知识、传递信息、形成思想的重要载体，它还能充当智能移动终端，不但具有极高的使用率，还具有远超其他载体的普及率，同时它便于携带，更便于在碎片化时间随时随地使用。许多高校在创建和管理官方平台和服务中心时也曾将手机这一重要载体考虑在内，因此，几乎所有网络平台和服务中心都能通过手机登录，实现信息交流。当然，高校也研发了一些专门管理学生的手机 APP，如易班等，这些 APP 也能实现学生和老师之间的信息交流。

显然，高校可通过各种由小组、社团、班级组成的信息平台宣传生态文明相关知识，如热点问题、法律法规、思想观念等，方便学生自由学习，高校可通过平台的累积学时或问答评比优胜者评选优秀的小组、班级，能大大提升生态文明相关知识的趣味性，增强吸引力。高校的教育者和管理者则可通过在平台树立保护生态环境的先进人物和典型事迹更广泛地宣传生态文明，增强大学生对生态环境地了解，从心底升起保护环境、维持生态平衡的主观感觉。通过上述系列做法，不但能使大学生更好地认识和认同生态文明的相关观点，还能借此机会树立正确的生态价值观，养成优良的生态行为习惯，实现生态文明教育和网络文化建设的完美融合。

第二节　生态文明教育与思想政治教育融合

一、生态文明教育融入思想政治教育实践基础

（一）生态文明教育融入思想政治教育的必要性

近些年，人类已经认识到生态环境的重要性，社会开始向生态时代发展，作为人才培养基地的高校也在一步步转变教育目标，培养符合时代发展要求的、促进国家社会进步的生态人才，依靠这些高素质人才推动我国社会不断发展、科技持续革新。我国生态文明建设最重要的内容就是在高校开展生态文明教育，但很多高校并不重视。因此，在思想政治教育中融入生态文明教育不单单为生态文明教育提供了政治保障，还能全面提升整个社会的生态文明素质，更凸显大学生在生态文明建设中的重要地位，发挥其重要作用。

1. 生态文明教育需要政治保障

思想政治教育的本质属性是政治性，而生态文明教育的核心内容是改善人与自然之间存在的内在关联，但它也包含人与人之间的内在关联；生态环境问题是当前所有人类都面临的严重问题，从表面上看与国家、地区以及政治制度没有关系，但绝对不能直接否定它不具备政治属性。生态文明教育的主要内容是宣传我国面临的生态环境实况，我国为改善生态环境做出的努力以及对祖国的下一代进行教育，它的受教群体是在我国未来发展中充当中流砥柱的人才，即当代大学生以及更年轻的青年，这些人的政治立场决定了我国社会主义生态文明建设能否继续开展下去。因此，青年群体应摒弃外国其他政治思想的干扰，坚持走中国特色社会主义发展道路，立足于社会主义的立场，有序开展生态文明教育，以社会主义理想为目标和方向，推动我国生态文明建设以及美丽中国建设稳步向前。这样做不但能保证生态文明教育的发展始终处于正确的方向，还能保证受教育对象在面临蛊惑或别有用心时足够清醒且自如应对。高校思想政治教育是高校引导大学生树立正确思想观念

的重要方式，自然能为生态文明教育提供政治保障，这种政治保障的作用还便于将生态文明教育以及相关实践活动融入其中。

2. 全社会生态文明素质需要提高

时代在发展，社会在进步，人们的生活水平以及知识储备也在连年递增，自然对生态环境、生活环境有了更高的要求，特别是当前我国正处于经济社会发展的转型期，人们希望生活在优美的生态环境中，但实际却生活在恶劣的生态环境中，两者存在显著差异，这种差异感使人们十分急切地改善生态环境，同时由于这种迫切改善生态环境的需要，使自然对人类的生态文明素养出现更高的要求。

思想政治教育的本质就是对人的教育，通过对人的观念、意识、思想进行教育使其发生要求的变化，而且它还能解释人们内心对于过去、现在以及未来产生的困扰，引导人们对社会、文化、经济、政治、生态等内容产生新的认知，并对所有知识进行详细的说明。显然，提升人的生态文明素质的过程就是人的思想道德观念发生转变的过程，在这个过程中，思想政治教育的引导作用被无限放大，特别是具有持续性、广泛性、复杂性以及紧迫性的生态文明教育，对自身即将融入的思想政治教育体系有更高的要求，该体系必须足够成熟，只有这样才能真正地引导和教育当代大学生掌握生态文明知识，提升自身生态文明素质。当大学生的生态文明素质和水平足够高时，能对社会中的其他人以及周边环境产生影响，广为扩散生态文明知识理念，同时发挥其主观能动性，带动、引领整个社会了解生态文明理念，全方位提升全社会的生态文明素质。

3. 重视大学生在生态文明建设中地位和作用的需要

如今，许多高校在开展生态文明教育过程中都面临一大批无法解决的问题，最关键的一个问题就是高校不重视生态文明教育，这种不重视的态度可能会导致大学生对生态环境产生错误认知。在生态文明建设中肯定大学生的地位和作用不单单是时代发展的要求，也是生态文明教育融入思想政治教育的切入点。实际上，大学生在生态文明建设过程中的重要程度超出预料，他们是社会主义的接班人，是社会主义建设的主力军，是科技实现创新和革新的中坚力量，是树立正确社会价值观的领导者，他们是否能发挥自身的重要作用，直接决定生态文明建设能否平稳进行。因此，高校将深刻、有效、全方位的生态文明教育融入思想政治教育，不但能使受教育对象在掌握一定的生态文明基础知识和观念的基础上，更好地学习新知识、消除困惑、思考民生等，还能保证高校教育符合生态文明建设的规划和战略，为其更好地服务。

在思想政治教育中融入生态文明教育，其实就是依靠高校现有的思想政治教育资源扩展生态文明教育的新道路，使生态文明教育实现普遍化、大众化，而生态文明教育也能促使思想政治教育的教学方式和内容产生新变化，保证其在贯彻生态文明建设和新发展理念时拥有坚实的实践基础，推动高校思想政治教育能跟上时代发展，相关理论知识和实践活动推陈出新。

（二）生态文明教育融入思想政治教育的可能性

1. 价值观教育的内在一致性

加强生态文明教育是先决条件，是倡导人们深入了解以及尊重自然和生命存在的内在价值。如今，单纯地宣传生态文明、限制人类行为对提升人的生态素质效果并不显著，必须从道德层面和思想层面着手深入开展生态文明教育，使人们从心底认可大自然、尊重大自然，并不断延伸自身对自然存在的义务和责任，严格遵守生态道德义务，履行生态道德责任。换言之，高校开展生态文明教育的核心目标就是帮助学生树立正确的生态价值观，提高其生态道德素质。生态文明教育天然具备生态道德和生态价值观，从某种程度上讲，它和思想政治教育的价值观教育拥有相同的内在基础，这一契合点可充当二者融合研究的理论基础和切入点。

2. 教育对象和任务的共同性

思想政治教育和生态文明教育的教育目标和教育对象也存在一定的相同点。高校开展生态文明教育的教育目标是培养具有生态文明观念、生态文明意识以及正确生态价值观的专业人才，它不单单包含培养广义的生态人才，还包含培养狭义的生态人才，换言之，它既要培养拥有生态文明知识、生态文明观念、生态文明意识以及生态价值观的“良知生态人”，也要培养掌握保护生态环境以及修复恶劣生态环境相关知识与技能的“专业生态人”，两种人才的本质是相同的，关键区别就是掌握的生态文明知识和技能方向以及程度存在差别，但不管是哪一类人才，都是高校培养出的符合时代发展要求的专业人才。高校开展思想政治教育的教育目标是培养国家和社会需要的人才，并实现“人的社会化”，显然两种教育的教育目标基本一致，可以充当二者融合研究和实践活动的切入点。现实社会中高校开展思想政治教育的时间已经很久远了，基本形成完整的教育体系，它不但能将教育知识宣传得更广，还能使人们更容易接受教育的思想观念和价值观，为生态文明教育的广泛宣传和深入教育提供绝佳的基础条件。

3. 补足当前生态文明教育薄弱环节的积极探索

如今，人们热衷于追求美好生活，而与人们生活水平和生活质量有直接关系的生态环境就是横亘在人们前方的巍峨高山，致使普通民众和政府机构保护生态环境的意识愈发强烈，人们也会在日常生活中对生态环境进行一定的讨论和研究，此时正适合高校开展生态文明教育，但高校需要直面两个关键问题：第一，高校并不重视生态文明教育，并没有透彻地理解其具备的时代意义，更没有通过各类实践活动对其进行深入研究。许多高校只是将生态文明教育作为一项专业教育来开展，甚至直接称为环境教育，它并不属于广泛开展的通识教育，而且只有少数农林类院校以及几所其他类高校开展了专业且系统的生态文明教育，这些学校也只是着重教授相关知识，各类保护环境的实践活动，基本流于形式，并没有真正引导学生树立正确的生态价值观，与“知行合一”相违背；第二，高校开展的思想政治教育虽然存在一定的实践活动，可以引导和教育学生树立正确的生态价值观，但思政教育的教育目的并不明确，实践活动也没有针对性，效果并不明显，而且这样做会使整个教育内容和过程过于冗长和繁杂，只有通过深入研究和实践活动，才能确定在保持当前优势的基础上如何安排才能更进一步，以及是否有扩充的必要。总而言之，当前高校开展的生态文明教育重视教授学生知识，培养其生态意识，并不重视引导学生形成生态思想、树立生态价值观，而思想政治教育对树立价值观比较重视，能弥补思想引领产生的疏漏。两者融合发挥双方的综合力量，不仅能发挥各自的优势和长处，还能相互查漏补缺获得一加一大于二的教育效果。

站在思想政治教育的立场能清楚知晓生态文明教育能推动当代思想教育进行深化，如果在高校开展思想政治教育的过程中融入生态文明教育，肯定能找到一条不仅能拓宽新时代开展思政教育和生态文明教育的教育内容，又能拓宽两种教育的教育范畴的道路，提升教育的实效性。

（三）生态文明教育融入思想政治教育的可行性

1.“融入”是解决学科发展问题的良方

实行“融入”的原因主要有两点：第一，通过“融入”能有效解决当前高校在开展生态文明教育过程中遇到的困难，如高校开展的生态文明教育只是简单地讲解一些相关知识，根本无法满足社会与时代发展的实际需求，而且此项教育还不属于通识教育，极易导致教育片段化；高校并没有开设与生态文明教育相关的必修课和选修课，使得在校大学生无法接受课堂式生态文明教育，而且高校举办的各类宣传生态观念活动十分散漫，并不系统。第二，高校开展思想政治教育始终和时代发展相契合，而生态文明教育是新时代发展以及美丽中国建设的必然要求，但该教育本身具有一定的局限性，因为它过于重视树立生态价值观以及生成生态文明理念，重视教授学生专业的生态文明知识和技能，如教授学生专业的知识和技能，使其成为专职保护和改善生态环境的专业人才，而思想政治教育在生态方面并不专业，只能教授学生一些生态知识，但也会因专业知识过于繁杂而使学生只知其然却不知其所以然。另外，思想政治教育关于生态方面的教育主要集中在宣传生态政策，对于典型的生态案例根本没有进行详细的分析和反思，而且教育内容中关于生态道德教育、生态美学教育、生态哲学教育的知识很少，最重要的一点就是教授思想政治教育的教授很少具备专业的生态素质，它还有许多不完善的地方。显然，如果开展“融入”研究并付诸实践，能发挥融合后两两相加的合力优势，取得事半功倍的效果，更好地应对教育发展遇到的问题。

对在校大学生来讲，高校开展生态文明教育并不只是为了培养学生养成生态文明意识，虽然这符合培养“良知生态人”的教学目标，但它还有其他的目的，如对希望成为“专业生态人”的大学生开展专业技能教育，显然，此项教育承担着培养社会和时代发展专业人才的重任。开展“融入”研究，不但能扩展两种教育的教育内容，还能拓宽开展教育的道路，使培养的专业人才更加符合建设生态文明社会以及美丽中国的要求，同时还不必再单独设立一个专业的通识教育课程，大大节约教育资源和时间，还能减轻学生负担，一举多得。

2.“融入”是对以前探索的深化

在“融入”研究之前也有很多相似的研究，如有些专家认为如果直接将生态文明教育当作思想政治教育的一部分，或充当补充内容是否可行。许多专家对这种“纳入”研究的迫切性和必要性进行了研究，指出这种“纳入”能够使思政教育的教学内容更加丰富，凸显其紧跟时代发展的历史优势，而且生态文明教育也能依托思政教育的学科优势和实践优势有效、有序地开展。但是，“纳入”其实只是对思政教育中存在的生态文明理念进行扩展，并不足以弥补思政教育对引导和宣传生态文明理念和政策的忽视，而且它直接抹杀了生态文明教育的独立性，但是这种研究也是对两者合力的一种认知。而“融入”研究是以两种教育拥有同等地位为基础，通过强化思政教育的生态内容，增强其生态内涵；通过对教育的方式和途径进行大胆创新，使思政教育和生态文明教育脱离遗留的刻板、枯燥印象，获得全新的外在形象；通过提高生态文明教育的实效性，促使其在新时代更快完成生态道德教育，使我国在生态治理和生态教育方面获得更大成果，在世界拥有更大影响力，从而真正处于全球生态治理的引领地位，掌握必要的话语权，展现生态教育的主动性和时代性。

高校开展的生态文明教育不单单是教授学生生态文明知识，引导其树立生态价值观，它包含多个方面的内容，如生态常识、生态专业知识以及环境学科知识等基础内容，生态价值观、生态文明理念、生态文明意识、环境伦理等上层内容，它是顺应时代发展形成的、系统的、自成体系的教育学科，它的受教对象也包括专业学生以及非专业学生，它的教育目标是既要培养广义的“良知生态人”，也要培养狭义的“专业生态人”。但是，“良知生态人”和“专业生态人”都是完整“生态人”，是符合社会和时代要求的、拥有坚定理想的、努力实现自我超越的专业人才。因此，“纳入”一定与生态文明教育的教育宗旨相违背，两种教育只能在考虑生态文明教育的独立性以及主动性的基础上进行融入研究与实践。

二、生态文化教育融入思想政治教育的路径

本文此处主要研究高校生态文明教育融入思想政治教育的可行路径、摸索生态文明教育依托思想政治教育的实践优势阐述的时代内涵、扩展教育的新模式以及新的实践路径。对“融入”的研究主要从以下四个方面开展。

（一）建构内容体系

1. 生态知识教育是融入的基础

生态知识教育是思想政治教育中引导和教育学生知晓生态价值的基础教育，也是这一时代生态文明教育的基础，两种教育存在天然的融合基础。从广义的角度来讲，生态知识包括生态常识、生态专业知识、环境学科知识、环境道德伦理学以及生态哲学等；从狭义角度来讲，生态知识指的是生态常识。两种教育在融合过程中需要根据受教对象的具体需要来选择和决定融合哪部分生态知识。不管是开展融入研究还是融入实践，生态知识教育一定在融入的教育体系中处于基础地位，因此，它是许多受教对象首要接触的内容，选择的教育内容必须与对象的实际需求相匹配，尽量选择比重分布合理的生态知识。

在融入过程中，需要注意融入的生态知识是否与受教对象需求相符，是否足够精准，是否有理有据，切忌断章取义。所谓精准指的是选择的内容与目标的定位要符合实际，从大学生的需求出发，遵循大学生的学习意愿和规律，因材施教。比如，对非生态环境专业的大学生开展生态教育，主要是为了让他们知晓生态环境的实际情况，它是如何被破坏的以及破坏后会产生哪些影响，从而在日常生活中决定如何做、做什么才能避免这种破坏，因此选择的生态知识应该是那些具有极强感染性、启发性，易于被接受的生态文明基础知识和相关案例；对于生态环境相关专业的大学生开展生态教育就不能只是简单地教授这些基础知识，需要以这些知识为基础，引导他们主动接受生态文明教育，激发其学习兴趣，增强其责任感和使命感，便于他们在专业领域更主动、更坚定、更自信地开展学习研究。所谓有理有据指的是生态知识是成体系的，存在一定内在关联，而非零零散散拼凑起来的。如果生态知识是片段化的，会导致大学生只能清楚认识某一单独罗列的生态问题，根本无法全面理解完整的生态知识体系。另外，如今的大学生是社会的中坚力量，他们的科技观和消费观对当前社会以及未来社会的生态环境都有深远影响，特别是他们远超非大学生的科技观直接影响社会的长久发展。因此，教师必须结合自身对当代大学生以及现实社会中存在的科技观和消费观的深刻研究和反思，选择恰当的生态知识教授给大学生。

2. 生态道德教育是融入的核心

高校开展的生态文明教育自然不会只有生态知识教育，还有一项特别重要的生态道德教育。生态道德教育的主要目的是帮助大学生养成生态意识，具备生态德行以及生态良知。思想政治教育的教育目标中对道德教育有明确要求，而生态道德教育只是道德教育的内容之一，显然，生态道德教育同样是两种教育进行融合的切入点。无论高校是开展思想政治教育还是生态文明教育，道德教育都发挥着重要作用，它对教育持续产生影响力的时间以及教育效果的高低有直接影响。因此，生态道德教育在两种教育融入体系中一定处于核心地位。

在研究“融入”过程中需要严格把控生态道德教育，主要从以下三个方面入手：第一，高校开展生态道德教育有特殊的教学目标，其中有一个目标非常重要，就是使大学生养成生态良知。所谓良知就是人自行评判事物的是非善恶，然后遵循正确、善意的方向去做，大学生具备生态良知能使他们在面临生态环境和个人利益发生冲突时选择保护生态环境，履行自己的生态责任和义务，尊重自然，保护生态安全。在思想政治教育中融入生态文明教育，同时发挥两种教育的合力作用，关键目的之一就是刺激大学生觉醒生态良知并促进生态良知不断壮大，使大学生树立正确的正义观和生态善恶观，从而让他们真正知晓人与自然之间和谐相处需要生态道德发挥调节作用，使他们自觉遵守生态道德规范；第二，高校开展生态道德教育时必须明确大学生应享受的生态权利以及应尽的生态义务。澳大利亚的生态哲学家帕斯莫尔（1979）认为所有“权利”的主体必须是人，也只能是人，自然界的植物、动物能够自由生存不属于“权利”。人作为享受生态权利的主体，同样具备应尽的生态义务，详细分辨该权利和义务之间存在的内在关联，使大学生主动履行生态义务，积极维护生态安全。最后，根据受教对象的实际情况，选择不同的方式培养其生态文明意识。高校开展生态道德教育最直观的表现就是学生具有生态文明意识，而生态文明意识的核心内容是树立正确的生态道德观和价值观，即树立正确的生态道德观和价值观是生态道德教育的直观体现。

以生态道德教育为切入点将生态文明教育融入思想政治教育，应尽可能地发挥思政教育引领文化和思想的重要作用，指引大学生树立正确的生态价值观，提高自身的生态道德素质。

3. 培养完整“生态人”是融入的目标

所有的“融人”研究并不是单纯为了融入开展的，它以及开展“融人”实践的教育目的十分显著，就是为了扩展思想政治教育的教育方式和内容，提升生态文明教育的教育成效，刺激学生萌生喜爱生态环境的情感以及保护生态环境的责任感。更具体地讲就是激起生态环境专业以及相关专业大学生的学习兴趣，督促他们变得更专业，为保护生态环境贡献一分力量，对那些非生态专业的大学生，通过教授生态文明课程扩展他们的视野，丰富他们的理论知识，广泛宣传我国保护生态环境以及治理环境污染的法律法规，使大学生养成生态文明意识，树立生态价值观。用一句话概括，就是培养符合时代要求、推动社会可持续发展的完整“生态人”。

生态人指的是掌握生态知识，具备生态能力、生态智慧以及生态道德的人，完整“生态人”指的是放弃追求物质主义，实现自我超越的、拥有极高生态素质的、坚持生态文明建设理想的生态人。马克思指出“人们的意识，随着人们的生活条件、人们的社会关系、人们的社会存在的改变而改变”，显然，完整“生态人”的概念就是人们的意识随着时代发展，受到生态文明刺激出现革命式转变后得出的。如果真要实现这种转变，必须健全当前高校教育存在的生态知识体系，使大学生养成生态文明意识以及优良的生态行为习惯，形成稳定的生态人格，从而主动履行自身的生态义务。

（二）搭建沟通桥梁

1. 生态知识教育与生态研究兴趣激发

为顺应时代变化，许多高校都开设了与生态教育相关的课程，如《生态学基础》、《土壤生态学》、《污染气象学》、《污染生态学》、《生态学》等，这些课程基本上都是专业课，虽然其他非专业的学生也能旁听，但很少有人真的来旁听学习。对此，有些专家专门深究其内在原因，发现最根本的原因是该课程只重视教授生态知识却忽视了指引学生树立生态观和价值观，而且专业性特别强，内容枯燥且复杂，大学生根本没兴趣，更为严重的是不但非专业的学生不去学、不想学、不敢学，连本专业的学生也不想学。如果只是在思想政治教育当中夹杂一些生态文明教育，虽然在政策引导和价值观塑造方面获得增强，但由于生态文明知识教育不够全面和系统，使得所有知识呈现片段化、琐碎化。在实践过程中能清楚地看到这两种教育的优点，只要将两种教育的优势整合在一起，一定能解决生态文明教育在开展过程中遇到的所有问题，在融入过程中搭建沟通的桥梁。

生态专业课程教育的优点是能够使大学生接受具体的、系统的、深入的生态知识教育，消除思政教育在教授相关知识出现的知识片段化现象。而思政教育的优点是它在教育学生思想方面已经形成完整的体系，不但具有宣传教育普及性广、思想理念渗透性高、价值观引导性强等特点，还能通过专业课程教育包含的专业性以及通识性的教育知识，使大学生高度关注如今生态环境存在的问题，并对此进行深刻的反思，增强他们对生态环境的内在情感和责任感，激发起他们学习更专业知识并进行深入研究的兴趣，积极发挥主观能动性，掌握系统的专业知识和技能。

2. 必修课与选修课结合，搭建双向沟通桥梁

所谓必修课和选修课结合的方式指的是学生能同时学习思想政治教育的必修课以及生态文明教育的选修课，通过学习不同专业的课程扩充生态文明教育课程体系。思想政治教育的必修课能使学生清楚并理解马克思主义中包含人与自然关系的生态思想，中国几千年历史传承文化中存在的生态智慧以及现在提出的生态文明观念，指引大学生对生态环境问题引起重视，形成生态文明意识，尊重生命、尊重自然，同时了解和掌握生态文明知识和相关政策，在平常生活中遵循生态文明理念的指导，自觉改正自己错误的消费习惯，成为符合时代需求的“良知生态人”；高校开设生态文明相关的选修课程，如美学、伦理学、哲学等，不仅能使必修课程中与生态文明相关的内容变得更具体，并获得进一步深化，还能使教育内容和实践紧密地结合在一起，从而帮助大学生树立正确的生态价值观和人生观，脱离物质主义的束缚，再发挥两种教育的合力，使大学生的心态变得更完整，成为拥有坚定理想、符合时代发展的完整“生态人”。

高校开设的思想政治教育必修课中包含了大量与生态文明相关的基础知识以及理念教育，高校开设的生态文明教育选修课主要发挥引导作用，两者结合能使大学生接受系统的、有层次的引导，树立生态价值观，在学生时代就能自动觉醒生态文明意识，再加上经过学习掌握的保护生态环境的相关知识和技能，坚定实现富强民主文明和谐美丽的中国特色社会主义社会的理想信念，一步步成为完整“生态人”。大学毕业后，也能坚持以生态文明理念为指导，踏实履行自己保护生态环境、维护生态安全的义务和责任，引领社会民众接受生态文明教育。

（三）丰富教育资源

在高校思想政治教育中融入生态文明教育的首要环节就是在思政课程中融入生态文明教育，依托思政课程这个拥有相同价值观且影响十分广泛的平台，扩充生态文明的教育资源，从最基础的教材内容到教师学识，再到新媒体资源，为生态文明开展营造和谐的氛围，指引大学生形成保护生态环境、维护生态安全、建设美丽中国的生态意识，将可发挥指导作用的、最基础的生态保护常识教给他们，帮助他们找回自己曾经束之高阁的生态义务，树立正确的生态价值观和人生观。

1.合理安排教材中的生态文明教育内容

在思想政治理论课程教材中合理分布与生态文明教育有关的内容，可以充分发挥教材的作用扩充教育资源。如果教材中的内容既生动又深刻、既具体又系统，不仅贴合实际、紧跟时代，还能完美凸显教育本质，当教师在使用该教材教授学生时，仿若信手拈来、见兔放鹰，开展更系统的教育，学生也会激发起学习的兴趣，主动学习，便于掌握更多生态文明知识。

当前的生态文明教育一定要脱离宣讲各类政策的方式，而是引导大学生对如今的科技观和消费观进行深层思考，可先从教材入手，再在课上进行具体引导和讲解。当代大学生不但是当前科技产品的主力消费者，还是我国未来科技发展的补充力量，他们的消费观和科技观对后续人们的消费方向以及科技发展趋向有直接影响。因此，可在思政教材上插入大量和大学生生活、学习休戚相关的新时代事物，如外卖、快递、网购等，通过这些事物展现当代大学生的科技观和消费观是如何破坏生态环境的，以及环境破坏带来的影响，通过这种离自己不远、跟自己有关的生态环境问题使学生更加清晰地感受生态环境问题的严重性，促使学生进行深刻反思，主动将自己物质主义的科技观和消费观转变成生态性质的科技观和发展观。

同时，我们可以在教材中增加自然史。所谓自然史指的是大自然所有生物生活环境变化的记录和总结，可以充当当代大学生树立生态价值观的“衣冠镜”，也可以充当人类反思自己随意破坏大自然的“得失镜”，充当人与自然和谐相处的“兴替镜”。克鲁奇（美国自然文学家）曾经这样说：“一个对自然史毫无知晓的人无权称自己是现代人。”显然，人们只有充分了解自然史，才能真实明白人到底从何而来，人与自然之间的内在关联为何会达到现在的局面；才能真正知晓正是因为人类近些年打着征服大自然的旗号不断地、随意地开发自然资源，使生态环境遭受巨大的、难以消除的伤害，这种伤害在未来很长一段日子都会存在，至此，人与自然之间成为鲜明的对立关系；才能平心静气地思考如今的人类如何脱离自己和生态环境既伤害对方又伤害自己的循环怪圈，如何正确对待如今的生态环境，这直接影响着人类的未来发展，乃至能否继续存在。因此，我们必须坚持绿色发展，坚持可持续发展观，在高校开展生态文明教育，培养完整“生态人”，并通过他们影响周边的所有人。

除了合理安排思想政治教育四门必修课程教材中的生态文明教育内容之外，还要设定激励制度，鼓励人们多出版一些和生态文明有关的书籍，同时加大宣传和推广力度，扩充生态文明教育的教材资源。

2. 运用新媒体的教育平台资源

随着互联网的兴起，新媒体也乘着东风遍布到社会各处，而且如今的人们十分认可新媒体蕴含的重大价值以及可发挥的重要作用。新媒体技术具有显著优势，如即时性、直接性、大众性，在人们的生活当中扮演主要角色，这对高校思想政治教育工作的顺利开展有重要影响，如由于新媒体传递信息的速度极快，直接打破了思政教育的“把门人”功能。但是，互联网作为新媒体传递信息的载体并非只有冲击思政教育这一面，它是一把双刃剑，也可以为思政教育带来新的教育资源和机遇，提高教育教育水平、教育成效以及教育效率。

为了更好地开展“融入”研究和实践，发挥合力的重要作用，必须合理应用互联网和新媒体平台，精准把握这迎面而来的机遇。高校在思政教育课上或课外需要主动运用互联网中存在的与思政教育以及生态文明教育有关的教学资源，同时发挥其引导和宣传作用，通过各种新媒体平台（如知乎、微博、微信、校园网等）以及其他大学生喜爱应用的软件宣传当前不同国家对于各地不同情况都采取了怎样的手段，人类破坏生态环境以及后续治理的实际案例，保护生态环境的历史等，通过这种随时可见、随处可闻的方式增加生态文明教育。高校也可选择直接在教育活动中应用新媒体，用大学生喜欢的、可接受的、愿意倾听的“时尚方式”，使大学生学到生态文明知识，养成生态文明观念，营造生态的校园氛围，开展生态生活和实践，同时借助高校这一培养平台推动整个社会的生态文明建设。当接受过生态文明教育的大学生步入社会，走上工作岗位，自然会积极参与社会生态文明行动，通过自己的实际行动使整个社会处于生态文明的氛围当中，为塑造社会生态价值观贡献自己的微薄力量，推动整个社会的生态文明建设。另外，高校还要积极引导大学生形成保护生态环境、维护生态安全的生态意识，帮助他们清楚自己的生态义务，明确自己的生态责任，同时高校可通过互联网平台表达自己强烈支持、积极参与保护生态环境活动，推动环保事业向前发展。

（四）创新教育模式

1. 创新高校生态文明教育方式方法

高校在开展“融入”研究时必须全力发挥教育主体的重要作用，对开展生态文明教育的方式方法进行大胆创新。开展生态文明教育虽然需要以实际问题为切入点，但也不能反复突出问题。近些年，我国政府对生态治理工作下了大决心，经过政府和全体人民的共同努力，我国的生态环境问题获得显著改善，如土壤荒漠化得到遏制、黄河水逐渐变清澈等，这些成果以及实现这些成果的观念和技术同样要展现和传授给大学生。治理环境需要政策，但也不能单纯地靠政策，需要结合各地运用政策取得的实际成果来看，对于一些十分典型的案例可择优编入教材，案例是正面或反面的均可，希望当代大学生将有效的政策一直贯穿下去。

高校开展“融入”教育必须要增强大学生的自我反思能力，引导大学生积极反思生态环境为何会成为当前的局面，生态环境是怎样一步步被破坏的，反思自己的日常行为是否属于破坏环境行为，自己是什么角色，如果属于破坏该如何改正，只有这样才能保证生态文明教育成为终身教育、长远教育，这也是大学生树立正确生态价值观，养成生态文明观念，并在日常生活和学习以及未来工作中坚定贯彻的关键，更是高校对大学生这一教育主体进行生态教育，使其养成主动学习、自我反思的习惯，保证生态教育观念不与时代脱离、始终发挥作用的重要方式。

2. 正确认识和发挥大学生的主体性作用

在谈到教育这一问题时，许多专家自然会想到“高校—社会—家庭”的“三位一体”，一般情况下，家庭教育主要在中小学生时期发挥重要作用，但家庭教育在大学时期同样能发挥作用，只是学生在接受教育后受到的影响程度并不相同，这与学生的成长以及教育的差异有关，许多大学生的父母或祖辈接受高等教育的时代和内容与如今有极大差别，他们在生态方面的认知水平可能还不如大学生，他们知晓的生态文明知识同样可能没有大学生多，因此，如果直接应用中学教育的模式教育大学生，效果必然欠佳，特别是生态文明教育更是收效甚微。面对此种情况，需以大学生这一教育主体为基础，创建新的教育模式，使大学生在接受生态文明教育的同时接受家庭影响作用和自身的主体作用。

高校要发挥大学生的主体作用，必须充分把握当代大学生在生活和学习当中体现的具体特点，借助新媒体平台灵活应用多种教学方法，不断增强生态文明教育的生命力，同时激发它在新时代具备的强烈号召力，提升思政教育塑造良好道德、树立正确价值观的积极作用。如今的大学生基本都是“95后”和“00后”，他们不仅拥有大学生应有的张力和活力，还具有这一代大学生独特的魅力，特别是他们的成长与互联网有着千丝万缕的关系。因此，高校对这一代大学生开展教育活动，必须以他们的生活环境、成长背景以及学习心理为出发点，开展创新性的、针对性的教育，而不是直接根据自己的教育经历开展教学活动。当教师选择运用感染力极强、极具针对性的新型教育形式，如走访调查、参观讲解等，再结合思政教育的各种教学方法，因地制宜、量体裁衣，对教学内容进行合理的改变和调整，取长补短发挥两种教育的合力，不仅能使大学生从被动接受教育转变成主动研究和学习，还能大大提升教育效果。同时在教学过程中搭配使用互联网平台，使大学生在更熟悉的、更自在的新媒体氛围中学习生态文明知识，树立生态价值观，最终，无论是虚拟世界还是现实世界，它们的主流思想以及价值观都是生态文明思想和生态价值观，反过来对大学生产生潜移默化的影响。

教育的本质其实是帮助人类知晓自己如何生存，如何战胜各种各样的困难，但教育必然要落实在实践行动上。“融入”后对教育模式进行创新，其实就是对实践活动进行创新，因此，必须鼓励大学生这一教育主体发挥主观能动性，自主学习，尤其是高校要积极引导和支持大学生参与社会实践，发挥它们对周围人类和环境的影响作用，实现从受教育者到教育者、传播者、实践者的转变。

生态文明建设属于一项一旦开始就必须长时间坚持的工程，这个工程并没有明确的结束时间，而生态文明教育是该工程的“伴生”教育，自然也没有明确的终点，因此，它应和思政教育一样，需要与时俱进，发挥引导以及开展教育的方式方法必须跟随时代变化而不断创新。有句俗语是这样讲的，“人的潜力是无穷的”，而教育同样能不断开发人的内在潜能，经过不断地摸索、尝试、失败、再尝试，最后完成创新突破，推动教育不断向前发展。本节对“融入”的研究其实只是对教育发展的摸索和尝试，思想政治教育和生态文明教育融合后不但会保持教育的原有特性，如科学性、方向性，还会生产新的特性，如开放性。另外，这种“融入”后的教育体系，生态知识比单纯的思政教育更深，比生态教育稍浅，但系统性比单纯的生态教育更深，比思政教育稍差，因此，下一步我们的研究目标是如何提升“融入”后教育体系的专业性和系统性，这就需要我们结合“融入”后的实践进行深层研究了。

第三节　生态文明教育与优秀传统文化融合

一、优秀传统文化与生态文明教育融合的可行性

现代生态文明之所以能形成文化是因为生态文化自始至终都深深地蕴藏在中华民族悠久的历史传统文化之中，而传统生态文化在新时代重新焕发生机并形成新的文化，就是现代生态文明。换言之，现代生态文明其实就是新时代文化对传统文化的继承和发展，只不过是拥有了新的形式和内容，但两种文化蕴含的思想是相通的，精神是契合的。因此，优秀传统文化和生态文明教育存在融合的连接点，二者的融合是可行的，也是必要的。

（一）优秀传统文化蕴含了朴素的生态文明思想，是现代生态文明产生的文化基础

自古以来，人类的生活就和自然休戚相关，两者之间的关系既是最基本的也是最重要的。在远古时期，古人就对人与自然之间存在的内在关联进行过深入的思考，提出“道法自然，天人合一”的观念，此观念不但流传至今，还是阐述人与自然关系的核心言论。受到这种理念的影响，中华民族一直都十分热爱自然、尊重自然，时刻注意维护生态平衡，保证人与自然和谐相处，这些在许多史料和典籍中都有明显体现。比如，《礼记·月令》记载孟春之月“命祀山林川泽，牺牲毋用牝。禁止伐木，毋覆巢，毋杀孩虫、胎、夭、飞鸟、毋麛、毋卵”；又如，公元961年（宋建隆二年），宋太祖下诏：“鸟兽虫鱼，宜各安于物性；置罘罗网，当不出于国门，庶无胎卵之伤，用助阴阳之气。其禁民无得采捕虫鱼，弹射飞鸟”。我国的传统文化一直在宣扬崇德向善、仁民爱物，这与朴素的生态伦理思想拥有同等的价值导向。孔子曾对“仁”字做过详细阐述，指出“爱人”即为“仁”，后孟子对此做了更进一步的阐述，指出“仁民而爱物”，即既要爱人民，也要爱万物，

详细地阐释了人和人、人和物以及人和自然之间存在的和谐友爱，指出他认为的理想的仁爱应该是追求和向往这种高尚道德和善念。现代生态文明通过借鉴和继承我国传统文化中蕴含的朴素生态伦理观念，衍生出保护生态环境、爱护大自然的观念，两种文化蕴含的生态思想是相同的。

（二）优秀传统文化能为生态文明教育提供丰富的文化资源

我国的传统文化源远流长，蕴含着极为丰富的生态文明教育资源。除了上述史学资料记载的古人保护生态环境行为以及形成的生态伦理思想外，许多古代文学作品、艺术作品以及生活理念都展现了古人的生态理念。说到古代文学，诗歌自然是不可跨越的文学形式，而古代诗歌极为喜爱运用“寓情于景”、“情景交融”等创作手法。比如，《诗经·采薇》中有“昔我往矣，杨柳依依。今我来思，雨雪霏霏”；《春江花月夜》（唐·张若虚）写出“江天一色无纤尘，皎皎空中孤月轮。江畔何人初见月？江月何年初照人？”；《一剪梅·舟过吴江》（宋·蒋捷）写出“流光容易把人抛，红了樱桃，绿了芭蕉”；《天净沙·秋思》（元·马致远）写出“枯藤老树昏鸦，小桥流水人家，古道西风瘦马”。以上这些诗歌全都是借助描绘自然景物抒发自己的深厚情感。在这些作品的画面中，无一不是人与自然融为一体，展现了人与自然之间的和谐关系，以景语写情语。另外一大类描绘田园、山水风格的诗歌同样是借助描绘田间、山水景色来抒发自己喜爱和向往大自然的和谐生活。传统绘画艺术特别重视生态审美，饱含生态智慧，当时无数画家认为艺术创作绝对不能违背自然规律，所谓艺术创作其实就是通过参悟自然景色，逐渐领悟自然规律，用画作展现自然，最终以自然绘自然。画论家张躁（唐）提出理论“外师造化，中得心源”，此理论是建立在生态思想“天人合一”的基础之上，它指出艺术家想要画出好的作品必须深入自然、了解和体悟自然之美。山水画通过对山水自然外貌的详细描绘，凸显自然万物自由、随性、郁郁生机且和谐相生相处的生态美。另外，中国传统的史学、哲学当中也蕴含了大量的生态教育资源。

（三）生态文明思想是中华传统生态思想在新时代的发展

人类在经历过农业文明和工业文明后，面对自然环境变化创建出新的生态文明。工业化时代虽然使人类获得了大量的物质产品，但严重伤害了生态环境。基于此，西方率先诞生与环境保护有关的理念，逐渐延伸出生态文明的观念。2000 年以后，我国对生态文明理论有了更深刻的认知，并将生态文明建设确定为实现中华民族永续发展的千年大计。而生态文明观念能在短时间迅速被我国人民接纳和认可，主要有两方面原因：第一，中国传统文化中蕴含着生态文化，我们自古以来都有生态思想，如“道法自然”、“尊时守位”、“仁民爱物”、“俭约自守”等，这些思想蕴含的理念和价值与生态文明思想十分契合；第二，工业文明肆意开发和应用自然资源，使资源面临枯竭危机，同时工业化生产严重破坏生态环境，使人们不得不重新思考工业文明是否正确、生态文明是否必要。生态文明的主要目的就是尽可能地消除工业文明产生的恶劣影响，改善生态环境，实现人与自然和谐相处、人文发展，同时保证社会发展和环境保护并肩同行。我国面对环境实情也制定了保护环境、节约资源的基本国策，全力推动绿色发展，建设可持续发展的魅力中国，为全球生态安全贡献自己的力量。显然，生态文明不仅仅是对传统生态文化的继承，也是中华传统文化在新时代的发展。

二、优秀传统文化教育与生态文明教育的融合内容

我国的优秀传统文化历经 5000 多年的历史，内容博大精深，其中的生态文化自然也蕴含了古人积极实现人与自然和谐相处的生态思想和智慧。传统文化融入生态文明教育可从下列几个方面入手。

（一）坚持和谐共生的生态文化内涵

坚持和谐共生是生态文明的核心内涵，也是传统文化强调的生态价值观。传统文化中的和谐共生思想与实践为现代生态文明建设提供了宝贵的借鉴和参考，其认为人类和自然之间是相互依存、相互影响的关系，人应该尊重自然、珍惜自然、保护自然。这种思想与现代生态文明理念中的“人与自然和谐共生”的理念相符，强调了人与自然的协调发展和共生共荣。此外，传统文化中的和谐共生实践，如古代人的水利建设、耕种方式、日常生活等，同样具有很强的生态价值。这些实践强调人与自然的和谐共生关系，倡导人们尊重自然、珍视自然、保护自然。在现代社会的发展中，人们需要将这些传统实践应用到生态文明建设中，推动生态文明建设向着可持续方向发展。不仅如此，传统文化中的和谐共生思想与实践为现代生态文明教育提供了深刻的理论和实践支持，可以用来引导人们重新认识自然、珍视自然，从而建立正确的生态观，促进生态文明建设的可持续发展。

（二）厚德载物的生态道德情感

《周易》中有句至理名言“天行健，君子以自强不息；地势坤，君子以厚德载物”，其中的“自强不息”和“厚德载物”不单单是我国传统文化的精华所在，还是我国传统文化重要的精神内在。整句的意思是天的运行规律讲究刚健、强劲，君子应修习天之法，修行刚毅坚卓的德行，积极向上、永不倦怠。地的气势敦实温和，君子应修习地之法，蕴养宽厚的美德，承载万物。在传统文化当中，人生于天地之间，人应向天地学习，以天地之道完善人之道，“自强不息”和“厚德载物”就是教导人们要领会天地的精神，拼搏进取、崇德向善。至于如何蕴养成“厚德”，孔子就提出人应做到“仁”。所谓“仁”即爱人，“仁”者需身怀仁爱之心，谦虚、宽厚。孟子对“仁”做了深层阐释，提出“君子之于物也，爱之而弗仁；于民也，仁之而弗亲，亲亲而仁民，仁民而爱物”，指出“仁”不但要爱民还要爱物。“仁民爱物”展现了人的仁爱应由人及自然，尊重和爱护自然，凸显了孟子的生态道德和生态智慧。“厚德载物”和“仁民爱物”思想内在相同，都表现了人应尊重、热爱他人、社会和自然万物，透露出人与人以及人与自然之间应和谐相处，蕴藏着浓厚的生态道德情感。

（三）诗意栖居的生态审美态度

19 世纪，德国浪漫派诗人荷尔德林创作了诗歌《人，诗意地栖居》，后来被海德格尔用哲学观念阐述和发挥后一跃成为名著，“诗意地栖居”也成为人们对未来的美好向往。荷尔德林经历过工业文明的兴起，察觉到如果工业文明持续发展，人们的生活会变得更加世俗、功利、刻板，最后成为一地碎片，因此，他创作了这首诗歌，想通过它呼吁人类追求精神生活，解放自己的心灵，这一理念和中国传统文明中的生态审美态度完全相同。

所谓诗意地栖居指的是人类用审美的眼光去观察大自然，去体会自然万物的生存，去欣赏人与自然和谐共处的完美状态。而人想要真的和自然和谐共处，最关键的是拥有一颗喜爱自然、理解自然、尊重自然的心，认为自然同样是一种生命，与人并无区别。这样的话，人感受到花鸟、山水、云霞之美自然会心生愉悦，如果人正处于情绪低沉之时，感受到自然的美会获得一定的安慰。《贺新郎·甚矣吾衰矣》（辛弃疾）中写道“问何物、能令公喜？我见青山多妩媚，料青山见我应如是。情与貌，略相似。”此句写出了辛弃疾在孤单、失落之时不经意间远眺青山，发现青山秀美可爱，遂猜想青山也有这种感觉吧，双方能相互欣赏、理解和认可，使辛弃疾从中收获愉悦和欣喜。这就是诗意栖居的生态审美态度。《诗经·蒹葭》中写道“蒹葭苍苍，白露为霜，所谓伊人，在水一方”。汉代《长歌行》中写道“青青园中葵，朝露待日晞。阳春布德泽，万物生光辉”。《竹里馆》（王维）写道“独坐幽篁里，弹琴复长啸。深林人不知，明月来相照”。《前赤壁赋》（苏轼）写道“白露横江，水光接天。纵一苇之所如，凌万顷之茫然”。《三峡》（郦道元）中写道“巴东三峡巫峡长，猿鸣三声泪沾裳”。《游天台山日记》（徐霞客）中写道“观石梁卧虹，飞瀑喷雪，几不欲卧”。无数文学著作都展现了作者用诗意栖居的审美态度欣赏自然万物的灵性与物我相生相融的和谐之美。如果一个人没有这种诗意栖居的审美，自然会在对待其他外物时趋于功利化、机械化，不仅无法感受到自然美，也无法萌生保护自然之情。

（四）俭约自守的生态行为方式

在中华传统文化当中，人们一直坚持俭约自守的生活理念，换言之，就是绝不追求奢华、绝不浪费和放纵，坚持自律、俭朴的生活习惯。如今，俭约自守的观念能帮助当代人养成勤俭节约的生活习惯，节约自然资源，实现可持续发展。《尚书》中这样说道：“克勤于邦，克俭于家”，意思是人在操持国事时要勤勤恳恳，在操持家事时要节俭持家。老子曾言“见素抱朴，少私寡欲”，意思是人要严于律己，克制自己的私心和欲望，保持淳朴的心境。孔子曾言“礼，与其奢也，宁俭；丧，与其易也，宁戚”，意思是提倡化奢为俭，切忌铺张浪费。《左传》中也言明“俭”为德，“侈”为恶，原文为“俭，德之共也；侈，恶之大也”。墨子曾经提出“俭节则昌，淫佚则亡”，明确指出节俭和淫佚各自的后果，显然墨子也是倡议节俭，反对铺张浪费。先秦时期不同派别的主张基本相同，即俭约自守，此观念也流传后世。另外许多诗歌中也有关于节俭的描述，如《咏史二首·其二》（李商隐）中写道“历览前贤国与家，成由勤俭败由奢”，《诫子书》（诸葛亮）中写道“静以修身，俭以养德”。民间大众同样有节俭的观念，如“一粥一饭，当思来之不易；半丝半缕，恒念物力维艰”、“常将有日思无日，莫待无时思有时”等。

根据俭约自守的观念，人类应该珍惜大自然的资源，但在工业文明时期，人们无限制地开发和运用各种自然资源，导致如今的资源濒临枯竭。遵循俭约自守的生态行为，不仅能促使人类更合理、适度地开发和运用自然资源，还能避免人类过度开发资源产生的环境危机，破坏人与自然的和谐关系。如果人类过度开发、滥用自然资源，未来必然会承受自然的惩罚。因此，在新时代坚持中华传统文化中的俭约自守理念有利于和谐治国、治家，有利于保护全球的生态环境。

三、优秀传统文化融入生态文明教育的路径

将生态文明教育融入传统文化有多个融入角度，但两者融合之后必须保证能实现教育目标，因此，需要根据高校的实际情况，选择合适的融合路径，课程从下列三个方面着手。

（一）通过课程教学实施

教育活动最基础的内容就是课程，在高校现存课程体系中，适合融合生态文明教育的课程为思想政治理论课和大学语文课等公共课程。能和思政类课程相融合的生态文明内容很多，如当前生态环境的实际情况、国家制定有关生态文明建设的国家政策以及环境保护法、马克思生态思想、中国传统文化中的生态文化，融合后能使大学生形成绿色生态意识，树立生态价值观，实现立德树人的教学目标。对于大学语文类课程，老师可在选择教学内容时尽可能选择蕴藏生态意识的文学作品，在教学过程中也要时刻重视引导学生认可、欣赏、理解、感悟中华传统文化蕴含的生态理念，如天人合一的中华传统生态哲学境界、厚德载物的生态道德情感、知常达变的生态辩证智慧、诗意栖居的生态审美态度、俭约自守的生态行为方式。对于那些实践课程和专业理论课程也能选择合适的方式实现生态文明教育和传统文化的完美融合。另外，高校在进行一定融合研究后直接开设“中华传统文化与现代生态文明”的公共选修课，引导学生深入地、系统地学习传统文化与生态文明知识，提高自身的传统文化与生态文明素质。

（二）加强校园文化建设，让学生处处受到传统生态文化的熏陶

通过一系列校园文化建设打造一个充满生态智慧和生态美感的生态校园，使生活在校园的大学生每时每刻都接受中华传统生态文化的熏陶。比如，将传统生态文化与校园的绿化地、教学设施以及建筑和谐地融合到一起，将校园标语换成凸显传统生态文化的诗句或格言，利用校园官网、广播、校报以及微信公众号等校园媒体讲述各种传统生态故事，宣传传统文化和生态文明知识，还可以举办主题演讲征文比赛、传统绘画欣赏与创作、中华生态诗词比赛、传统生态文化研讨、中华经典作品诵读等校园主题活动。

（三）开展社会实践活动

开展各类社会实践活动，带领学生实地考察，去河边、田间、矿区、工厂，让他们了解当前生态环境的状况，感受生态文明建设是多么重要、多么迫切，从而更好地理解中华传统生态文化。同时，通过第一课堂、第二课堂、第三课堂传承中华优秀传统文化，开展生态文明教育，推动两者实现有机融合，获得更好的教育成效。

综上所述，中华优秀传统文化蕴藏着丰富的生态智慧以及美好的和谐境界，与现代生态文明蕴含的生态理念是相通的、相融的。中华优秀传统文化教育和生态文明教育相融合是可行且必要的。近些年，我国市场经济不断发展，再加上我国实行改革开放，外国文化不断传递到国内，在社会当中形成一些不健康的思想，高校大学生本身思想观念薄弱，很容易受到这些思想影响，变得缺乏文化自信，迷恋物质享受，醉生梦死，因此，生态文明素质和绿色发展理念都亟待加强。将中华优秀传统文化教育融入高校生态文明教育，不但能大大提升高校开展素质教育获得的教育成效，还能推动中华民族传统文化基因和当代高等教育有机融合。中华优秀传统文化融入生态文明教育的内容包括天人合一的生态哲学境界、厚德载物的生态道德情感、诗意栖居的生态审美态度和俭约自守的生态行为方式等。结合高校教育教学实际，课程教学、校园文化建设、校外社会实践等都是恰当而有效的教育路径。高校中华优秀传统文化教育与生态文明教育的有机融合，需要增强跨学科研究和教育教学体系的配合支持。

参考文献

[1] 陈士勇 . 新时期公民生态文明教育研究 [M]. 长沙：湖南师范大学出版社，2018.

[2] 陈金清 . 生态文明理论与实践研究 [M]. 北京：人民出版社，2016.

[3] 王旭烽 . 生态文化辞典 [M]. 南昌：江西人民出版社，2012.

[4] [美] 克莱顿，海因泽克 . 有机马克思主义：生态灾难与资本主义的替代选择 [M]. 孟献丽，于桂凤，张丽霞，译，北京：人民出版社，2015.

[5] 刘书林 . 思想政治教育学原理专题研究纲要 [M]. 北京：人民出版社，2018

[6] 邱耕田 . 三个文明的协调推进：中国可持续发展的基础 [J]. 学术评论，1997(3):3.

[7] 廖才茂 . 论生态文明的基本特征 [J]. 当代财经，2004(9):5.

[8] 李红卫 . 生态文明——人类文明发展的必由之路 [J]. 社会主义研究，2004(6):3.

[9] 黄宇 . 中国环境教育的发展与方向 [J]. 环境教育，2003(2):8-16.

[10] 曾建明 .《生活与哲学》中的生态文明教育 [J]. 思想政治课教学，2013(11):2.

[11] 李干杰 . 深入学习贯彻习近平生态文明思想坚决打好污染防治攻坚战 [J]. 机关党建研究，2019（3）:15-17.

[12] 潘瑞姣，李雪，桑瑞聪 . 课程思政背景下高校教师育德意识与育德能力培养浅析 [J]. 大学教育，2019（11）：204-206.

[13] 沈晓阳 . 责任的伦理学分析 [J]. 湖南师范学院学报，2005（3）:9.

[14] 方益权 . 关于大学生责任教育内容体系的思考 [J]. 教育研究，2006(6):5.

[15] 陈绪林 . 论思想政治教育生态价值 [J]. 中国高教研究，2008(8):2.

[16] 赵旭东 . 从文化自觉到文化自信——费孝通文化观对文化转型新时代的启示 [J]. 西北师大学报 (社会科学版), 2018(3):18−29.

[17] 费孝通 . 关于“文化自觉”的一些自白 [J]. 学术研究 , 2003(7):5−9.

[18] 王越芬 , 孙健 . 建设美丽中国视域下生态文化自觉的生成逻辑 [J]. 学习与探索 ,2018(4):24−29.

[19] 魏彩霞 . 高校生态伦理教育的必要性研究 [J]. 学习与实践 , 2008(6):3.

[20] 邬晓燕 . 高校生态文明教育：现实难题与路径探索 [J]. 人民论坛 · 学术前沿 ,2019(7):78−83.

[21] 刘淑华 , 孔令辉 . 新时代大学生生态文明教育创新机制研究 [J]. 大众标准化 ,2021(22):113−115.

[22] 高壮伟 , 周小桃 . 新时代大学生生态文明观教育探究 [J]. 哈尔滨学院学报 ,2021(9):125−127.

[23] 胡美玲 . 高校大学生生态文明教育的优化路径研究 [J]. 现代交际 ,2021(10):60−61.

[24] 史云龙 , 王河江 . 思想政治教育视域下大学生生态文明意识培育的研究 [J]. 经济师 ,2021(4):193−194.

[25] 郑薇玮 , 游婷 , 陈星娥 , 郑斌 . 大学生生态文明观教育现状调查分析 [J]. 林业与环境科学 ,2020(5):115−120.

[26] 方燕妹 . 新时代大学生生态文明观教育探究 [J]. 广东轻工职业技术学院学报 ,2020(3):37−40.

[27] 周先进 , 周原宇 . 大学生生态文明观教育 : 内涵与策略 [J]. 高等农业教育 ,2020(3):26−32.

[28] 郑利鹏 . 美丽中国视野下大学生的生态责任 [J]. 湖北理工学院学报 (人文社会科学版),2020(2):72−75+81.

[29] 杨传薇 . 新时代大学生生态文明观教育有效途径初探 [J]. 中阿科技论坛 (中英阿文),2020(3):204−206.

[30] 王鑫 , 张德才 . 提升大学生生态文明教育实效性的路径探索 [J]. 产业与科技论坛 ,2020(4):199−200.

[31] 李晶晶 , 李新慧 . 国内关于生态文化建设研究综述 [J]. 佳木斯职业学院学报 ,2018(4):446−447.

[32] 黄翠瑶 . 新时代大学生生态文明观培育探析 [J]. 传承 ,2019(1):87−91.

[33] 李尚蒲 , 罗必良 , 李琴 . 生态文明建设与大学生生态责任意识培育研究 [J]. 高

等农业教育 ,2018(6):77–81.

[34] 刘香檀 . 新时代大学生生态文明教育的价值向度与路径建构 [J]. 北京印刷学院学报 ,2018(11):116–119..

[35] 李敏 . 论当代大学生生态文明观教育 [J]. 淮南职业技术学院学报 ,2018(5):53–54.

[36] 董婷 . 浅析大学生生态环境治理参与机制 [J]. 广东蚕业 ,2018(4):12–14.

[37] 周芷帆 , 周邵年 . 大学生生态文明意识教育与践行路径建构 [J]. 黑河学院学报 ,2017(12):50–51.

[38] 郑红朝 , 周晶 , 任光辉 , 王明真 . 大学生生态文明意识教育现状及对策分析 [J]. 黑龙江科学 ,2017(15):176–177.

[39] 胡可人 . 校企协同培育高职院校大学生生态文明意识的意义与途径 [J]. 企业改革与管理 ,2017(5):208.

[40] 曾铭 , 王沙沙 . 新时期大学生生态责任意识的双重建构 [J]. 和田师范专科学校学报 ,2017(1):22–25.

[41] 姜宛园 , 李英林 . 浅谈大学生生态文明意识教育 [J]. 才智 ,2016(1):77.

[42] 李国辉 , 鲍荣娟 , 葛茂愧 , 李宇 , 乔杨 . 生态文明建设下的大学生生态责任意识培养策略 [J]. 中外企业家 ,2015(33):150+152.

[43] 陈言 . 论大学生生态文明意识养成教育 [J]. 湘潮 (下半月),2015(11):56–57.

[44] 鲍荣娟 , 刘利峰 , 李国辉 , 葛茂奎 , 李宇 , 乔杨 . 大学生生态责任意识培养的路径探析 [J]. 人才资源开发 ,2015(22):186–187.

[45] 杨易 . 从生态文明的视角论大学生责任教育 [J]. 理论观察 ,2015(10):126–127.

[46] 安彪 . 新时代大学生生态文明教育研究 [D]. 重庆：西南大学 ,2019.

[47] 左文东 . 新时期大学生生态文明意识教育研究 [D]. 兰州：兰州理工大学 ,2015.

[48] 石俊峰 . 大学生思想政治教育认同研究 [D]. 合肥：安徽农业大学，2017.

[49] 朱梦洁 . 课程思政的探索与实践 [D]. 上海：上海外国语大学，2018.

[50] 朱冬香 . 当代大学生马克思主义生态观教育研究 [D]. 北京：北京交通大学，2019.